Robert Hafner

Nichtparametrische Verfahren
der Statistik

SpringerWienNewYork

Univ.-Prof. Dipl.-Ing. Dr. Robert Hafner
Institut für Angewandte Statistik
Johannes-Kepler-Universität Linz
Linz, Österreich

Reproduktionsfertige Vorlage vom Autor

Gedruckt auf säurefreiem, chlorfrei gebleichtem Papier – TCF
SPIN 10793011

Mit 102 Abbildungen

Die Deutsche Bibliothek – CIP-Einheitsaufnahme
Ein Titeldatensatz für diese Publikation ist bei Der Deutschen Bibliothek erhältlich.

ISBN 3-211-83600-4 Springer-Verlag Wien New York

Vorwort

In den zurückliegenden drei Jahrzehnten ist die nichtparametrische Statistik rasch und umfassend gewachsen. Für die verschiedensten Fragestellungen und Modelle der Datenerzeugung wurden nichtparametrische Verfahren entwickelt, und auch in die gängigen Statistik-Programmpakete haben viele dieser Verfahren Eingang gefunden. Es ist daher heute auch im deutschsprachigen Raum eine Selbstverständlichkeit, Anwender der Statistik und damit insbesondere Studenten der angewandten Statistik mit den Grundlagen und Methoden der nichtparametrischen Statistik in eigenen Kursen und Vorlesungen vertraut zu machen. Aus Vorlesungen dieser Art, die der Autor an verschiedenen Hochschulen gehalten hat, ist das vorliegende Buch entstanden. Die dabei gewonnenen Erfahrungen haben die Stoffauswahl und Präsentation wesentlich bestimmt. Der zur Verfügung stehende Raum von ca. 200 Druckseiten erzwang automatisch eine Beschränkung auf grundlegende Fragestellungen, vor allem auch weil die Darstellung sorgfältig und motivierend sein sollte. Indessen schadet diese Beschränkung nicht, denn wie die Erfahrung mit vielen Studentenjahrgängen zeigt, findet sich derjenige, der das in dem vorliegenden Lehrbuch gebotene Material gründlich verdaut hat, jederzeit in der weiterführenden Literatur über nichtparametrische Verfahren zurecht. Viel Mühe wurde auch darauf verwandt, durch eine große Zahl von Abbildungen die Anschaulichkeit des Gebotenen zu fördern.

Das Buch richtet sich an Leser, die im Bereich der klassischen parametrischen Statistik, wenigstens was das Begriffliche angeht, einigermaßen sattelfest sind — konkrete Formelkenntnisse sind nur in sehr bescheidenem Umfang erforderlich. Es sollte daher einem breiten Publikum zugänglich sein.

Abschließend danke ich allen, die mir bei der Herstellung des Buches geholfen haben: Herrn Mag. Dr. H. Waldl, Herrn Mag. Dr. H. Potuschak und Herrn Mag. Dr. J. Fersterer. Für sorgfältiges Korrekturlesen danke ich Frau Mag. H. Wagner und den vormaligen Studenten Raferzeder, Hubauer, Sensenberger und Langgartner. Mein besonderer Dank gilt aber meiner langjährigen Sekretärin Frau R. Janout für ihre große Sorgfalt und Geduld bei der Fertigstellung der Druckvorlage.

Linz, im Jänner 2001   R. Hafner

Inhaltsverzeichnis

Kapitel 1

Einführung

In der Statistik werden Daten auf unterschiedliche Weise ausgewertet, um die in ihnen enthaltene interessante Information in möglichst klar erkennbarer Form zu gewinnen. Dabei betrachtet man in der deskriptiven Statistik die Daten und nichts als die Daten als das Gegebene, verzichtet auf jede Hypothese über den Mechanismus ihrer Entstehung und erhält als Ergebnis der Auswertungen Aussagen, die sich allein auf die gegebenen Daten beziehen.

Anders in der mathematischen Statistik: zwar sind auch hier die Daten das primär Gegebene, aber dazu kommen noch Hypothesen über den diesen Daten zugrundeliegenden Erzeugungsmechanismus. Diese Hypothesen, gleichgültig ob sie Ergebnis theoretischer Überlegungen, ob sie die Summe von Erfahrungen oder nur erste tastende Vermutungen sind, beschreiben einen **hypothetischen Mechanismus** — ein **Modell** für die Datenerzeugung. Präzise gesprochen: diese Hypothesen beschreiben nicht einen, sondern eine Schar strukturell gleichartiger Erzeugungsmechanismen, die sich voneinander nur durch die Werte verschiedener Kenngrößen (ein- oder mehrdimensionaler Parameter oder frei wählbarer Funktionen) unterscheiden.

Ein Modell ist somit eine Schar strukturell gleichartiger Erzeugungsmechanismen für Daten. Den beobachteten Daten *ein Modell unterlegen*, heißt annehmen, die Daten wären von einem der in dem Modell enthaltenen (d.h. zulässigen) Mechanismen erzeugt.

Die Auswertung der Daten hat nunmehr das Ziel, Aussagen über diesen Erzeugungsmechanismus zu machen — Hypothesen zu testen, Parameter oder Funktionen (z.B. Dichten oder Verteilungsfunktionen) zu schätzen.

Die erkenntnistheoretische Methode, den Beobachtungen Modelle zu unterlegen und die Daten auf diese Modelle hin zu interpretieren, ist in den Naturwissenschaften, insbesondere in der Physik uralt. Auch in der mathematischen Statistik ist diese Denkweise seit langem üblich, wenn auch in den Anwendungen die jeweils benützten Modelle häufig unscharf und schlampig oder gar nicht beschrieben werden.

Modelle der mathematischen Statistik

Der Grundbaustein aller Modelle der mathematischen Statistik ist das Zufalls-experiment. In der Wahrscheinlichkeitstheorie sieht man von allem Konkreten eines Zufallsexperiments ab. Als allein wesentliche Essenz bleibt eine Black-Box $\mathcal{E}$, aus der ein in der Regel numerisch codierter Ausgang x oder $\mathbf{x} = (x_1, \ldots, x_k)$ gemeldet wird, und eine Wahrscheinlichkeitsverteilung P_x bzw. $P_{\mathbf{x}}$ nach der dieser zufällige Ausgang verteilt ist (vgl. Abb. 1.1).

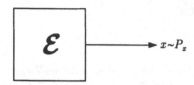

Abb. 1.1: Zufallsexperiment $\mathcal{E}$ mit nach P_x verteiltem Ausgang x

Ein Zufallsexperiment mit exakt präzisierter Verteilung P_x seines Ausgan-ges ist kein Modell. Hier ist nichts zu bestimmen, nichts zu schätzen, nichts zu testen — alles ist bekannt, und aus irgendwelchen Daten kann nichts geschlossen werden, was nicht schon gegeben wäre.

Ein Modell erhalten wir erst, wenn die Verteilung P_x nicht exakt präzisiert, sondern innerhalb einer Familie $\mathcal{P}$ von zulässigen Verteilungen frei wählbar ist. Jetzt ist eine Schar möglicher, zulässiger Zufallsexperimente gegeben. Wir schreiben:

Modell: $x \sim P_x \in \mathcal{P}$ \hfill (1.1)

und sagen: Gegeben ist ein Zufallsexperiment $\mathcal{E}$, dessen Ausgang x nach einer Verteilung P_x aus der Schar $\mathcal{P}$ verteilt ist.

Parametrische Modelle

Ist die Schar $\mathcal{P}$ der zulässigen Verteilungen durch endlich viele, etwa k nume-rische Scharparameter $(\vartheta_1, \ldots, \vartheta_k) \in \Theta \subset \mathbf{R}^k$ parametrisiert — Θ heißt der Parameterraum für die gewählte Parametrisierung —, dann spricht man von einem **parametrischen**, im besonderen von einem **k-parametrischen Mo-dell**. Dabei verlangt man, daß diese Parametrisierung stetig und differenzier-bar sei, d.h. etwa, daß die Verteilungsfunktion $F(x|\vartheta_1, \ldots, \vartheta_k)$ oder die Dichte $f(x|\vartheta_1, \ldots, \vartheta_k)$ stetig und differenzierbar von den Scharparametern $(\vartheta_1, \ldots, \vartheta_k)$ abhängen.[1]

---

[1]Es läßt sich zeigen, daß etwa die Menge $\mathcal{P}$ aller stetigen Verteilungen P auf $\mathbf{R}$ die Mächtigkeit des Kontinuums besitzt und damit durch einen einzigen reellen Parameter ϑ parametrisierbar ist. Derartige Parameterisierungen sind jedoch weder stetig noch differenzierbar und für praktische Anwendungen ungeeignet.

Wir betrachten einige Beispiele für parametrische Modelle und führen bei dieser Gelegenheit die in diesem Buch verwendeten Bezeichnungen für verschiedene klassische Verteilungsfamilien ein.

- $(\mathbf{A}_p: p \in [0,1])$ ... die Familie der **Alternativverteilungen** mit den Dichten

$$f(x|\mathbf{A}_p) = p^x(1-p)^{1-x} \quad \text{für} \quad x \in \{0,1\}.$$

- $(\mathbf{B}_{n,p}: n \in \mathbf{N}, p \in [0,1])$... die Familie der **Binomialverteilungen** mit den Dichten:

$$f(x|\mathbf{B}_{n,p}) = \binom{n}{x} p^x(1-p)^{n-x} \quad \text{für} \quad x \in \{0,1,\ldots,n\}.$$

- $(\mathbf{H}_{N,A,n}: N, A, n \in \mathbf{N}_0, 0 \leq A, n \leq N)$ ... die Familie der **hypergeometrischen Verteilungen** mit den Dichten:

$$f(x|\mathbf{H}_{N,A,n}) = \frac{\binom{A}{x}\binom{N-A}{n-x}}{\binom{N}{n}} \quad \text{für} \quad x \in \{0,1,\ldots,n\}.$$

- $(\mathbf{P}_\mu: \mu \in \mathbf{R}_+)$ ... die Familie der **Poisson-Verteilungen** mit den Dichten:

$$f(x|\mathbf{P}_\mu) = \frac{\mu^x}{x!}e^{-\mu} \quad \text{für} \quad x \in \mathbf{N}_0.$$

- $(\mathbf{N}(\mu,\sigma^2): \mu \in \mathbf{R}, \sigma^2 \in \mathbf{R}_+)$ ... die Familie der **Normalverteilungen** mit den Dichten:

$$f(x|\mathbf{N}(\mu,\sigma^2)) = \frac{1}{\sqrt{2\pi}\cdot\sigma}\exp(-\frac{(x-\mu)^2}{2\sigma^2}).$$

- $(\mathbf{B}(\alpha,\beta): \alpha,\beta > 0)$ ... die Familie der **Betaverteilungen** mit den Dichten:

$$f(x|\mathbf{B}(\alpha,\beta)) = \frac{1}{\mathbf{B}(\alpha,\beta)}x^{\alpha-1}(1-x)^{\beta-1} \quad \text{für} \quad x \in [0,1].$$

- $(\mathbf{\Gamma}(\lambda,\mu): \lambda,\mu > 0)$ ... die Familie der **Gammaverteilungen** mit den Dichten:

$$f(x|\mathbf{\Gamma}(\lambda,\mu)) = \frac{x^{\lambda-1}}{\Gamma(\lambda)\mu^\lambda}e^{-x/\mu} \quad \text{für} \quad x > 0.$$

Bezeichnet $\mathcal{P}$ eine der obigen Verteilungsfamilien, dann erhalten wir ebensoviele parametrische Modelle $x \sim P_x \in \mathcal{P}$ mit 1, 2 oder 3 freien Scharparametern.

Die zur Parametrisierung einer Schar $\mathcal{P}$ von Verteilungen benützten Parameter nennt man ihre **Scharparameter**. Eine Schar $\mathcal{P}$ kann natürlich auf mannigfachste Art und Weise parametrisiert werden, die Scharparameter und ihre Bedeutung hängen somit von der gewählten Parametrisierung ab und sind in keiner Weise *naturgegeben*.

Beispielsweise könnte man die Familie der Binomialverteilungen statt durch (n, p) mit $(n, \gamma = \ln(p/(1-p)))$ parametrisieren. Durchläuft p das Intervall $[0, 1]$, dann wächst γ von $-\infty$ bis $+\infty$ und es gilt $p = e^{\gamma}/(1 + e^{\gamma})$ bzw. $(1 - p) = = 1/(1 + e^{\gamma})$. Die Dichte der Binomialverteilung hat in der neuen Parametrisierung die Gestalt:

$$f(x) = \binom{n}{x} \left(\frac{e^{\gamma}}{1 + e^{\gamma}}\right)^x \left(\frac{1}{1 + e^{\gamma}}\right)^{n-x} =$$

$$= \binom{n}{x} \frac{1}{(1 + e^{\gamma})^n} e^{\gamma x},$$

ein ganz ungewohnter Ausdruck, der nichtsdestoweniger für manche Zwecke seine Vorteile hat.

Ist allgemein $\mathcal{P} = (P_x(.|\boldsymbol{\vartheta}) : \boldsymbol{\vartheta} = (\vartheta_1, \dots, \vartheta_k) \in \boldsymbol{\Theta} \subset \mathbf{R}^k)$ eine Parametrisierung der Schar $\mathcal{P}$ und ist $\boldsymbol{\gamma} = \mathbf{t}(\boldsymbol{\vartheta})$ eine umkehrbar eindeutige Abbildung des $\boldsymbol{\vartheta}$-Parameterraumes $\boldsymbol{\Theta}$ auf $\boldsymbol{\Gamma} = \{\boldsymbol{\gamma} : \boldsymbol{\gamma} = \boldsymbol{\gamma}(\boldsymbol{\vartheta})$ für $\boldsymbol{\vartheta} \in \boldsymbol{\Theta}\}$, den $\boldsymbol{\gamma}$-Parameterraum, und ist diese Abbildung stetig und stetig differenzierbar, mit der Umkehrung $\boldsymbol{\vartheta} = \mathbf{t}^{-1}(\boldsymbol{\gamma})$, dann ist $\mathcal{P} = (P_x(.|\mathbf{t}^{-1}(\boldsymbol{\gamma})) : \boldsymbol{\gamma} \in \boldsymbol{\Gamma})$ eine neue Parametrisierung von $\mathcal{P}$. Die Einschränkung auf stetige und stetig differenzierbare Transformationen $\mathbf{t}(.)$ stellt unter anderem sicher, daß der neue Scharparameter $\boldsymbol{\gamma} = (\gamma_1, \dots, \gamma_k)$ von der gleichen Dimension ist wie der alte $\boldsymbol{\vartheta} = (\vartheta_1, \dots, \vartheta_k)$.

Von den Scharparametern einer Verteilungsfamilie $\mathcal{P}$ begrifflich klar zu unterscheiden sind **Verteilungsparameter** wie etwa Mittelwert, Varianz, Momente, Fraktile. Zwar können die Scharparameter im konkreten Einzelfall die Bedeutung solcher Verteilungsparameter haben (z.B. bei $\mathbf{P}_{\mu}, \mathbf{N}(\mu, \sigma^2)$), doch ist das keineswegs die Regel. Im allgemeinen sind die den Statistiker interessierenden Verteilungsparameter mehr oder weniger komplizierte Funktionen der Scharparameter (z.B. $\mu = np$, $\sigma^2 = np(1 - p)$ bei der Binomialverteilung $\mathbf{B}_{n,p}$ oder $\mu = \alpha/(\alpha + \beta)$, $\sigma^2 = \alpha\beta/(\alpha + \beta)^2(\alpha + \beta + 1)$ bei der Betaverteilung $\mathbf{B}(\alpha, \beta)$).

Unterlegt man den beobachteten Daten ein parametrisches Modell, so hat man keineswegs immer das Ziel, die zur Parametrisierung benützten Scharparameter zu schätzen. Viel häufiger sind bei komplexen parametrischen Modellen verschiedene Verteilungsparameter von Interesse und man wird keineswegs immer alle Scharparameter $\boldsymbol{\vartheta} = (\vartheta_1, \dots, \vartheta_k)$ schätzen, um über die Formel $\gamma = \gamma(\boldsymbol{\vartheta})$, die den interessanten Verteilungsparameter γ als Funktion der Scharparameter $\boldsymbol{\vartheta}$ ausdrückt, aus einem Schätzer $\hat{\boldsymbol{\vartheta}}(x_1 \dots x_n)$ etwa den Schätzer $\hat{\gamma} = \gamma(\hat{\boldsymbol{\vartheta}}(x_1 \dots x_n))$ zu gewinnen. Wir kommen auf diese Frage etwas später, bei der Besprechung nichtparametrischer Modelle zurück.

Nichtparametrische Modelle

Wir denken wieder an ein Modell $x \sim P_x \in \mathcal{P}$, d.h. an ein Zufallsexperiment, dessen ein- oder mehrdimensionaler Ausgang x eine Verteilung P_x aus der Familie $\mathcal{P}$ zulässiger Verteilungen besitzt.

Wollte man das Begriffspaar parametrisch—nichtparametrisch auf eine strenge Dichotomie bringen, dann müßte man natürlich definieren:

- Ein Modell $x \sim P_x \in \mathcal{P}$ heißt nichtparametrisch, wenn es sich nicht durch endlich viele numerische Parameter stetig und stetig differenzierbar parametrisieren läßt.

Indessen ist eine derartige negative Formulierung zu abstrakt und für den Anwender von geringem Nutzen. Schon eher bringt die folgende eingeschränkte Beschreibung das Wesentliche:

- *Ein Modell $x \sim P_x \in \mathcal{P}$ heißt nichtparametrisch, wenn es sich durch endlich viele numerische Parameter und endlich viele (aber mindestens eine) freie Funktionen (z.B. freie Verteilungsfunktionen, freie Dichten) parametrisieren läßt.*

Der Akzent dieser Formulierung liegt darauf, daß eine Parametrisierung von $\mathcal{P}$ nicht allein durch endlich viele numerische Parameter möglich ist, sondern dazu noch eine oder mehrere frei wählbare Funktionen als „Scharparameter" nötig sind. Auch hier ist $\mathcal{P}$ parametrisiert, aber eben nicht in so einfacher Weise wie in den klassischen parametrischen Modellen.

Der obige Satz wurde bewußt nicht „Definition" genannt, denn dazu ist er zu vage und unscharf. Man darf aber nicht verkennen, daß die Einteilung der statistischen Modelle und Verfahren in parametrische und nichtparametrische nur ein grobes Ordnungsprinzip darstellt. Untersuchungsobjekt sind nicht „das allgemeine parametrische Modell" und „das allgemeine nichtparametrische Modell" als streng definierte mathematische Objekte, sondern das einzelne konkrete Modell, das man dann, je nach seinem Charakter, in die eine oder in die andere Gruppe einordnet. Einige Beispiele sollen das verdeutlichen.

Modelle mit einer unbekannten Verteilung

Als erstes Beispiel betrachten wir das Modell: $x \sim P_x \in \mathcal{P}$, wo $\mathcal{P}$ die Familie aller stetigen Verteilungen von $\mathbf{R}$ bezeichnet. D.h. wir haben ein Experiment $\mathcal{E}$ mit 1-dimensionalem, stetigem Ausgang x, über dessen Verteilung P_x keinerlei einschränkende Annahmen getroffen werden.

Es handelt sich dabei um *das* klassische nichtparametrische Modell. Es wird nicht unterstellt, daß P_x in irgendeiner parametrischen Verteilungsfamilie liegt.

Insbesondere wird nicht angenommen, daß $\mathcal{P}$ die Familie der Normalverteilungen ist — dieses wäre *das* klassische parametrische Modell. Der Experimentator drückt durch die Wahl dieses Modells aus, daß er keinerlei Vorkenntnisse über die Verteilung P_x besitzt oder benützen will.

Beschreibt man die Verteilung P_x durch ihre Verteilungsfunktion $F_x(.)$, dann kann $\mathcal{P}$ zwar nicht durch endlich viele Parameter, aber durch die (in weiten Grenzen) frei wählbare Funktion $F_x(.)$ parametrisiert werden. Man könnte auch daran denken, $\mathcal{P}$ durch die Dichten $f_x(.)$ von P_x zu parametrisieren, dann wäre $f_x(.)$ die frei wählbare Funktion in der Parametrisierung des Modells.[2]

Welche Fragen stellen sich dem Statistiker, der seinen Daten $x_1, \ldots, x_n$ dieses nichtparametrische Modell unterlegt? Bei dem klassischen Pendant: $x \sim$ $\sim \mathrm{N}(\mu, \sigma^2) \ldots (\mu, \sigma^2) \in \mathbf{R} \times \mathbf{R}_+$, reduzieren sich alle Fragen auf die Punkt- und Bereichschätzung der Scharparameter μ und σ^2 oder von Funktionen $\gamma =$ $= \gamma(\mu, \sigma^2)$ der Scharparameter und auf das Testen von Hypothesen über μ, σ^2 oder γ.

Beim nichtparametrischen Modell liegt es daher zunächst nahe, ebenfalls die „Scharparameter" $F_x(.)$ oder $f_x(.)$ zu schätzen oder Hypothesen über sie zu testen, und in der Tat sind das wichtige Problemstellungen, mit denen wir uns in Kapitel 2 beschäftigen werden. Viel wichtiger ist für den Anwender aber meistens die Schätzung gewisser Verteilungsparameter von P_x. In Analogie zum Modell $x \sim \mathrm{N}(\mu, \sigma^2)$ liegt es zunächst nahe, das Mittel $\mu = \mu(P_x)$ und die Varianz $\sigma^2 = \sigma^2(P_x)$ zu schätzen, doch zeigt sich rasch (siehe Kapitel 2), daß für diese Größen das Problem der Bereichschätzung unlösbar ist. Lage- und Streuungsinformation lassen sich jedoch auch mit Fraktilen beschreiben und für diese ist das Problem der Bereichschätzung, wie wir sehen werden, sehr einfach zu bewältigen.

Modelle mit zwei unbekannten Verteilungen

Als nächstes Beispiel betrachten wir Modelle für den Vergleich zweier Verteilungen P_x und P_y. Das klassische parametrische Modell für diese Aufgabe ist:

- x, y sind unabhängige Zufallsvariable,
  $x \sim \mathrm{N}(\mu_x, \sigma_x^2)$ $\ldots$ $(\mu_x, \sigma_x^2) \in \mathbf{R} \times \mathbf{R}_+$,
  $y \sim \mathrm{N}(\mu_y, \sigma_y^2)$ $\ldots$ $(\mu_y, \sigma_y^2) \in \mathbf{R} \times \mathbf{R}_+$.

Der Vergleich der Verteilungen für x und y läuft auf einen Vergleich von μ_x und μ_y bzw. von σ_x^2 und σ_y^2 hinaus und führt auf das Problem der Punkt- und Bereichschätzung von $\mu_y - \mu_x$ und σ_y^2/σ_x^2.

---

[2]Wir treiben in diesem Buch keine maßtheoretische Wahrscheinlichkeitstheorie und verstehen unter stetigen Verteilungen solche mit stetiger und stückweise stetig differenzierbarer Verteilungsfunktion $F_x(.)$, d.h. solche mit stückweise stetiger Dichte $f_x(.)$

Die nichtparametrische Modellbildung für den Vergleich zweier Verteilungen ist zunächst:

- x, y sind unabhängige Zufallsvariable,
  $x \sim P_x$ ... P_x beliebige stetige Verteilung auf $\mathbf{R}$,
  $y \sim P_y$ ... P_y beliebige stetige Verteilung auf $\mathbf{R}$.

Man wird erwarten, daß bei so allgemeiner Modellbildung nur sehr wenige Fragen behandelbar sind. Umso bemerkenswerter ist es, daß für das Testproblem:

$$\mathbf{H}_0\colon\ P_x = P_y \quad \text{gegen} \quad \mathbf{H}_1\colon\ P_x \neq P_y$$

Teststrategien zu vorgegebenem Niveau α existieren — der Kolmogorov-Smirnov-Test (siehe Kapitel 3) ist eine von ihnen.

Nicht durchführbar ist dagegen eine Bereichschätzung der Differenz $\mu(P_y) - \mu(P_x)$ oder des Quotienten $\sigma^2(P_y)/\sigma^2(P_x)$. Man bedenke, daß schon im Fall normal-verteilter Größen x und y die Bereichschätzung von $\mu_y - \mu_x$ ohne einschränkende Annahmen über σ_y^2/σ_x^2, also etwa $\sigma_y^2 = \sigma_x^2$, sehr schwierig wird (Behrens-Fisher-Problem).

Die angemessene nichtparametrische Modellbildung für einen Lagevergleich von P_x und P_y ist daher die, daß P_x und P_y aus ein und derselben Lagefamilie von Verteilungen stammen, d.h., wir haben das Modell:

- $x \sim P_x$ mit Verteilungsfunktion $F_x(.)$,
  $y \sim P_y$ mit Verteilungsfunktion $F_y(.)$,
  und es gilt: $F_y(t) = F_x(t - \Delta)$;
  x, y ...   unabhängig.

Die stetige Verteilungsfunktion $F_x(.)$ und die Verschiebungsgröße Δ parametrisieren das Modell und sind frei wählbar.

In diesem Rahmen ist es möglich, für den Verschiebungsparameter Δ Bereichschätzer anzugeben. Das ist eine für den Anwender viel befriedigendere Situation, als die Normalität von x und y bei gleicher Varianz $\sigma_x^2 = \sigma_y^2$ voraussetzen zu müssen.

Das zweckmäßige Modell für einen Streuungsvergleich der Verteilungen P_x und P_y ist die Annahme, daß P_x und P_y zu einer gemeinsamen Lage- und Skalenfamilie von Verteilungen gehören, d.h. daß gilt:

$$F_y(t) = F_x((t - \Delta)/\gamma)$$

mit frei wählbaren Scharparametern Δ, γ und $F_x(.)$.

Offenbar entspricht γ dem Quotienten σ_y/σ_x im Normalverteilungsmodell. Das Problem der Bereichschätzung von γ ist in diesem Modell lösbar (siehe Kapitel 3.3).

Modelle für den Vergleich von k Verteilungen

Für die Aufgabe, k Verteilungen $P_1, \ldots, P_k$ hinsichtlich ihrer Lage zu vergleichen, ist das folgende Modell angemessen:

- $x_1, \ldots, x_k$ sind unabhängige Zufallsvariable,
  $x_j \sim P_j$ mit Verteilungsfunktion $F_j(.)$ für $j = 1, \ldots, k$,
  $F_j(t) = F(t - a_j)$ für $j = 1, \ldots, k$; $F \ldots$ freie Verteilungsfunktion.

Das Modell ist durch die Verschiebungsgrößen $a_1, \ldots, a_k$ und die Verteilungsfunktion $F(.)$ parametrisiert und entspricht dem in der Varianzanalyse (bei
einfacher Klassifikation) üblichen parametrischen Modell:

- $x_1, \ldots, x_k$ sind unabhängig,
  $x_j \sim N(\mu + a_j, \sigma^2)$ für $j = 1, \ldots, k$ mit $a_1 = 0$,
  μ; $a_2, \ldots, a_k$; σ^2 sind die Modellparameter.

Es ist aber wegen der freien Wählbarkeit der Verteilungsfunktion $F(.)$ wesentlich allgemeiner und damit besser geeignet, die *Wirklichkeit* zu modellieren.

In der Varianzanalyse prüft man die Hypothesen

$$\mathbf{H}_0: a_1 = \ldots = a_k = 0 \quad \text{gegen} \quad \mathbf{H}_1: a_1^2 + \ldots + a_k^2 > 0$$

üblicherweise mit dem F-Test. Es ist aber auch möglich (siehe Kapitel 4), diese
Aufgabe im Rahmen des obigen nichtparametrischen Modells zu vorgegebenem
Niveau α zu testen.

Zum Skalenvergleich von k Verteilungen ist das folgende nichtparametrische
Modell naheliegend:

- $x_1, \ldots, x_k$ sind unabhängige Zufallsvariable,
  $x_j \sim P_j$ mit Verteilungsfunktion $F_j(.)$ für $j = 1, \ldots, k$,
  $F_j(t) = F((t - a_j)/b_j)$ für $j = 1, \ldots, k$;
  die Verteilungsfunktion F ist frei.

Es wird daher angenommen, daß die Verteilungen $P_1, \ldots, P_k$ zur gleichen Lage-
und Skalenfamilie von Verteilungen gehören.

Die Modellparameter sind hier die Verschiebungsparameter $a_1, \ldots, a_k$, die
Skalenparameter $b_1, \ldots, b_k$ und die freie Verteilungsfunktion $F(.)$; zu testen ist
die Hypothese

$$\mathbf{H}_0: b_1 = \ldots = b_k \quad \text{gegen } \mathbf{H}_1: \text{ nicht alle } b_j \text{ sind gleich.}$$

Wir werden uns auch mit dieser Frage beschäftigen (siehe Kapitel 4).

Regressionsmodelle

In der parametrischen Statistik betrachtet man das folgende Regressionsmodell
für eine abhängige Variable y und k erklärende Variable $x_1, \ldots, x_k$:

- $y_1, \ldots, y_n$ sind unabhängig,
  $$y_j \sim N(\beta_0 + \beta_1 x_{j1} + \ldots + \beta_k x_{jk}, \sigma^2) \qquad j = 1, \ldots, n.$$

Das Modell ist durch die Regressionsparameter $\beta_0, \ldots, \beta_k$ und durch σ^2 parametrisiert. $y_1, \ldots, y_n$ sind unabhängige Beobachtungen von y bei n verschiedenen
Einstellungen der erklärenden Variablen $x_1, \ldots, x_k$.

Verzichtet man auf die stark einschränkende Annahme, daß y bei festen
Werten der Regressoren $x_1, \ldots, x_k$ normal-verteilt ist mit fester Varianz σ^2,
und verlangt man nur noch, daß die Verteilung von y für alle Einstellungen von
$x_1, \ldots, x_k$ einer festen Lagefamilie von Verteilungen angehören soll, dann erhält
man das nichtparametrische Gegenstück zu dem obigen Modell:

- $y_1, \ldots, y_n$ sind unabhängig
  $$y_j \sim P_j \quad \text{mit } F_j(t) = F(t - \beta_1 x_{j1} - \ldots - \beta_k x_{jk}) \qquad j = 1, \ldots, n.$$

Modellparameter sind jetzt $\beta_1, \ldots, \beta_k$ und die frei wählbare Verteilungsfunktion
$F(.)$. Die Konstante β_0 erscheint nicht mehr, denn sie ist durch die frei wählbare
Verteilungsfunktion F mit berücksichtigt und müßte nur dann in das Modell
aufgenommen werden, wenn für F z.B. nur Verteilungen mit $F(0) = 1/2$, also
mit Median null zulässig wären.

In den letzten drei Jahrzehnten wurde sehr viel über das nichtparametrische
lineare Modell gearbeitet (siehe die Bücher von PURI und SEN [1971, 1985] und
die dort angegebene umfangreiche Literatur). Auch wir werden uns mit diesen
Dingen in Kapitel 5 beschäftigen. Zusammenfassend wollen wir festhalten:

- *nichtparametrische statistische Modelle enthalten in der Regel auch freie,
  skalare Modellparameter, aber neben diesen noch eine oder mehrere frei
  wählbare Funktionen — meistens Verteilungsfunktionen.*

- *Die freien skalaren Parameter zusammen mit den freien (Verteilungs)funk-
  tionen nennt man die Scharparameter des Modells.*

- *Die statistischen Fragestellungen beziehen sich meistens nicht auf die Scharparameter des Modells, sondern auf irgendwelche Verteilungsparameter der
  in dem Modell auftretenden Wahrscheinlichkeitsverteilungen.*

Zum Abschluß noch ein Wort zu dem häufig als Synonym für nichtparametrische Methoden gebrauchten Terminus **verteilungsfreie Methoden** der Statistik. Gemeint ist mit diesem Ausdruck nicht, daß die Methoden frei von Verteilungen sind, sondern, daß das jeweilige Verfahren und seine Aussagen gültig sind, ohne — also *frei von* — einschränkende(n) Annahmen über die im Modell auftretenden Verteilungen. Man denkt dabei natürlich an Annahmen von der Art, daß diese Verteilungen einer bestimmten mehrparametrischen Verteilungsfamilie angehören.

Kapitel 2

Einstichprobenprobleme

2.1 Vorbetrachtung

Wir beginnen mit dem einfachsten und zugleich wichtigsten Modell der nicht-parametrischen Statistik. Gegeben ist ein Zufallsexperiment $\mathcal{E}$, dessen eindimensionaler Ausgang x eine beliebige stetige Verteilung P_x besitzt. Kürzer und formaler schreiben wir:

Modell: x ... 1-dimensional, stetig,

$$x \sim P_x \in \mathcal{P}, \tag{2.1.1}$$

$\mathcal{P}$ ... Familie der stetigen Verteilungen auf $\mathbf{R}$.

Es wird offenbar keinerlei Apriori-Information über die Verteilung P_x vorausgesetzt. Bei dem klassischen parametrischen Gegenstück zu diesem Modell:

Modell: x ... 1-dimensional, stetig,

$$x \sim \mathrm{N}(\mu, \sigma^2) \ldots \mu \in \mathbf{R}, \sigma^2 \in \mathbf{R}_+ \tag{2.1.2}$$

zielt die Auswertung einer Stichprobe $x_1, \ldots, x_n$ vor allem auf die Bestimmung von Punkt- und Bereichschätzern für die unbekannten Scharparameter μ, σ^2. Teststrategien für Hypothesen über μ und σ^2 erhält man durch Dualisierung der Bereichschätzer.

Faßt man μ und σ^2 als Lage- bzw. Streuungsinformation über die Datenverteilung auf, dann liegt es zunächst nahe, auch bei dem Modell (2.1.1) nach Punkt- und Bereichschätzern für das Mittel $\mu = \mu(P_x)$ und die Varianz $\sigma^2 = \sigma^2(P_x)$ zu fragen. Dazu ist folgendes zu bemerken:

- Nicht alle Verteilungen aus $\mathcal{P}$ besitzen Momente erster oder gar zweiter Ordnung.

- Schränkt man das Modell auf Verteilungen mit endlicher Varianz ein, dann bleibt dennoch ein so weiter Spielraum für die zulässigen Verteilungen, daß das Mittel $\mu(P_x)$ und vor allem die Varianz $\sigma^2(P_x)$ keine praktisch brauchbare Interpretation besitzen.

- Es ist grundsätzlich unmöglich, Bereichschätzer $[\underline{\mu}(x_1,\ldots,x_n),\ \overline{\mu}(x_1,\ldots$ $\ldots,x_n)]$ oder $[\underline{\sigma}^2(x_1,\ldots,x_n),\overline{\sigma}^2(x_1,\ldots,x_n)]$ zu bestimmen, die für jede Datenverteilung P_x mit endlicher Varianz die unbekannten Verteilungsparameter $\mu = \mu(P_x)$ bzw. $\sigma^2 = \sigma^2(P_x)$ mit fester Sicherheit $S = 1 - \alpha$ überdecken.

Letzteres ist leicht zu sehen, und wir wollen die Überlegung kurz andeuten. Wir argumentieren indirekt und nehmen etwa an, $\overline{\mu}(x_1,\ldots,x_n)$ wäre eine obere Vertrauensschranke für $\mu = \mu(P_x)$ zur Sicherheit $S = 1 - \alpha$ für alle Verteilungen P_x mit wohldefiniertem Mittelwert.

Sei $\overset{\circ}{P}_x$ nun irgendeine derartige Datenverteilung. Es gilt dann voraussetzungsgemäß:

$$P(\mu(\overset{\circ}{P}_x) \leq \overline{\mu}(x_1,\ldots,x_n)|x_j \sim \overset{\circ}{P}_x) = 1 - \alpha.$$

Ersetzt man die Datenverteilung $\overset{\circ}{P}_x$ durch die Verteilung

$$(1 - \epsilon)\overset{\circ}{P}_x + \epsilon Q_x,$$

wobei Q_x ebenfalls eine Verteilung mit wohldefiniertem Mittelwert sein soll, dann gilt einerseits:

$$\mu((1 - \epsilon)\overset{\circ}{P}_x + \epsilon Q_x) = (1 - \epsilon)\mu(\overset{\circ}{P}_x) + \epsilon\mu(Q_x)$$

und andererseits für irgendein Ereignis $A \subset \mathbf{R}^n$:

$$\left|P(A|x_j \sim \overset{\circ}{P}_x) - P(A|x_j \sim (1 - \epsilon)\overset{\circ}{P}_x + \epsilon Q_x)\right| =$$
$$= \left|\overset{\circ}{P}_x^n(A) - ((1 - \epsilon)\overset{\circ}{P}_x + \epsilon Q_x)^n(A)\right| \leq$$
$$\leq (1 - (1 - \epsilon)^n) \cdot \overset{\circ}{P}_x^n(A) + \epsilon \cdot \sum_{k=1}^{n}\binom{n}{k}\epsilon^{k-1}(1 - \epsilon)^{n-k} \leq$$
$$\leq (1 - (1 - \epsilon)^n) + \epsilon \cdot n \leq \epsilon \cdot 2n.$$

Daraus folgt:

- Wählt man ϵ genügend klein, dann ändert sich die Verteilung der Statistik $\overline{\mu}(x_1,\ldots,x_n)$ beliebig wenig, gleichgültig wie die Verteilung Q_x gewählt ist.

- Bei festem ϵ kann Q_x so gewählt werden, daß das Mittel von $(1 - \epsilon)\overset{\circ}{P}_x + \epsilon Q_x$ beliebig groß ausfällt.

Dann kann aber offenbar nicht mehr gelten:

$$P(\mu((1 - \epsilon)\overset{\circ}{P}_x + \epsilon Q_x) \leq \overline{\mu}(x_1,\ldots,x_n)|x_j \sim (1 - \epsilon)\overset{\circ}{P}_x + \epsilon Q_x) = 1 - \alpha,$$

was aber sein müßte, wenn $\overline{\mu}(x_1,\ldots,x_n)$ eine obere Vertrauensschranke zur Sicherheit $S = 1 - \alpha$ wäre.

Eine analoge Argumentation zeigt, daß es auch für σ^2 keinen, wie man sich ausdrückt, verteilungsunabhängigen Bereichschätzer gibt.

Diese Tatsachen sind enttäuschend. Umso erfreulicher ist es daher, daß für den Median und allgemeiner für jedes p-Fraktil x_p solche Bereichschätzer existieren und sehr leicht aus den beobachteten Daten berechnet werden können. Fraktile sind für alle stetigen Verteilungen sinnvoll definiert, sie sind einfach interpretierbar und man kann mit ihrer Hilfe sowohl Lage- als auch Streuungsinformation mitteilen.

Die Bereichschätzung von Fraktilen erfolgt mit Hilfe von Ordnungsstatistiken. Diese spielen auch bei allen anderen Schätz- und Testaufgaben im Rahmen des Modells (2.1.1) eine grundlegende Rolle. Wir wollen daher zunächst einige Tatsachen über Ordnungsstatistiken bereitstellen.

2.2 Ordnungsstatistiken

Ist $\mathbf{x} = (x_1, \ldots, x_n)$ eine Folge von reellen Zahlen, z.B. eine Stichprobe, und ordnet man diese Zahlen nach wachsender Größe, dann erhält man die **Ordnungsreihe** der gegebenen Folge. Sie wird mit $\mathbf{x}_{()} = (x_{(1)}, x_{(2)}, \ldots, x_{(n)})$ bezeichnet. Die Größe $x_{(j)}$ der Ordnungsreihe nennt man die j-te **Ordnungsgröße** oder **Ordnungsstatistik** der gegebenen Folge $\mathbf{x}$. $x_{(1)}$ ist offenbar die kleinste der Zahlen $x_1, \ldots, x_n$. Gilt etwa $x_{(1)} = x_j$ und streicht man die Zahl x_j aus der Folge $x_1, \ldots, x_n$ heraus, dann ist $x_{(2)}$ die kleinste der verbleibenden Zahlen usw.

Beispiel 2.2.1   Sei

$$\mathbf{x} = (x_1, x_2, \ldots, x_5) = (3,5; \ 7,3; \ 0,6; \ 1,9; \ 5,4),$$

dann ist die zugehörige Ordnungsreihe:

$$\mathbf{x}_{()} = (x_{(1)}, x_{(2)}, \ldots, x_{(5)}) = (0,6; \ 1,9; \ 3,5; \ 5,4; \ 7,3).$$

Der Wert der ersten Ordnungsstatistik $x_{(1)}$ ist 0,6, der der zweiten $x_{(2)}$ ist 1,9 usw.

Tritt in der gegebenen Folge $(x_1, x_2, \ldots, x_n)$ die Zahl a k-mal auf, dann muß sie auch in der Ordnungsreihe k-mal vorkommen.

Beispiel 2.2.2   Gegeben sei die Folge:

$$\mathbf{x} = (x_1, x_2, \ldots, x_5) = (3,2; \ 4,1; \ 3,2; \ 4,1; \ 4,1).$$

Die zugehörige Ordnungsreihe ist:

$$\mathbf{x}_{()} = (x_{(1)}, x_{(2)}, \ldots, x_{(5)}) = (3,2; \ 3,2; \ 4,1; \ 4,1; \ 4,1).$$

Die praktische Bestimmung der Ordnungsreihe ist bei kurzen Folgen $(x_1, x_2, \ldots, x_n)$ einfach. Bei langen Folgen stehen in den statistischen Programmpaketen geeignete Ordnungsalgorithmen zur Verfügung.

Beispiel 2.2.3 Besonders einfach ist die graphische Bestimmung der Ordnungsreihe. Sei wie in Beispiel 2.2.1

$$(x_1, x_2, \ldots, x_5) = (3{,}5;\ 7{,}3;\ 0{,}6;\ 1{,}9;\ 5{,}4).$$

Trägt man diese Werte in einer skalierten x-Achse ein, dann erhält man automatisch die Ordnungsreihe.

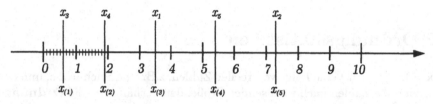

Abb. 2.2.1: Graphische Bestimmung der Ordnungsreihe

Man beachte, daß die Ordnungsgröße $x_{(j)}$ i.a. erst bestimmt werden kann, wenn alle Werte $x_1, x_2, \ldots, x_n$ bekannt sind. $x_{(j)}$ ist daher eine Funktion der gesamten Folge $(x_1, \ldots, x_n)$:

$$x_{(j)} = x_{(j)}(x_1, \ldots, x_n).$$

Leicht einzusehen, aber dennoch sehr wichtig ist der folgende

Satz 2.2.1   *Monotone Transformation der Ordnungsreihe*

Gegeben sei eine Zahlenfolge $\mathbf{x} = (x_1, \ldots, x_n)$ und eine monoton wachsende Transformation $y = t(x)$. Ist $\mathbf{y} = (y_1, \ldots, y_n) = (t(x_1), \ldots, t(x_n))$, dann gilt für die Ordnungsreihen $\mathbf{y}_{()} = (y_{(1)}, \ldots, y_{(n)})$ und $\mathbf{x}_{()} = (x_{(1)}, \ldots, x_{(n)})$ die Beziehung:

$$y_{(j)} = t(x_{(j)}).$$

Ist hingegen $y = t(x)$ monoton fallend, dann ist

$$y_{(j)} = t(x_{(n+1-j)}).$$

Beweis: Die Abb. 2.2.2 zeigt das Wesentliche der Überlegung, dennoch wollen wir auch einen formalen Beweis führen.

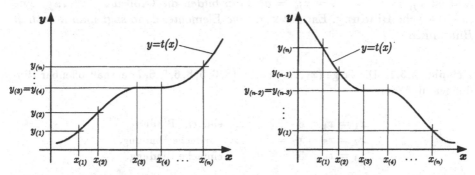

Abb. 2.2.2: Transformation der Ordnungsreihe bei monotoner Datentransformation

Die Folge $(x_{(1)}, \ldots, x_{(n)})$ besteht aus den gleichen Elementen wie $(x_1, \ldots, x_n)$, nur anders geordnet. Somit enthalten auch die Folgen $(y_1, \ldots, y_n) = (t(x_1), \ldots \ldots, t(x_n))$, $(t(x_{(1)}), \ldots, t(x_{(n)}))$ und $(y_{(1)}, \ldots, y_{(n)})$ die gleichen Elemente.

Ist $t(x)$ monoton wachsend, dann wächst die Folge $(t(x_{(1)}), \ldots, t(x_{(n)}))$, und ist daher mit $(y_{(1)}, \ldots, y_{(n)})$ identisch. Fällt hingegen $t(x)$ monoton, dann ist $(t(x_{(n)}), t(x_{(n-1)}), \ldots, t(x_{(1)}))$ monoton wachsend und folglich mit $(y_{(1)}, \ldots, y_{(n)})$ identisch. In diesem Fall ist daher $y_{(j)} = t(x_{(n+1-j)})$, wie behauptet. ♠

Bemerkung: Man erkennt an der Abb. 2.2.2:

- Enthält die Ordnungsreihe $(x_{(1)}, \ldots, x_{(n)})$ gleiche Elemente, dann auch die transformierte Reihe $(y_{(1)}, \ldots, y_{(n)})$.

- Enthält die Ordnungsreihe $(x_{(1)}, \ldots, x_{(n)})$ lauter verschiedene Elemente, und ist $t(x)$ streng monoton, dann sind auch alle transformierten Ordnungsgrößen $(y_{(1)}, \ldots, y_{(n)})$ paarweise verschieden.

2.3 Verteilung von Ordnungsstatistiken

Wir setzen in Zukunft voraus, daß $\mathbf{x} = (x_1, \ldots, x_n)$ eine n-dimensionale stetige Zufallsvariable ist. In aller Regel werden wir zusätzlich verlangen, daß die Koordinaten $x_1, \ldots, x_n$ unabhängig und identisch verteilt, also Stichprobenvariable sind.

Es stellt sich die Frage nach der Verteilung der Ordnungsgrößen, ausgedrückt durch die Verteilung von $\mathbf{x}$. Dabei interessieren uns sowohl die gemeinsame Verteilung von $(x_{(1)}, \ldots, x_{(n)})$ als auch die Randverteilungen von $(x_{(j_1)}, \ldots, x_{(j_k)})$. Zunächst führen wir einen wichtigen Begriff ein.

Definition 2.3.1   *Bindungen*

Kommt in der Folge $\mathbf{x} = (x_1, \ldots, x_n)$ *die Zahl a genau k-mal vor, mit $k \geq 2$, und ist $x_{j_1} = x_{j_2} = \ldots = x_{j_k} = a$, dann bilden die Größen $x_{j_1}, \ldots, x_{j_k}$ eine (k − 1)-fache* **Bindung**. *Enthält* $\mathbf{x}$ *gleiche Elemente, dann sagt man* $\mathbf{x}$ *enthält Bindungen.*

Beispiel 2.3.1   Die Folge $(x_1, \ldots, x_8) = (8, 6, 5, 8, 6, 5, 6, 7)$ enthält offenbar Bindungen und zwar:

$$x_1 = x_4 = 8 \qquad \ldots \text{ einfache Bindung,}$$
$$x_2 = x_5 = x_7 = 6 \qquad \ldots \text{ zweifache Bindung,}$$
$$x_3 = x_6 = 5 \qquad \ldots \text{ einfache Bindung.}$$

Wir zeigen zunächst, daß wenigstens in der Theorie bei stetigen Zufallsvariablen keine Bindungen auftreten können.

Satz 2.3.1   *Wahrscheinlichkeit für Bindungen*

Ist $\mathbf{x} = (x_1, \ldots, x_n)$ *stetig verteilt, dann treten nur mit Wahrscheinlichkeit 0 Bindungen auf.*

Beweis: Wir betrachten die Ereignisse $A_{ij} = \{\mathbf{x} : x_i = x_j\}$ für $1 \leq i < j \leq n$. Bezeichnet A das Ereignis „$\mathbf{x}$ enthält Bindungen", dann gilt offenbar:

$$A = \bigcup_{1 \leq i < j \leq n} A_{ij}$$

und somit ist

$$P(A) \leq \sum_{1 \leq i < j \leq n} P(A_{ij}).$$

Ist die Verteilung von $\mathbf{x}$ stetig, dann trifft das auch auf jede Randverteilung, insbesondere auf die Randverteilung von (x_i, x_j), zu. Das Ereignis A_{ij} hat aber (siehe Abb. 2.3.1) bei einer stetigen Verteilung von (x_i, x_j) offensichtlich die Wahrscheinlichkeit 0. ♠

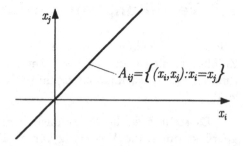

Abb. 2.3.1: Das Ereignis $A_{ij} = \{(x_i, x_j) : x_i = x_j\}$

Bemerkungen:

- Die Aussage von Satz 2.3.1 gilt insbesondere dann, wenn die Variablen $x_1, \ldots, x_n$ stetig, unabhängig und identisch verteilt sind.

- Reale Beobachtungen sind immer durch Rundung auf endlich viele Kommastellen diskretisiert, so daß auch bei stetigen Variablen Bindungen auftreten können.

Satz 2.3.2   Verteilung von $\mathbf{x}_{()}$

Ist $\mathbf{x} = (x_1, \ldots, x_n)$ stetig verteilt mit der Dichte $f_{\mathbf{x}}(x_1, \ldots, x_n)$, dann besitzt die Verteilung der Ordnungsreihe $(x_{(1)}, \ldots, x_{(n)})$ die Dichte:

$$f_{\mathbf{x}_{()}}(t_1, \ldots, t_n) = \begin{cases} \sum_{(\alpha_1, \ldots, \alpha_n)} f_x(t_{\alpha_1}, \ldots, t_{\alpha_n}) & \text{für } t_1 < t_2 < \ldots < t_n, \\ 0 & \text{sonst,} \end{cases}$$

(2.3.1)

dabei wird über alle Permutationen $(\alpha_1, \ldots, \alpha_n)$ der Zahlen $(1, \ldots, n)$ summiert.

Beweis: Da Bindungen nach Satz 2.3.1 mit Wahrscheinlichkeit 0 auftreten, können wir uns auf den Wertebereich

$$\Omega_{\mathbf{x}_{()}} = \{(t_1, \ldots, t_n): t_1 < t_2 < \ldots < t_n\}$$

für die Ordnungsreihe $\mathbf{x}_{()}$ beschränken.

Sei $(t_1, \ldots, t_n)$ ein beliebiger Punkt aus $\Omega_{\mathbf{x}_{()}}$ und sei h so klein gewählt, daß die Intervalle $I(t_j) = [t_j - h/2, t_j + h/2]$ disjunkt sind (siehe Abb. 2.3.2).

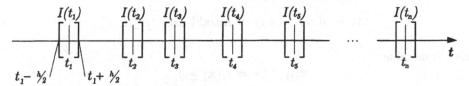

Abb. 2.3.2: Zur Definition der Intervalle $I(t_1), \ldots, I(t_n)$

Offenbar liegt $(x_{(1)}, \ldots, x_{(n)})$ genau dann in dem n-dimensionalen Kubus

$$I(t_1) \times I(t_2) \times \ldots \times I(t_n),$$

wenn $(x_1, \ldots, x_n)$ in der Vereinigung der $n!$ paarweise disjunkten Kuben

$$I(t_{\alpha_1}) \times I(t_{\alpha_2}) \times \ldots \times I(t_{\alpha_n})$$

liegt — $(\alpha_1, \ldots, \alpha_n)$ bezeichnet eine Permutation von $(1, \ldots, n)$. Ist $(t_{\alpha_1}, \ldots, t_{\alpha_n})$ ein Stetigkeitspunkt der Dichte $f_{\mathbf{x}}(x_1, \ldots, x_n)$, dann gilt:

$$P((x_1, \ldots, x_n) \in I(t_{\alpha_1}) \times \ldots \times I(t_{\alpha_n})) = f_{\mathbf{x}}(t_{\alpha_1}, \ldots, t_{\alpha_n}) \cdot h^n + o(h^n)$$

und somit folgt, falls alle $k!$ Punkte $(t_{\alpha_1}, \ldots, t_{\alpha_n})$ Stetigkeitspunkte der Dichte $f_{\mathbf{x}}(x_1, \ldots, x_n)$ sind:

$$P((x_{(1)}, \ldots, x_{(n)}) \in I(t_1) \times \ldots \times I(t_n)) = \left(\sum_{(\alpha_1, \ldots, \alpha_n)} f_{\mathbf{x}}(t_{\alpha_1}, \ldots, t_{\alpha_n}) \right) \cdot h^n + o(h^n).$$

Damit ist der Satz aber bewiesen, denn die Dichte $f_{\mathbf{x}}(x_1, \ldots, x_n)$ ist als Dichte einer stetigen Verteilung fast überall stetig. ♠

Sonderfall: Sind die stetigen Zufallsvariablen $x_1, \ldots, x_n$ unabhängig und identisch verteilt mit der Dichte $f(x)$, dann hat die Verteilung von $\mathbf{x}$ die Dichte

$$f_{\mathbf{x}_{()}}(t_1, \ldots, t_n) = \begin{cases} n! f(t_1) \cdots f(t_n) & \text{für } t_1 < \ldots < t_n, \\ 0 & \text{sonst.} \end{cases} \tag{2.3.2}$$

Wir wenden uns den Randverteilungen einer oder mehrerer Ordnungsstatistiken zu. Dabei setzen wir voraus, daß die Zufallsgrößen $x_1, \ldots, x_n$ stetig, unabhängig und identisch verteilt sind mit der Dichte $f(x)$ und der Verteilungsfunktion $F(x)$. Wir behandeln zunächst den besonders wichtigen Sonderfall der Randverteilung einer Ordnungsstatistik $x_{(j)}$.

Die Randverteilung von $x_{(j)}$

Dichte und Verteilungsfunktion von $x_{(j)}$ seien mit $f_{(j)}$ bzw. $F_{(j)}$ bezeichnet. Um die Wahrscheinlichkeit des Ereignisses $\{\mathbf{x} : x_{(j)} \leq t\}$ zu bestimmen, führen wir eine Zählvariable ein:

$$z_t = z_t(x_1, \ldots, x_n) = \text{Anzahl der } x_j \leq t.$$

Es gilt offenbar:

$$x_{(j)} \leq t \Longleftrightarrow z_t(\mathbf{x}) \geq j.$$

Da $z_t(\mathbf{x})$ binomial-verteilt ist nach $\mathbf{B}_{n, F(t)}$ — man beachte: z_t zählt die Anzahl der Realisierungen des Ereignisses $\{x \leq t\}$ bei n unabhängigen Versuchswiederholungen —, erhalten wir sofort die Verteilungsfunktion $F_{(j)}$:

$$\begin{aligned} F_{(j)}(t) &= P(x_{(j)} \leq t) = P(z_t \geq j) = \\ &= \sum_{z=j}^{n} \binom{n}{z} (F(t))^z (1 - F(t))^{n-z}. \end{aligned} \tag{2.3.3}$$

Insbesondere ergibt sich für $j = 1$ und $j = n$:

$$F_{(1)}(t) = 1 - (1 - F(t))^n,$$

$$F_{(n)}(t) = (F(t))^n. \tag{2.3.4}$$

Für die Dichte $f_{(j)}$ erhält man durch Differenzieren des Ausdrucks (2.3.3), wie man leicht nachrechnet, die Formel:

$$f_{(j)}(t) = \frac{n!}{(j-1)!(n-j)!} \, (F(t))^{j-1} \cdot f(t) \cdot (1 - F(t))^{n-j}. \qquad (2.3.5)$$

Das ergibt für $j = 1$ und $j = n$:

$$f_{(1)}(t) = n \cdot f(t) \cdot (1 - F(t))^{n-1},$$

$$f_{(n)}(t) = n \cdot (F(t))^{n-1} \cdot f(t). \qquad (2.3.6)$$

Wir wollen die Dichte $f_{(j)}$ aber auf einem anderen Weg herleiten, der auch für die Bestimmung der k-dimensionalen Randdichten von $(x_{(j_1)}, \ldots, x_{(j_k)})$ brauchbar ist. Dazu betrachten wir das Ereignis:

$$A = \{\mathbf{x} : x_{(j)} \in (t, t + h]\}.$$

Ausgedrückt durch die noch unbekannte Dichte $f_{(j)}$ gilt zunächst:

$$P(A) = f_{(j)}(t) \cdot h + o(h). \qquad (2.3.7)$$

Wir zerlegen jetzt die x-Achse in die Intervalle $I_1 = (-\infty, t]$, $I_2 = (t, t + h]$ und $I_3 = (t + h, \infty)$ und bezeichnen mit z_1, z_2, z_3 die Anzahl der Beobachtungen $x_1, \ldots, x_n$, die in I_1, I_2 bzw. I_3 fallen (siehe Abb. 2.3.3).

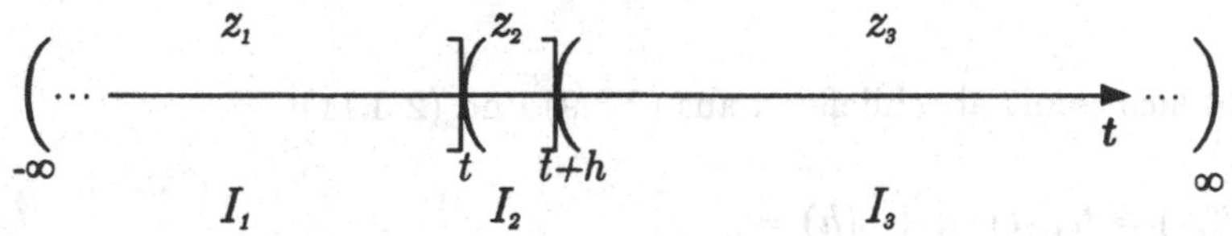

Abb. 2.3.3: Zur Definition der Intervalle I_1, I_2, I_3 und der Zählgrößen z_1, z_2, z_3

Mit Hilfe der Zählvariablen z_1, z_2 definieren wir die Ereignisse:

$$B = \{\mathbf{x} : z_1 = j - 1, z_2 = 1\},$$
$$C = \{\mathbf{x} : z_2 \geq 2\}.$$

Es gilt dann die Inklusion:

$$B \subset A \subset B \cup C$$

und mithin:

$$P(B) \leq P(A) \leq P(B) + P(C). \qquad (2.3.8)$$

Da aber die zweidimensionale Zählgröße (z_1, z_2) multinomial verteilt ist nach $\mathbf{B}_{n;p_1,p_2}$ mit

$$p_1 \qquad = P(x \in I_1 = (-\infty, t]) \quad = F(t),$$

$$p_2 \qquad = P(x \in I_2 = (t, t+h]) \quad = f(t) \cdot h + o(h),$$

$$1 - p_1 - p_2 = P(x \in I_3 = (t+h, \infty)) = 1 - F(t+h) = 1 - F(t) + O(h),$$

folgt:

$$P(B) = P((z_1, z_2) = (j-1, 1)) =$$

$$= \frac{n!}{(j-1)!1!(n-j)!}(F(t))^{j-1} \cdot (f(t) \cdot h + o(h)) \cdot (1 - F(t) + O(h))^{n-j} =$$

$$= [\frac{n!}{(j-1)!(n-j)!}(F(t))^{j-1} \cdot f(t) \cdot (1 - F(t))^{n-j}] \cdot h + o(h).$$

$$(2.3.9)$$

Schließlich gilt offensichtlich:

$$P(C) = O(h^2), \tag{2.3.10}$$

so daß wir aus (2.3.8) erhalten:

$$P(A) = P(B) + O(h^2). \tag{2.3.11}$$

Es ergibt sich somit abschließend aus (2.3.9) und (2.3.11):

$$P(A) = f_{(j)}(t) \cdot h + o(h) =$$

$$= [\frac{n!}{(j-1)!(n-j)!}(F(t))^{j-1} \cdot f(t) \cdot (1 - F(t))^{n-j}] \cdot h + o(h)$$

und damit der gesuchte Ausdruck für die Dichte $f_{(j)}(t)$:

$$f_{(j)}(t) = \frac{n!}{(j-1)!(n-j)!}(F(t))^{j-1} \cdot f(t) \cdot (1 - F(t))^{n-j}. \tag{2.3.12}$$

Aus der Herleitung wird auch die gewählte Anordnung der Faktoren verständlich.

Die Randverteilung von $(x_{(j_1)}, \ldots, x_{(j_k)})$

Wir bestimmen die Randdichte $f_{(j_1,\ldots,j_k)}$ von $(x_{(j_1)}, \ldots, x_{(j_k)})$ — $j_1 < j_2 < \ldots < j_k$ wird natürlich vorausgesetzt. Dabei argumentieren wir ähnlich wie oben bei der Herleitung von $f_{(j)}$. Wir wählen $t_1 < t_2 < \ldots < t_k$ und anschließend $h > 0$ so klein, daß die Intervalle $I_j = (t_j, t_j + h]$ disjunkt ausfallen (siehe Abb. 2.3.4)

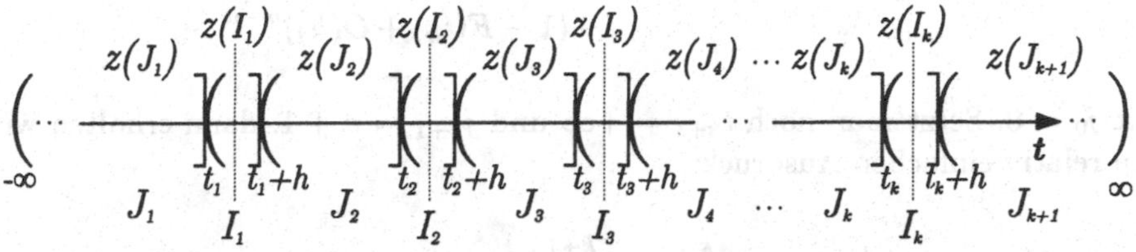

Abb. 2.3.4: Zur Definition der Intervalle $I_1, \ldots, I_k$ und $J_1, \ldots, J_{l+1}$, sowie der Zählgrößen $z(I_1), \ldots, z(I_k)$ und $z(J_1), \ldots, z(J_{k+1})$

Die dazwischenliegenden Intervalle seien wie in Abb. 2.3.4 mit $J_1, J_2, \ldots, J_{k+1}$ bezeichnet. Schließlich führen wir noch die Variablen $z(I_1), \ldots, z(I_k)$ und $z(J_1), \ldots, z(J_{k+1})$ ein, die die Anzahl der Beobachtungen $x_1, \ldots, x_n$ in den Intervallen $I_1, \ldots, I_k$ bzw. $J_1, \ldots, J_{k+1}$ zählen. Betrachten wir jetzt folgende Ereignisse:

$$A = \{\mathbf{x} : x_{(j_1)} \in I_1, \ldots, x_{(j_k)} \in I_k\},$$

$$B = \{\mathbf{x} : z(I_1) = \ldots = z(I_k) = 1; z(J_1) = j_1 - 1; z(J_2) = j_2 - j_1 - 1,$$
$$z(J_3) = j_3 - j_2 - 1, \ldots, z(J_k) = j_k - j_{k-1} - 1; z(J_{k+1}) = n - j_k\},$$

$$C = \{\mathbf{x} : z(I_l) \geq 1 \quad \forall\, l = 1 \ldots k; \text{ wenigstens ein } z(I_l) \geq 2\}.$$

Dann gilt offenbar:

$$B \subset A \subset B \cup C$$

und somit:

$$P(B) \leq P(A) \leq P(B) + P(C).$$

Ausgedrückt durch die gesuchte Dichte $f_{(j_1,\ldots,j_k)}$ beträgt die Wahrscheinlichkeit von A:

$$P(A) = f_{(j_1,\ldots,j_k)}(t_1, \ldots, t_k) \cdot h^k + o(h^k). \qquad (2.3.13)$$

Da die $2k$-dimensionale Zählvariable $(z(I_1), \ldots, z(I_k), z(J_1), \ldots, z(J_k))$ multinomial verteilt ist nach $\mathbf{B}_{n, p_1 \ldots p_k, q_1 \ldots q_k}$ mit

$$p_l = P(x \in I_l) = f(t_l) \cdot h + o(h) \qquad \text{für } l = 1, \ldots, k,$$

$$q_l = P(x \in J_l) = F(t_l) - F(t_{l-1}) + O(h) \quad \text{für } l = 1, \ldots, k \text{ mit } t_0 = -\infty,$$

ist $P(B)$ gegeben durch:

$$P(B) = \frac{n!}{\prod_{l=1}^{k}(j_l-j_{l-1}-1)! \cdot (n-j_k)!} \cdot \prod_{l=1}^{k}(f(t_l) \cdot h + o(h)) \cdot$$

$$\cdot \prod_{l=1}^{k}(F(t_l) - F(t_{l-1}) + O(h))^{j_l-j_{l-1}-1}.$$

$$\cdot (1 - F(t_k) + O(h))^{n-j_k},$$

mit $j_0 = 0$. Setzt man noch $t_{k+1} = +\infty$ und $j_{k+1} = n + 1$, dann erhalten wir den relativ einfachen Ausdruck:

$$P(B) = \left[\frac{n!}{\prod_{l=1}^{k+1}(j_l-j_{l-1}-1)!} \prod_{l=1}^{k} f(t_l) \prod_{l=1}^{k+1}(F(t_l)-F(t_{l-1}))^{j_l-j_{l-1}-1}\right] \cdot h^k + o(h^k)$$

$$(2.3.14)$$

Schließlich gilt die offensichtliche Abschätzung:

$$P(C) = O(h^{k+1}) = o(h^k).$$

Die Wahrscheinlichkeiten von A und B stimmen somit bis auf Unterschiede der Ordnung $o(h^k)$ überein und wir gewinnen abschließend durch Vergleich von (2.3.13) und (2.3.14) das Resultat:

Satz 2.3.3   *Randdichte von $(x_{(j_1)}, \ldots, x_{(j_k)})$*

Sind die Zufallsgrößen $x_1, \ldots, x_n$ unabhängig und identisch verteilt mit der Dichte f und der Verteilungsfunktion F, dann ist die Dichte $f_{(j_1,\ldots,j_i)}$ der gemeinsamen Verteilung der Ordnungsstatistiken $(x_{(j_1)}, \ldots, x_{(j_k)})$ gegeben durch den Ausdruck:

$$f_{(j_1,\ldots,j_k)}(t_1,\ldots,t_k) = \frac{n!}{\prod_{l=1}^{k+1}(j_l-j_{l-1}-1)!} \prod_{l=1}^{k} f(t_l) \prod_{l=1}^{k+1}(F(t_l) - F(t_{l-1}))^{j_l-j_{l-1}-1}$$

$$(2.3.15)$$

für $0 = j_0 < j_1 < \ldots < j_k < j_{k+1} = n + 1$ und $-\infty = t_0 < t_1 < \ldots < t_k < t_{k+1} = +\infty$.

Der Vollständigkeit, weniger der Nützlichkeit halber geben wir auch noch die Verteilungsfunktion $F_{(j_1\ldots j_k)}$ von $(x_{(j_1)}, \ldots, x_{(j_k)})$ an. Seien wieder die Zahlen $t_1 < t_2 < \ldots < t_k$ gewählt und die x-Achse wie in Abb. 2.3.5 in die Intervalle $J_1, \ldots, J_{k+1}$ geteilt.

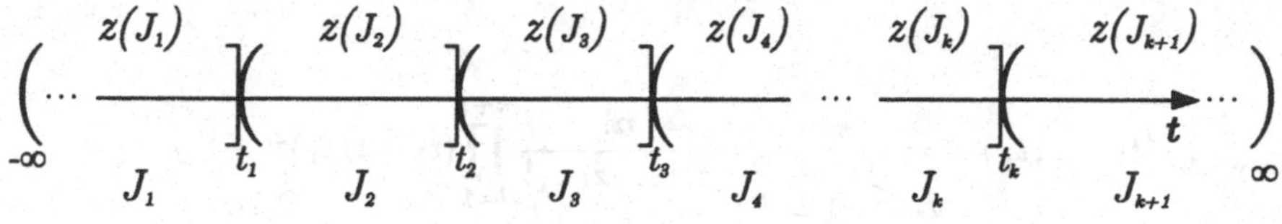

Abb. 2.3.5: Zur Definition der Intervalle $J_1, \ldots, J_{k+1}$
und der Zählgrößen $z(J_1), \ldots, z(J_{k+1})$

$z_l = z(J_l)$ bezeichne die Anzahl der Beobachtungen $x_1, \ldots, x_n$ in J_l. Das Ereignis $A = \{\mathbf{x} : x_{(j_1)} \leq t_1, \ldots, x_{(j_k)} \leq t_k\}$ kann dann vermittels der Zählgrößen $z_1, \ldots, z_k$ folgendermaßen ausgedrückt werden:

$$A = \{\mathbf{x} : z_1 \geq j_1, z_1 + z_2 \geq j_2, \ldots, z_1 + \ldots + z_k \geq j_k\}.$$

Da $(z_1, \ldots, z_k)$ multinomial verteilt ist nach $\mathbf{B}_{n;p_1,\ldots,p_k}$ mit $p_l = P(x \in J_l) = = (F(t_l) - F(t_{l-1}))$ — wir setzen wieder $t_0 = -\infty$ und $t_{k+1} = +\infty$ —, erhalten wir:

$$F_{(j_1,\ldots,j_k)}(t_1,\ldots,t_k) \quad = \sum_{\substack{j_1 \leq z_1 \leq n \\ j_2 \leq z_1 + z_2 \leq n \\ \vdots \\ j_k \leq z_1 + \ldots + z_k \leq n}} \frac{n!}{z_1! \ldots z_{k+1}!} \prod_{l=1}^{k+1} (F(t_l) - F(t_{l-1}))^{z_l}$$

$$\text{(2.3.16)}$$

für $-\infty = t_0 < t_1 < \ldots < t_k < t_{k+1} = +\infty$.

Spezialisierung auf die Gleichverteilung $\mathbf{G}_{[0,1]}$

Von besonderem Interesse ist der Sonderfall, wo die Beobachtungen x auf $[0,1]$ gleichverteilt sind. In diesem Fall ist $f(t) \equiv 1$ und $F(t) = t$ auf $[0,1]$ und die Formeln für die Dichte $f_{(j_1,\ldots,j_k)}$ und die Verteilungsfunktion $F_{(j_1,\ldots,j_k)}$ nehmen folgende Gestalt an:

$$f_{(j_1 \ldots j_k)}(t_1, \ldots, t_k) = \frac{n!}{\prod_{l=1}^{k+1}(j_l - j_{l-1} - 1)!} \prod_{l=1}^{k+1} (t_l - t_{l-1})^{j_l - j_{l-1} - 1}, \quad \text{(2.3.17)}$$

$$F_{(j_1,\ldots,j_k)}(t_1,\ldots,t_k) \;\;=\; \sum_{\substack{j_1 \leq z_1 \leq n \\ j_2 \leq z_1 + z_2 \leq n \\ \vdots \\ j_k \leq z_1 + \ldots + z_k \leq n}} \frac{n!}{z_1! \ldots z_{k+1}!} \prod_{l=1}^{k+1}(t_l - t_{l-1})^{z_l}$$

$$(2.3.18)$$

für $1 \leq j_1 < \ldots < j_k \leq n$ und $0 = t_0 \leq t_1 < \ldots < t_k \leq t_{k+1} = 1$.

Für spätere Anwendungen benötigen wir folgende Spezialfälle:

- Die gemeinsame Dichte von $(x_{(1)},\ldots,x_{(n)})$:

$$f_{(1,\ldots,n)}(t_1,\ldots,t_n) = n! \qquad \text{für } 0 \leq t_1 < \ldots < t_n \leq 1. \qquad (2.3.19)$$

- Die Randdichte von $x_{(j)}$:

$$f_{(j)}(t) = \frac{n!}{(j-1)!(n-j)!}t^{j-1}(1-t)^{n-j} \qquad \text{für } 0 \leq t \leq 1. \qquad (2.3.20)$$

Dieses ist offenbar die Dichte der Beta-Verteilung $\mathbf{B}(j, n+1-j)$.

- Die Randdichte von $(x_{(j)}, x_{(k)})$

$$f_{(j,k)}(t_1,t_2) = \frac{n!}{(j-1)!(k-j-1)!(n-k)!}\, t_1^{j-1}(t_2 - t_1)^{k-j-1}(1-t_2)^{n-k}$$

$$\text{für } 0 \leq t_1 < t_2 \leq 1.$$

$$(2.3.21)$$

Wir bestimmen noch die Verteilung der Differenz $x_{(k)} - x_{(j)}$.

Satz 2.3.4   Verteilung von $x_{(k)} - x_{(j)}$

Sind die Zufallsvariablen $x_1,\ldots,x_n$ unabhängig nach $\mathbf{G}_{[0,1]}$ verteilt, dann ist für $k > j$ die Differenz $x_{(k)} - x_{(j)}$ nach $\mathbf{B}(k-j, n+1-(k-j))$, also wie $x_{(k-j)}$ verteilt.

Beweis: Wir setzen $x_{(j)} = t_1$, $x_{(k)} = t_2$ und bestimmen zunächst die gemeinsame Dichte der Variablen

$$\begin{aligned} u &= x_{(j)} &&= t_1, \\ v &= x_{(k)} - x_{(j)} &&= t_2 - t_1. \end{aligned}$$

Die Umkehrtransformation lautet:

$$x_{(j)} = t_1 = u,$$
$$x_{(k)} = t_2 = u + v.$$

Die Wertebereiche sind: $0 \le t_1 < t_2 \le 1$ und $0 < v \le 1$, $0 \le u < 1 - v$. Die Funktionaldeterminante der Transformation $(u, v) \to (t_1, t_2)$ lautet:

$$\mathrm{Det}\left(\frac{\partial(t_1, t_2)}{\partial(u, v)}\right) = \begin{vmatrix} 1 & 0 \\ 1 & 1 \end{vmatrix} = 1.$$

Somit ist die gemeinsame Dichte von (u, v) gegeben durch:

$$f_{u,v}(u, v) = \frac{n!}{(j-1)!(k-j-1)!(n-k)!} \cdot u^{j-1} \cdot v^{k-j-1} \cdot (1 - u - v)^{n-k}$$

für $0 < v \le 1$, $0 \le u < 1 - v$.

Daraus folgt die Randdichte $f_v(v)$:

$$f_v(v) = \int_0^{1-v} f_{u,v}(u, v) du =$$

$$= \frac{n!}{(j-1)!(k-j-1)!(n-k)!} \cdot v^{k-j-1} \cdot \int_0^{1-v} u^{j-1}((1-v) - u)^{n-k} du.$$

Die Substitution $u/(1-v) = w$, $du = (1-v) \cdot dw$ liefert schließlich:

$$\int_0^{1-v} u^{j-1}((1-v) - u)^{n-k} du = (1-v)^{n-(k-j)} \cdot \int_0^1 w^{j-1}(1-w)^{n-k} dw =$$

$$= (1-v)^{n-(k-j)} \cdot B(j, n + 1 - k).$$

Beachtet man die Beziehung zwischen der Beta-Funktion und der Faktoriellen:

$$B(\alpha, \beta) = \frac{(\alpha - 1)!(\beta - 1)!}{(\alpha + \beta - 1)!},$$

dann ergibt sich für die Randdichte f_v abschließend:

$$f_v(v) = \frac{n!}{(j-1)!(k-j-1)!(n-k)!} \cdot \frac{(j-1)!(n-k)!}{(n-(k-j))!} \cdot v^{(k-j)-1} \cdot (1-v)^{n-(k-j)} =$$

$$= \underbrace{\frac{n!}{(k-j-1)!(n-(k-j))!}}_{=1/B(k-j,\,n+1-(k-j))} v^{(k-j)-1}(1-v)^{n-(k-j)}$$

also wie behauptet die Dichte der Beta-Verteilung $B(k - j, n + 1 - (k - j))$. ♠

Asymptotische Verteilung von Ordnungsstatistiken

Wir stellen zunächst einige Tatsachen über die Beta-Verteilung zusammen.

- *Die Beta-Verteilung $\mathbf{B}(\alpha, \beta)$ besitzt die Dichte*

$$f(x|\mathbf{B}(\alpha, \beta)) = \frac{1}{B(\alpha, \beta)} \cdot x^{\alpha-1}(1 - x)^{\beta-1} \quad \text{für } 0 \leq x \leq 1$$

$$\text{mit } B(\alpha, \beta) = \frac{(\alpha - 1)!(\beta - 1)!}{(\alpha + \beta - 1)!} \quad \text{für } \alpha, \beta \geq 0.$$

Abbildung 2.3.6 zeigt die typische Gestalt der Dichte für $\alpha, \beta > 1$.

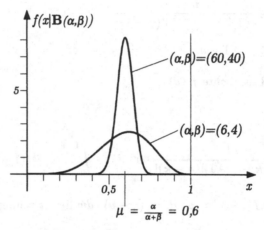

$$\mu = \frac{\alpha}{\alpha+\beta} = 0{,}6$$

Abb. 2.3.6: Dichte der Beta-Verteilung

- *Mittel und Varianz der Beta-Verteilung sind:*

$$\mu = \frac{\alpha}{\alpha + \beta}, \quad \sigma^2 = \frac{1}{\alpha + \beta + 1} \cdot \frac{\alpha}{\alpha + \beta} \cdot \frac{\beta}{\alpha + \beta} = \frac{1}{\alpha + \beta + 1} \cdot \mu(1 - \mu).$$

- *Ist x nach $\mathbf{B}(\alpha, \beta)$ verteilt und gilt $\alpha \to \infty$, $\beta \to \infty$ mit $\mu = \alpha/(\alpha+\beta) \to p$, dann strebt die Verteilung von $(x - \mu)/\sigma$ im Sinne der Verteilungskonvergenz gegen die $\mathbf{N}(0, 1)$-Verteilung.*

Wir wenden diese Tatsachen auf die Ordnungsstatistiken $\mathbf{G}_{[0,1]}$-verteilter Beobachtungen $x_1, \ldots, x_n$ an. Wir haben gezeigt (siehe (2.3.20)), daß die Ordnungsstatistik $x_{(j)}$ nach $\mathbf{B}(j, n+1-j)$ verteilt ist. Damit erhalten wir zunächst:

$$E(x_{(j)}) = \frac{j}{n + 1}, \quad V(x_{(j)}) = \frac{1}{n + 2} \cdot \frac{j}{n + 1} \cdot \left(1 - \frac{j}{n + 1}\right). \tag{2.3.22}$$

Abbildung 2.3.7 zeigt den Verlauf der Varianz in Abhängigkeit von $\mu = j/(n+1)$.

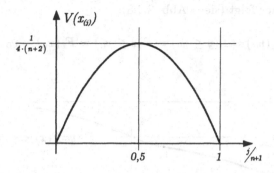

Abb. 2.3.7: $V(x_{(j)})$ in Abhängigkeit von $\mu = j/(n+1)$

Da $x_{(j)}$ nach $\mathbf{B}(j, n+1-j)$ verteilt ist, folgt aus der asymptotischen Normalität der Beta-Verteilung sofort der

Satz 2.3.5   *Asymptotische Verteilung von $x_{(j)}$ bei gleichverteilten Daten*

Sind die Variablen $x_1, \ldots, x_n$ unabhängig nach $\mathbf{G}_{[0,1]}$ verteilt, dann ist für $n \to$ $\to \infty$, $j \to \infty$ und $j/n \to p \in (0,1)$ die Ordnungsstatistik $x_{(j)}$ asymptotisch nach $\mathbf{N}(p, p(1-p)/n)$ verteilt.

Um die asymptotische Verteilung von $x_{(j)}$ bei allgemeiner Datenverteilung zu bestimmen, benötigen wir zunächst den folgenden wichtigen Satz.

Satz 2.3.6   *Transformation mit der Verteilungsfunktion*

Besitzt die stetige Zufallsgröße x die Verteilungsfunktion $F_x(x)$, dann ist $y = $ $= F_x(x)$ auf $[0,1]$ gleichverteilt. Ist umgekehrt $F_x(x)$ die Verteilungsfunktion einer stetigen Verteilung und ist y auf $[0,1]$ gleichverteilt, dann besitzt die Zufallsgröße

$$x = t(y) := \inf\{t : F_x(t) \ge y\}$$

die gegebene Verteilungsfunktion $F_x(x)$. Ist insbesondere $F_x(x)$ streng monoton wachsend, dann gilt: $x = t(y) = F_x^{-1}(y)$.

Beweis: Sei zunächst $x \sim F_x(x)$ und $y = F_x(x)$. Ist $y_0 \in (0,1)$ fest gewählt, dann ist $\{x : F_x(x) \leq y_0\} = (-\infty, x_0]$ und wegen der Stetigkeit von $F_x(.)$ gilt $F_x(x_0) = y_0$. Daher folgt (siehe Abb. 2.3.8):

$$F_y(y_0) = P(y \leq y_0) = P(x \leq x_0) = F_x(x_0) = y_0.$$

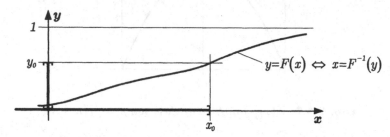

Abb. 2.3.8: Transformation mit der Verteilungsfunktion

Somit ist $y = F_x(x)$ auf $[0,1]$ gleichverteilt.

Sei jetzt $y \sim \mathbf{G}_{[0,1]}$ und $x = t(y) = \inf\{x : F_x(x) \geq y\}$. Ist $x_0 \in (-\infty, \infty)$ fest gewählt und $y_0 = F(x_0)$, dann gilt offenbar (vgl. Abb. 2.3.8), wegen der Stetigkeit von $F_x(x)$:

$$y < y_0 \implies x = t(y) < x_0$$
$$y > y_0 \implies x = t(y) > x_0$$

Daraus folgt:

$$P(x < x_0) \geq P(y < y_0) = y_0 = F_x(x_0),$$
$$P(x > x_0) \geq P(y > y_0) = 1 - y_0 = 1 - F_x(x_0),$$

somit:

$$P(x < x_0) \geq F_x(x_0)$$
$$P(x \leq x_0) \leq F_x(x_0)$$

und damit abschließend, wie behauptet: $P(x \leq x_0) = F_x(x_0)$. ♠

Mit diesen Vorbereitungen ist es nun leicht, den folgenden Satz zu zeigen.

Satz 2.3.7   *Asymptotische Verteilung von $x_{(j)}$*

Die Variablen $x_1, \ldots, x_n$ seien unabhängig und identisch verteilt mit der Dichte $f(x) > 0$ und der Verteilungsfunktion $F(x)$. Bezeichnet x_p das p-Fraktil der Verteilung F und ist F an der Stelle x_p differenzierbar, dann ist $x_{(j)}$ für $n \to \to \infty, j \to \infty$ und $j/n \to p$ asymptotisch nach $\mathbf{N}(x_p, p(1-p)/nf^2(x_p))$ verteilt.

Beweis: Nach Satz 2.3.6 sind die Variablen $(y_1, \ldots, y_n) = (F(x_1), \ldots, F(x_n))$ unabhängig und identisch nach $G_{[0,1]}$ verteilt. Außerdem gilt nach Satz 2.2.1: $y_{(j)} = F(x_{(j)})$. Wegen $f(x) > 0$ ist $F(x)$ streng monoton wachsend, und die Umkehrtransformation lautet:

$$x = F^{-1}(y) \quad \text{bzw.} \quad x_{(j)} = F^{-1}(y_{(j)}).$$

Gilt nun $F(x_p) = p$ und ist F an der Stelle x_p differenzierbar, dann ist F^{-1} an der Stelle p differenzierbar und es gilt (vgl. Abb. 2.3.9):

$$\left. \frac{dF^{-1}(y)}{dy} \right|_{y=p} = \frac{1}{f(x_p)}.$$

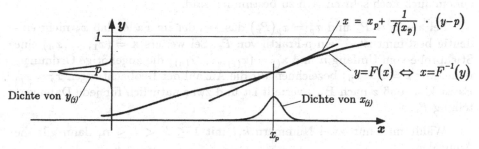

Abb. 2.3.9: Zur asymptotischen Verteilung von $x_{(j)}$

Es ist daher:

$$F^{-1}(y) = \underbrace{F^{-1}(p)}_{=x_p} + \frac{1}{f(x_p)} \cdot (y - p) + o(y - p).$$

Setzt man für y das Fraktil $y_{(j)}$ ein, dann erhält man:

$$F^{-1}(y_{(j)}) = x_{(j)} = x_p + \frac{1}{f(x_p)} \cdot (y_{(j)} - p) + o(y_{(j)} - p).$$

Daraus folgt schließlich:

$$\frac{x_{(j)} - x_p}{\sqrt{p(1-p)/n} \cdot 1/f(x_p)} = \frac{y_{(j)} - p}{\sqrt{p(1-p)/n}} + \frac{o(y_{(j)} - p)}{1/\sqrt{n}}.$$

Nach Satz 2.3.5 ist $(y_{(j)} - p)/\sqrt{p(1-p)/n}$ für $n \to \infty, j/n \to p$ asymptotisch nach $N(0,1)$ verteilt. Daraus folgt, daß das Restglied $o(y_{(j)} - p) \cdot \sqrt{n}$ stochastisch gegen null geht, und daraus schließlich, daß die linke Seite des obigen Ausdruckes für $n \to \infty, j/n \to p$ asymptotisch nach $N(0,1)$ verteilt ist. ♠

2.4 Bereichschätzung von Fraktilen

Nach den theoretischen Vorbereitungen über Ordnungsstatistiken im vorigen
Abschnitt kommen wir nun zu Anwendungen. Gegeben sei ein Experiment $\mathcal{E}$
mit stetigem Ausgang x, über dessen Verteilung P_x keinerlei Vorinformation
bekannt oder angenommen sei; d.h., wir haben das

Modell: $x \sim P_x$ $P_x \ldots$ stetig und frei wählbar.

In Abschn. 2.1 wurde gezeigt, daß es unmöglich ist, für den Mittelwert $\mu =$
$= \mu(P_x)$ oder die Varianz $\sigma^2 = \sigma^2(P_x)$ Bereichschätzer mit von P_x unabhängiger
Sicherheit anzugeben. Es ist daher sowohl aus theoretischen Gründen, vor allem
aber aus Gründen der statistischen Praxis von höchstem Interesse, daß für den
Median und allgemeiner für jedes p-Fraktil solche Bereichschätzer existieren und
zudem auch noch sehr einfach zu bestimmen sind.

Sei also $x \sim P_x$ und $x_p = x_p(P_x)$ das — oder im Falle, daß x_p nicht eindeutig bestimmt ist — ein p-Fraktil von P_x. Sei weiters $\mathbf{x} = (x_1, \ldots, x_n)$ eine
Stichprobe vom Umfang n und $\mathbf{x}_{()} = (x_{(1)}, \ldots, x_{(n)})$ die zugehörige Ordnungsreihe. Mit $z = z(\mathbf{x}; x_p)$ bezeichnen wir die Anzahl der Beobachtungen $x_j \leq x_p$.
Es ist klar, daß z nach $\mathbf{B}_{n,p}$ verteilt ist und zwar natürlich für jede Datenverteilung P_x.

Wählt man nun zwei Nummern k, l mit $1 \leq k < l \leq n$, dann gilt die
Äquivalenz:

$$x_{(k)} \leq x_p < x_{(l)} \quad \Longleftrightarrow \quad k \leq z < l, \tag{2.4.1}$$

und folglich ist:

$$P([x_{(k)}, x_{(l)}) \ni x_p) = P(k \leq z < l | z \sim \mathbf{B}_{n,p}) =: S(n, k, l; p) \tag{2.4.2}$$

Das bedeutet aber, daß das Zufallsintervall $[x_{(k)}, x_{(l)})$ das Fraktil x_p mit der
allein von den Parametern $(n, k, l; p)$, nicht aber von der Datenverteilung P_x
abhängigen Sicherheit $S(n, k, l; p)$ überdeckt. Auf dem gleichen Weg sieht man,
daß $x_{(k)}$ und $x_{(l)}$ untere bzw. obere Konfidenzschranken für x_p sind. Wir stellen
diese wichtigen Ergebnisse zusammen. (Man beachte: da $x_{(l)}$ stetig verteilt ist,
sind die Wahrscheinlichkeiten für $[x_{(k)}, x_{(l)}) \ni x_p$ und $[x_{(k)}, x_{(l)}] \ni x_p$ gleich.)

Ergebnis:

- $[x_{(k)}, x_{(l)}] = [\underline{x_p}, \overline{x_p}]$ ist ein Konfidenzintervall für x_p zur Sicherheit

$$S(n, k, l; p) = P(k \leq z < l | z \sim \mathbf{B}_{n,p}), \tag{2.4.3}$$

- $x_{(k)} = \underline{x_p}$ ist eine untere Konfidenzschranke für x_p zur Sicherheit

$$S(n, k, n + 1; p) = P(k \leq z | z \sim \mathbf{B}_{n,p}), \tag{2.4.4}$$

- $x_{(l)} = \overline{x_p}$ ist eine obere Konfidenzschranke für x_p zur Sicherheit

$$S(n, 0, l; p) = P(z < l | z \sim \mathbf{B}_{n,p}).\qquad(2.4.5)$$

Von besonderem Interesse ist natürlich der Sonderfall $p = 0,5$, d.h. der Median. Man wählt hier $l = n + 1 - k$. Damit ist $x_{(k)}$ die k-te Ordnungsstatistik von unten und $x_{(l)} = x_{(n+1-k)}$ die k-te Ordnungsstatistik von oben. Man hat somit:

- $[x_{(k)}, x_{(n+1-k)}] = [\underline{x_{0,5}}, \overline{x_{0,5}}]$ ist ein Konfidenzintervall für den Median $x_{0,5}$ zur Sicherheit

$$S(n, k) = P(k \le z < n + 1 - k | z \sim \mathbf{B}_{n;0,5}),\qquad(2.4.6)$$

- $x_{(k)} = \underline{x_{0,5}}$ und $x_{(n+1-k)} = \overline{x_{0,5}} \ldots$ sind untere bzw. obere Konfidenzschranken für den Median $x_{0,5}$ zur Sicherheit

$$S'(n, k) = P(k \le z | z \sim \mathbf{B}_{n;0,5}).\qquad(2.4.7)$$

Normalapproximation

Für größere Stichprobenumfänge, wie sie in der Praxis stets vorliegen, kann die Binomialverteilung $\mathbf{B}_{n,p}$ durch die Normalverteilung $\mathbf{N}(np, np(1-p))$ approximiert werden und wir erhalten:

$$S(n, k, l; p) = P(k \le z < l | z \sim \mathbf{B}_{np}) \approx$$

$$\approx \Phi\left(\frac{l - 1 - np}{\sqrt{np(1-p)}}\right) - \Phi\left(\frac{k - 1 - np}{\sqrt{np(1-p)}}\right)\qquad(2.4.8)$$

Dieser Ausdruck eignet sich für die praktische Berechnung von k und l bei gegebenem Stichprobenumfang n, vorgegebener Sicherheit $S = 1 - \alpha$ und fest gewähltem p.

Bestimmt man k und l so, daß $x_{(k)}$ und $x_{(l)}$ für sich Konfidenzschranken zur Sicherheit $1 - \alpha/2$ sind, dann hat man die folgenden beiden Gleichungen für k und l:

$$\Phi\left(\frac{l - 1 - np}{\sqrt{np(1-p)}}\right) = 1 - \alpha/2$$

$$\Phi\left(\frac{k - 1 - np}{\sqrt{np(1-p)}}\right) = \alpha/2$$

und daher

$$l = np + 1 + u_{1-\alpha/2}\sqrt{np(1-p)}$$

$$k = np + 1 - u_{1-\alpha/2}\sqrt{np(1-p)}\qquad(2.4.9)$$

Beispiel 2.4.1 Sei $n = 200$, $p = 0{,}3$ und $S = 1 - \alpha = 0{,}95$. Es ist $u_{1-\alpha/2} = u_{0,975} = 1{,}96$ und damit

$$\frac{l}{k} = 61 \pm 1{,}96 \cdot \sqrt{200 \cdot 0{,}3 \cdot 0{,}7} \approx \frac{74}{48}.$$

Somit ist $[x_{(48)}, x_{(74)}]$ ein Konfidenzintervall für $x_{0,3}$ zur approximativen Sicherheit $S = 0{,}95$.

Bestimmung des Stichprobenumfanges

Wir betrachten die Aufgabe der Bestimmung einer oberen Konfidenzschranke für x_p. Nach (2.4.5) ist $x_{(l)}$ eine obere Konfidenzschranke für x_p zur Sicherheit $S(n, l; p) = P(z < l | z \sim \mathbf{B}_{n,p})$. Wir halten n und l fest und betrachten

$$S(n, l; p) \approx \Phi\left(\frac{l - 1 - np}{\sqrt{np(1 - p)}}\right)$$

als Funktion von p. In Abb. 2.4.1 ist die Funktion $p \to S(n, l; p)$ für verschiedene (n, l)-Kombinationen dargestellt.

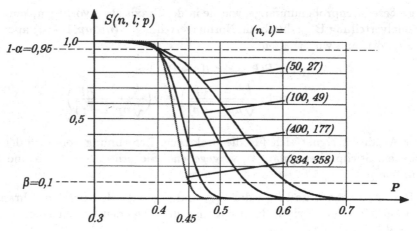

Abb. 2.4.1: Die Sicherheit $S(n, l; p)$ von $x_{(l)} = \bar{x}_p$ als Funktion von p

Man erkennt:

- Für $n = 50$ ist $x_{(27)}$ zwar eine obere Konfidenzschranke für $x_{0,4}$ zur Sicherheit $S \approx 0{,}95$, aber $x_{(27)}$ ist auch noch mit Wahrscheinlichkeit von 0,55 größer als $x_{0,5}$ und mit Wahrscheinlichkeit von ca. 0,12 größer als $x_{0,6}$. $x_{(27)}$ ist daher mit hoher Wahrscheinlichkeit eine schlechte, weil viel zu große Schranke für $x_{0,4}$.

- Für $n = 100$ und erst recht für $n = 400$ sind $x_{(49)}$ bzw. $x_{(177)}$ mit hoher Wahrscheinlichkeit wesentlich schärfere Schranken für $x_{0,4}$.

Schließlich wollen wir ja nicht nur eine obere Schranke für ein gesuchtes x_p, sondern diese Schranke soll x_p nicht erheblich überschätzen.

Aus dieser Betrachtung gewinnen wir eine Bedingung für den Stichprobenumfang n. Wir verlangen, daß $x_{(l)}$ nicht nur eine obere Konfidenzschranke für x_p zur Sicherheit $S_o = 1-\alpha$, sondern darüber hinaus eine untere Konfidenzschranke zur Sicherheit $S_u = 1-\beta$ für x_q, mit $q = p+\Delta$, sein soll. Die letztere Bedingung ist gleichwertig mit der Forderung, daß $x_{(l)}$ für x_q eine obere Konfidenzschranke zur Sicherheit β sein soll. Wir erhalten damit die Gleichungen:

$$S(n, l; p) = \Phi\left(\frac{l - 1 - np}{\sqrt{np(1 - p)}}\right) = 1 - \alpha,$$

$$S(n, l; q) = \Phi\left(\frac{l - 1 - nq}{\sqrt{nq(1 - q)}}\right) = \beta.$$

Daraus folgt zunächst:

$$\frac{l - 1 - np}{\sqrt{np(1 - p)}} = u_{1-\alpha}, \qquad \frac{l - 1 - nq}{\sqrt{nq(1 - q)}} = -u_{1-\beta}$$

und hieraus, nach kurzer Rechnung:

$$n = \left(\frac{u_{1-\alpha}\sqrt{p(1 - p)} + u_{1-\beta}\sqrt{q(1 - q)}}{q - p}\right)^2,$$

$$l = np + 1 + u_{1-\alpha}\sqrt{np(1 - p)}. \tag{2.4.10}$$

Wegen $\sqrt{p(1 - p)} \leq 1/2$ kann man in grober, aber für die Praxis meistens durchaus ausreichender Näherung setzen:

$$n \approx \left(\frac{u_{1-\alpha} + u_{1-\beta}}{2(q - p)}\right)^2. \tag{2.4.11}$$

Man kann dieses Ergebnis folgendermaßen formulieren:

Stichprobenumfang: *Soll $x_{(l)}$ eine obere Vertrauensschranke für das Fraktil x_p zur Sicherheit $S = 1 - \alpha$ sein und soll außerdem $x_{(l)}$ das Fraktil x_q für ein $q > p$ nur mit der Wahrscheinlichkeit β überschätzen, dann sind n und l durch (2.4.10) gegeben.*

Der gleiche Stichprobenumfang ist zu wählen, wenn $x_{(k)}$ eine untere Vertrauensschranke für x_p zur Sicherheit $S = 1 - \alpha$ sein und x_q für ein $q < p$ nur mit Wahrscheinlichkeit β unterschätzen soll.

Beispiel 2.4.2 Es soll eine obere Vertrauensschranke $x_{(l)}$ für $x_{0,4}$ zur Sicherheit $S = 0,95$ bestimmt werden. Dabei soll das Fraktil $x_{0,45}$ nur mit Wahrscheinlichkeit $\beta = 0,10$ überschätzt werden. Wie groß sind der Stichprobenumfang n und die Nummer l zu wählen?

Es folgt aus (2.4.10) mit $u_{0,95} = 1,645$ und $u_{0,90} = 1,282$:

$$n \approx 834, \quad l = 358.$$

Die Näherungsformel (2.4.11) ergibt $n = 857$. In Abb. 2.4.1 ist die Wahrscheinlichkeit

$$S(n, l; p) = P(x_p \leq x_{(l)})$$

als Funktion von p für die obigen Werte (n, l) punktiert eingezeichnet.

Effizienz bei normal-verteilten Daten

Wir wollen die Effizienz von $x_{(l)}$ als obere Vertrauensschranke für den Median im Vergleich zu der bei normal-verteilten Daten üblichen und optimalen Konfidenzschranke

$$\bar{\mu} = \bar{x} + \frac{s}{\sqrt{n}} t_{n-1;1-\alpha}$$

untersuchen.

Wir nehmen dazu an, daß die Daten $x_1, \ldots, x_n$ unabhängig nach $N(\mu, \sigma^2)$ verteilt sind und verlangen:

1. Sowohl $x_{(l)}$ als auch $\bar{\mu}$ sollen obere Konfidenzschranken für $\mu = x_{0,5} = x_p$ zur Sicherheit $S = 1 - \alpha$ sein.

2. $x_{(l)}$ und $\bar{\mu}$ sollen beide das Fraktil $x_q = \mu + \sigma \cdot u_q$ (u_q bezeichnet das q-Fraktil der $N(0, 1)$-Verteilung) mit Wahrscheinlichkeit β überschätzen.

Die zweite Bedingung liefert einen Stichprobenumfang für $x_{(l)}$ nach der Formel (2.4.10) — er soll mit $n(x_{(l)})$ bezeichnet werden — und einen Stichprobenumfang für $\bar{\mu} = \bar{x} + s/\sqrt{n} \cdot t_{n-1;1-\alpha}$ — er soll $n(\bar{\mu})$ heißen. Das Verhältnis $n(\bar{\mu})/n(x_{(l)})$ mißt dann in offensichtlicher Weise die Effizienz des nichtparametrischen Verfahrens im Vergleich zu dem parametrischen.

Für $p = 0,5$ und kleines $\Delta = q - p$ ergibt (2.4.10):

$$n(x_{(l)}) = \frac{1}{4} \left(\frac{u_{1-\alpha} + u_{1-\beta}}{\Delta} \right)^2. \tag{2.4.12}$$

Um $n(\bar{\mu})$ zu bestimmen, berechnen wir zunächst die Wahrscheinlichkeit mit der $\bar{\mu}$ das q-Fraktil x_q überschätzt. Es gilt:

$$P\left(\bar{\mu} = \bar{x} + \frac{s}{\sqrt{n}} t_{n-1,1-\alpha} > x_q \right) = P\left(\frac{\bar{x} - x_q}{s/\sqrt{n}} > -t_{n-1,1-\alpha} \right). \tag{2.4.13}$$

Wegen

$$\frac{\bar{x} - x_q}{s/\sqrt{n}} = (\underbrace{\frac{\bar{x} - \mu}{\sigma/\sqrt{n}}}_{\sim N(0,1)} + \frac{\mu - x_q}{\sigma/\sqrt{n}})/\sqrt{\underbrace{\frac{(n-1)s^2}{\sigma^2}}_{\sim \chi^2_{n-1}}/(n-1)}$$

ist $(\bar{x} - x_q)/(s/\sqrt{n})$ nichtzentral t-verteilt mit $(n-1)$ Freiheitsgraden und dem Exzentrizitätsparameter $(\mu - x_q)/(\sigma/\sqrt{n})$. Diese Verteilung konvergiert für $n \to$ $\to \infty$ gegen die Normalverteilung $N((\mu - x_q)/(\sigma/\sqrt{n}), 1)$ und somit folgt, wenn man noch $t_{n-1,1-\alpha}$ durch $u_{1-\alpha}$ approximiert, aus (2.4.13):

$$P(\bar{\mu} > x_q) \approx \Phi(u_{1-\alpha} + \frac{\mu - x_q}{\sigma/\sqrt{n}}) \qquad (2.4.14)$$

und damit aus der Bedingung $P(\bar{\mu} > x_q) = \beta$ mit $x_q = \mu + \sigma \cdot u_q$:

$$n(\bar{\mu}) = (\frac{u_{1-\alpha} + u_{1-\beta}}{u_q})^2.$$

Beachten wir noch die Beziehung

$$u_q = \Phi^{-1}(q) \approx \Phi^{-1}(0,5) + \frac{d\Phi^{-1}(q)}{dq}\Big/_{q=0,5} \cdot \underbrace{(q - 0,5)}_{=\Delta} = \sqrt{2\pi} \cdot \Delta$$

dann erhalten wir:

$$n(\bar{\mu}) = \frac{1}{2\pi}(\frac{u_{1-\alpha} + u_{1-\beta}}{\Delta})^2. \qquad (2.4.15)$$

Abschließend ergibt sich aus (2.4.12) und (2.4.15) das Effizienzmaß:

$$\text{Eff}(x_{(l)} : \bar{\mu}) = \frac{n(\bar{\mu})}{n(x_{(l)})} = \frac{2}{\pi} = 0,6366. \qquad (2.4.16)$$

Anders formuliert bedeutet das:

• *Um bei normal-verteilten Daten den Median mit der gleichen Genauigkeit nach oben abzuschätzen wie mit der optimalen Konfidenzschranke $\bar{\mu} =$ $= \bar{x} + s/\sqrt{n} \cdot t_{n-1,1-\alpha}$, benötigt man bei Verwendung der nichtparametrischen Konfidenzschranke $x_{(l)}$ den 1,57-fachen Stichprobenumfang.*

Bemerkung: Man beachte, daß die Wahrscheinlichkeiten α und β in das Effizienzmaß nicht eingehen.

2.5 Testen von Hypothesen über Fraktile

Von praktischem Interesse sind vor allem Teststrategien für die beiden einseitigen Testaufgaben:

$$\textbf{A.} \quad \textbf{H}_0\text{: } x_p \le a \qquad\qquad \textbf{H}_1\text{: } x_p > a,$$
$$\textbf{B.} \quad \textbf{H}_0\text{: } x_p \ge a \qquad\qquad \textbf{H}_1\text{: } x_p < a$$

und das zweiseitige Problem

$$\textbf{C.} \quad \textbf{H}_0\text{: } x_p = a \qquad\qquad \textbf{H}_1\text{: } x_p \ne a.$$

Man erhält durch Dualisierung der Bereichschätzer für x_p sofort die folgenden Niveau-α-Teststrategien auf der Grundlage einer Stichprobe $x_1, \ldots, x_n$:

A. $\textbf{H}_0$: $x_p \le a$ $\textbf{H}_1$: $x_p > a$

- Man bestimme die untere Vertrauensschranke $\underline{x_p} = x_{(k)}$ zur Sicherheit $S = 1 - \alpha$; d.h., $k = np + 1 - u_{1-\alpha} \cdot \sqrt{np(1-p)}$.
- Man entscheide auf $\textbf{H}_1$, falls $x_{(k)} > a$ ausfällt. Formal:

$$\varphi_{\textbf{A}}(x_1, \ldots, x_n) = \begin{cases} 1 \\ 0 \end{cases} \Longleftrightarrow x_{(k)} \begin{array}{c} > \\ \le \end{array} a. \qquad (2.5.1)$$

B. $\textbf{H}_0$: $x_p \ge a$ $\textbf{H}_1$: $x_p < a$

- Man bestimme die obere Vertrauensschranke $\overline{x_p} = x_{(l)}$ zur Sicherheit $S = 1 - \alpha$; d.h., $l = np + 1 + u_{1-\alpha} \cdot \sqrt{np(1-p)}$.
- Man entscheide auf $\textbf{H}_1$, falls $x_{(l)} < a$ ausfällt. Formal:

$$\varphi_{\textbf{B}}(x_1, \ldots, x_n) = \begin{cases} 1 \\ 0 \end{cases} \Longleftrightarrow x_{(l)} \begin{array}{c} < \\ \ge \end{array} \begin{array}{c} a, \\ a. \end{array} \qquad (2.5.2)$$

C. $\textbf{H}_0$: $x_p = a$ $\textbf{H}_1$: $x_p \ne a$

- Man bestimme das Konfidenzintervall $[\underline{x_p}, \overline{x_p}] = [x_{(k)}, x_{(l)}]$ zur Sicherheit $S = 1 - \alpha$; d.h., $k = np + 1 - u_{1-\alpha/2} \cdot \sqrt{np(1-p)}$, $l = np + 1 + u_{1-\alpha/2} \cdot \sqrt{np(1-p)}$.
- Man entscheide auf $\textbf{H}_1$, falls das Intervall $[x_{(k)}, x_{(l)}]$ den hypothetischen Wert a nicht enthält. Formal:

$$\varphi_{\textbf{C}}(x_1, \ldots, x_n) = \begin{cases} 1 \\ 0 \end{cases} \Longleftrightarrow [x_{(k)}, x_{(l)}] \begin{array}{c} \not\ni \\ \ni \end{array} a. \qquad (2.5.3)$$

Gütefunktionen

Die Gütefunktion eines Tests φ ist bekanntlich diejenige Funktion G, die jeder Datenverteilung P_x aus dem Modell $\mathcal{P}$ die Wahrscheinlichkeit einer Entscheidung auf $\mathbf{H_1}$ zuordnet:

$$G(P_x|\varphi) = P(\varphi(x_1,\dots,x_n) = 1 \mid x \sim P_x),$$

oder, im Falle, daß φ ein randomisierter Test ist:

$$G(P_x|\varphi) = E(\varphi(x_1,\dots,x_n) \mid x \sim P_x).$$

Im allgemeinen ist es bei mehrparametrischen und erst recht bei nichtparametrischen Modellen nicht einfach, einen Überblick über den Verlauf der Gütefunktion zu bekommen. Man ist oft schon froh, wenn man sagen kann, daß $G(P_x|\varphi) \leq \alpha$ ist, für alle Datenverteilungen P_x aus der Nullhypothese, d.h. daß der Test ein Niveau von kleiner als α besitzt.

In unserem Fall ist die Situation aber einfach, denn die Gütefunktionen der obigen Teststrategien für die Testprobleme **A**, **B** und **C** hängen von der Datenverteilung P_x nur über die Wahrscheinlichkeit $q = q(P_x) = P_x(x \leq a)$ ab. In der Tat: bezeichnet z die Anzahl der Datenwerte $x_j \leq a$, dann ist z nach $\mathbf{B}_{n,q(P_x)}$ verteilt und es gilt:

$$G(P_x|\varphi_{\mathbf{A}}) = P(\underline{x}_p = x_{(k)} > a) = P(z < k \mid z \sim \mathbf{B}_{n,q}), \qquad (2.5.4)$$

$$G(P_x|\varphi_{\mathbf{B}}) = P(\overline{x}_p = x_{(l)} < a) = P(x_{(l)} \leq a) = P(z \geq l \mid z \sim \mathbf{B}_{n,q}), \quad (2.5.5)$$

$$G(P_x|\varphi_{\mathbf{C}}) = P([\underline{x}_p, \overline{x}_p] = [x_{(k)}, x_{(l)}] \not\ni a = P([x_{(k)}, x_{(l)}) \not\ni a) =$$
$$= P(z \notin [k, l-1] \mid z \sim \mathbf{B}_{n,q}), \qquad (2.5.6)$$

Abbildung 2.5.1 zeigt den qualitativen Verlauf dieser Gütefunktionen in Abhängigkeit von $q = P_x(x \leq a)$.

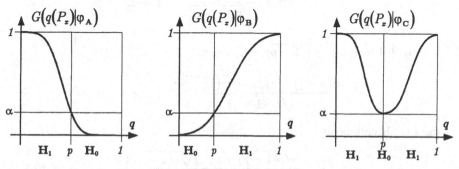

Abb. 2.5.1: Qualitativer Verlauf der Gütefunktionen von $\varphi_{\mathbf{A}}$, $\varphi_{\mathbf{B}}$ und $\varphi_{\mathbf{C}}$

Die Testprobleme A, B, C können dabei, wegen

$$x_p(P_x) \underset{>}{\overset{<}{=}} a \iff q(P_x) \underset{<}{\overset{>}{=}} p$$

(siehe Abb. 2.5.2), folgendermaßen umformuliert werden.

A. H_0: $x_p \leq a \iff q \geq p$ H_1: $x_p > a \iff q < p$,

B. H_0: $x_p \geq a \iff q \leq p$ H_1: $x_p < a \iff q > p$,

C. H_0: $x_p = a \iff q = p$ H_1: $x_p \neq a \iff q \neq p$.

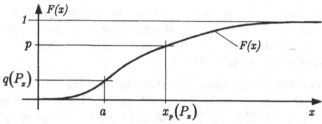

Abb. 2.5.2: Zur Äquivalenz $x_p(P_x) \underset{>}{\overset{<}{=}} a \iff q(P_x) \underset{<}{\overset{>}{=}} p$

Stichprobenumfang

Betrachten wir den Fall des Testproblems A, H_0: $x_p \leq a$ gegen H_1: $x_p > a$. Es soll nachgewiesen werden, daß $x_p > a$ ist, falls das auch wirklich zutrifft. Wir gewinnen eine Bedingung für den Stichprobenumfang n, wenn wir verlangen, daß für $P_x(x \leq a) = q = p - \Delta$ die Gütefunktion $G(P_x|\varphi_A)$ den Wert $1 - \beta$ besitzen soll. Nicht sinnvoll, weil nicht realisierbar, wäre hingegen die Bedingung, daß die Gütefunktion $\geq 1-\beta$ sein soll, sobald $x_p > a + \Delta$ ist. Wir rechnen mit Normalapproximation und erhalten aus (2.5.4):

$$G(P_x|\varphi_A) = P(z < k \mid z \sim B_{n,q}) \approx$$

$$\approx \Phi\left(\frac{k - 1 - nq}{\sqrt{nq(1-q)}}\right) = 1 - \beta.$$

Mit $k = np + 1 - u_{1-\alpha}\sqrt{np(1-p)}$ ergibt sich:

$$\frac{n(p-q) - u_{1-\alpha}\sqrt{np(1-p)}}{\sqrt{nq(1-q)}} = u_{1-\beta}$$

und daraus abschließend:

$$n = \left(\frac{u_{1-\alpha}\sqrt{p(1-p)} + u_{1-\beta}\sqrt{q(1-q)}}{p-q}\right)^2. \tag{2.5.7}$$

Beispiel 2.5.1   Es soll zum Niveau $\alpha = 0,05$ nachgewiesen werden, daß das $0,10$-Fraktil der Datenverteilung größer als a ist, d.h., $\mathbf{H}_1$: $a < x_{0,10}$.

- Wie groß ist der Stichprobenumfang n zu wählen, wenn die Hypothese $\mathbf{H}_1$: $a < < x_{0,10}$ mindestens mit Wahrscheinlichkeit $1 - \beta = 0,90$ bestätigt werden soll, sobald $P_x(x \le a) < 0,05 = q$ ist?

- Wie lautet der Niveau-α-Test?

Aus (2.5.7) folgt mit $u_{1-\alpha} = 1,645$, $u_{1-\beta} = 1,282$, $p = 0,10$, $q = 0,05$:

$$n \approx 239.$$

Der Test lautet, mit $k = np + 1 - u_{1-\alpha}\sqrt{np(1-p)} \approx 17$:

$$\varphi_{\mathbf{A}}(x_1, \ldots, x_n) = \begin{cases} 1 \\ 0 \end{cases} \iff x_{(17)} \begin{matrix} > \\ \le \end{matrix} a$$

Die zugehörige Gütefunktion zeigt Abb. 2.5.3.

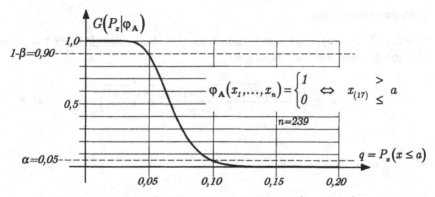

Abb. 2.5.3: Gütefunktion des Tests $\varphi_A(x_1 \ldots x_n)$

Auf analogem Weg gewinnt man für die Testprobleme B, $\mathbf{H}_0$: $x_p \ge a$ gegen $\mathbf{H}_1$: $x_p < a$, und C, $\mathbf{H}_0$: $x_p = a$ gegen $\mathbf{H}_1$: $x_p \ne a$, Ausdrücke für den benötigten Stichprobenumfang bei vorgegebener Trennschärfe des Tests.

Zusammenstellung der Ergebnisse

A. $\mathbf{H}_0$: $x_p \le a$ $\mathbf{H}_1$: $x_p > a$

- *Niveau-α-Test:*

$$\varphi_{\mathbf{A}}(x_1, \ldots, x_n) = \begin{cases} 1 \\ 0 \end{cases} \iff x_{(k)} \begin{matrix} > \\ \le \end{matrix} a, \qquad (2.5.8)$$

mit $k = np + 1 - u_{1-\alpha}\sqrt{np(1-p)}$.

- *Stichprobenumfang:*

Soll für $P_x(x \leq a) = q\ (< p)$ mindestens mit der Wahrscheinlichkeit $1 - \beta$ auf H_1 entschieden werden, dann gilt:

$$n \geq \left(\frac{u_{1-\alpha}\sqrt{p(1-p)} + u_{1-\beta}\sqrt{q(1-q)}}{p - q}\right)^2. \qquad (2.5.9)$$

B. H_0: $x_p \geq a$ H_1: $x_p < a$

- *Niveau-α-Test:*

$$\varphi_{\mathbf{B}}(x_1,\ldots,x_n) = \begin{cases} 1 \\ 0 \end{cases} \iff x_{(l)} \begin{array}{c} < \\ \geq \end{array} a, \qquad (2.5.10)$$

mit $l = np + 1 + u_{1-\alpha}\sqrt{np(1-p)}$.

- *Stichprobenumfang:*

Soll für $P_x(x \leq a) = q\ (> p)$ mindestens mit Wahrscheinlichkeit $1 - \beta$ auf H_1 entschieden werden, dann gilt:

$$n \geq \left(\frac{u_{1-\alpha}\sqrt{p(1-p)} + u_{1-\beta}\sqrt{q(1-q)}}{q - p}\right)^2. \qquad (2.5.11)$$

C. H_0: $x_p = a$ H_1: $x_p \neq a$

- *Niveau-α-Test:*

$$\varphi_{\mathbf{C}}(x_1,\ldots,x_n) = \begin{cases} 1 \\ 0 \end{cases} \iff [x_{(k)}, x_{(l)}] \begin{array}{c} \not\ni \\ \ni \end{array} a, \qquad (2.5.12)$$

mit $k = np + 1 - u_{1-\alpha/2}\sqrt{np(1-p)}$ und $l = np + 1 + u_{1-\alpha/2}\sqrt{np(1-p)}$.

- *Stichprobenumfang:*

Soll für $|P_x(x \leq a) - p| \geq \Delta$ mindestens mit Wahrscheinlichkeit $1 - \beta$ auf H_1 entschieden werden, dann gilt:

$$n \geq \left(\frac{u_{1-\alpha/2}\sqrt{p(1-p)} + u_{1-\beta}\sqrt{q(1-q)}}{\Delta}\right)^2 \qquad (2.5.13)$$

mit $q = p + \Delta$ für $p \leq 1/2$ und $q = p - \Delta$ für $p > 1/2$.

2.6 Statistische Toleranzintervalle

Wir haben uns bisher mit der Schätzung von Fraktilen der unbekannten Verteilung P_x beschäftigt. Fraktile sind Lageparameter, man kann mit ihrer Hilfe aber auch die Streuung, das heißt letztlich die Breite einer Verteilung messen. Das Fraktilintervall $[x_{0,10}, x_{0,90}]$ z.B. enthält 80 % der Masse von P_x. Seine Länge ist ein Maß für die Streuung der Verteilung. Dieses Maß ist bei weitem aussagekräftiger als etwa die Standardabweichung σ, die ja bekanntlich sehr stark vom Verhalten der Verteilung P_x in den Außenbereichen abhängt und die riesengroß werden kann, selbst wenn 99 % der Masse der Verteilung aufs engste um einen Punkt konzentriert sind.

Man nennt Fraktilintervalle mit einem aus der Technik entlehnten Begriff auch Toleranzintervalle. Wir geben die folgende Definition.

Definition 2.6.1   *Toleranzintervall*

*Das Intervall $[T_u, T_o]$ heißt ein $100p\%$-**Toleranzintervall** für die Verteilung P_x, wenn gilt:*

$$P_x(T_u < x \leq T_o) = F_x(T_o) - F_x(T_u) = p.$$

Abbildung 2.6.1 veranschaulicht diese Definition.

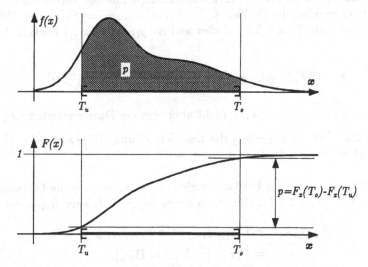

Abb. 2.6.1: Zur Definition von Toleranzintervallen

Den Begriff eines geschätzten oder statistischen Toleranzintervalls definiert man folgendermaßen:

Definition 2.6.2   *Statistisches Toleranzintervall*

Man nennt das Zufallsintervall $[\hat{T}_u(x_1,\ldots,x_n), \hat{T}_o(x_1,\ldots,x_n)]$ ein $100p\%$-
statistisches Toleranzintervall zur Sicherheit $S = 1 - \alpha$, wenn für alle stetigen Datenverteilungen P_x gilt:

$$P_x(F_x(\hat{T}_o) - F_x(\hat{T}_u) \geq p) = 1 - \alpha$$

Das Zufallsintervall $[\hat{T}_u(\mathbf{x}), \hat{T}_o(\mathbf{x})]$ enthält daher mit der Sicherheit $S =$
$= 1 - \alpha$ mindestens $100p\%$ der Masse der zugrundeliegenden Verteilung P_x.

Es ist zunächst überhaupt nicht klar, daß es derartige statistische Toleranzintervalle gibt, denn die Datenverteilung P_x darf ja in die Sicherheitswahrscheinlichkeit S nicht eingehen. Umso erfreulicher ist der folgende Satz, der aussagt,
daß jedes aus Ordnungsstatistiken gebildete Intervall $[x_{(k)}, x_{(l)}]$ ein statistisches
Toleranzintervall ist.

Satz 2.6.1   *Statistische Toleranzintervalle*

Jedes Intervall $[\hat{T}_u(x_1,\ldots,x_n), \hat{T}_o(x_1,\ldots,x_n)] = [x_{(k)}, x_{(l)}]$, mit $1 \leq k < l \leq n$,
ist ein $100p\%$-statistisches Toleranzintervall zur Sicherheit

$$S = S(p; n, k, l) = 1 - F(p \mid \mathbf{B}(l - k, n + 1 - (l - k))) \qquad (2.6.1)$$

Beweis: Sind die Variablen $x_1,\ldots,x_n$ unabhängig mit der Verteilungsfunktion
F_x verteilt, dann sind die Größen $y_1 = F_x(x_1),\ldots,y_n = F_x(x_n)$ unabhängig
nach $\mathbf{G}_{[0,1]}$ verteilt (Satz 2.3.6). Außerdem ist $y_{(j)} = F(x_{(j)})$ (Satz 2.2.1). Es
gilt somit:

$$S = P(F_x(x_{(l)}) - F_x(x_{(k)}) \geq p) = P(y_{(l)} - y_{(k)} \geq p).$$

S hängt somit nur von $(p; n, k, l)$, nicht aber von der Datenverteilung P_x ab.

Nach Satz 2.3.4 besitzt $y_{(l)} - y_{(k)}$ die Beta-Verteilung $\mathbf{B}(l - k, n + 1 - (l - k))$.
Daraus folgt schließlich die Behauptung. ♠

Die Differenz $y_{(l)} - y_{(k)}$ besitzt die gleiche Verteilung wie die Ordnungsstatistik $y_{(l-k)}$ (vgl. Satz 2.3.4). Man kann daher $S(p; n, k, l)$ auch folgendermaßen
darstellen:

$$S(p; n, k, l) = P(y_{(l-k)} \geq p) = P(y_{(l-k)} > p) =$$
$$= P(z < l - k \mid z \sim \mathbf{B}_{n,p}). \qquad (2.6.2)$$

Für große n hat man daher die Näherung:

$$S(p; n, k, l) \approx \Phi\left(\frac{(l - k) - np}{\sqrt{np(1 - p)}}\right). \qquad (2.6.3)$$

Beispiel 2.6.1 Gegeben sei eine Stichprobe vom Umfang $n = 200$ und das statistische Toleranzintervall $[x_{(11)}, x_{(190)}]$. Wir bestimmen den Verlauf von $S(p; 200, 11, 190)$. Er ist in Abb. 2.6.2 dargestellt. Es ist z.B. $S(0{,}85; 200, 11, 190) = 0{,}9627$. $[x_{(11)}, x_{(190)}]$ überdeckt somit 85 % der Gesamtmasse der Verteilung mit Wahrscheinlichkeit 0,9627.

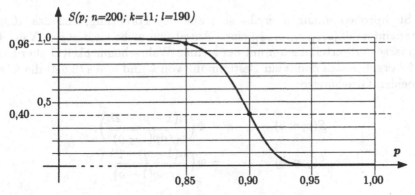

Abb. 2.6.2: Verlauf von $S(p; 200, 11, 190)$

Man beachte: das Intervall $[x_{(11)}, x_{(190)}]$ enthält 90 % der Daten, überdeckt aber nur 85 % der Verteilungsmasse mit Wahrscheinlichkeit $S = 0{,}96$. Das gleiche Intervall überdeckt $100p = 90\,\%$ der Verteilungsmasse nur mit der vergleichsweise geringen Sicherheit $S(0{,}90; 200, 11, 190) \approx 0{,}40$.

Berechnung von k für symmetrische Toleranzintervalle

Man benützt praktisch nur symmetrische Toleranzintervalle zur Streuungsschätzung, d.h., man setzt $l = n + 1 - k$. (Man beachte: ist das $100p\%$-Toleranzintervall von der Form $(-\infty, x_{(l)}]$ oder $[x_{(k)}, \infty)$, zur Sicherheit S, dann sind $x_{(l)}$ und $x_{(k)}$ obere bzw. untere Vertrauensschranken für x_p bzw. x_{1-p} zur Sicherheit S). Aus (2.6.2) folgt dann:

- $[x_{(k)}, x_{(n+1-k)}]$ *ist ein* $100p\%$-*statistisches Toleranzintervall zur Sicherheit*

$$S = S(p; n, k) = P(z \leq n - 2k \,|\, z \sim \mathbf{B}_{n,p}) \approx$$
$$\approx \Phi\left(\frac{n(1 - p) - 2k}{\sqrt{np(1 - p)}}\right). \tag{2.6.4}$$

Sind daher p, n und $S = 1 - \alpha$ gegeben, dann erhält man für große n:

$$k = \frac{1}{2}\left(n(1 - p) - u_{1-\alpha}\sqrt{np(1 - p)}\right). \tag{2.6.5}$$

Für kleine n ist k aus der Bedingung $P(z \leq n - 2k \mid z \sim \mathbf{B}_{n,p}) = 1 - \alpha$ mittels einer Tabelle der Binomialverteilung zu bestimmen. Praktisch hat dieser Fall aber keine Bedeutung.

Der Stichprobenumfang

Der Stichprobenumfang n ergibt sich aus der Forderung, daß das $100p\%$-Toleranzintervall $[x_{(k)}, x_{(n+1-k)}]$ einen Anteil von mehr als $q = p + \triangle$ der Gesamtmasse der Verteilung nur mit der kleinen Wahrscheinlichkeit β überdecken soll. Es ergeben sich damit zur Bestimmung von k und n aus (2.6.4) die folgenden beiden Gleichungen:

$$S(p; n, k) = 1 - \alpha = \Phi\Big(\frac{n(1-p) - 2k}{\sqrt{np(1-p)}}\Big),$$
$$S(q; n, k) = \beta \quad = \Phi\Big(\frac{n(1-q) - 2k}{\sqrt{nq(1-q)}}\Big).$$

Aus ihnen folgt nach kurzer Rechnung:

$$n = \Big(\frac{u_{1-\alpha}\sqrt{p(1-p)} + u_{1-\beta}\sqrt{q(1-q)}}{q - p}\Big)^2$$
$$k = \frac{1}{2}\big(n(1-p) - u_{1-\alpha}\sqrt{np(1-p)}\big) \tag{2.6.6}$$

Beispiel 2.6.2 Es soll ein 80%-Toleranzintervall zur Sicherheit $S = 1 - \alpha = 0,95$ bestimmt werden, das mit Wahrscheinlichkeit $1 - \beta = 0,90$ nicht mehr als 90% der Gesamtmasse enthält. Es ist $p = 0,80$, $q = 0,90$; $u_{1-\alpha} = 1,645$, $u_{1-\beta} = 1,282$. Damit ergibt sich aus (2.6.6) gerundet:

$$n = 110 \quad \text{und} \quad k = 7.$$

Die Sicherheit S und die Fehlüberdeckungswahrscheinlichkeit β sind für diese Werte von n und k:

$$S = 0,972 \quad \text{und} \quad \beta = 0,170.$$

Für $n = 110$ und $k = 8$ ergibt sich zum Vergleich

$$S = 0,923 \quad \text{und} \quad \beta = 0,056.$$

Abbildung 2.6.3 zeigt $S(p; n = 110, k = 7)$ und $S(p; n = 110, k = 8)$.

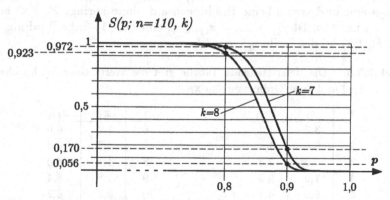

Abb. 2.6.3: Verlauf von $S(p; 110, 7)$ und $S(p; 110, 8)$

2.7 Schätzung der Verteilungsfunktion — Anpassungstests

Häufig ist man nicht nur an Lage- und Streuungsinformation interessiert, sondern man möchte den Gesamtverlauf der Dichte und/oder der Verteilungsfunktion kennenlernen. Wir beschäftigen uns in diesem Abschnitt mit der Verteilungsfunktion $F_x(.)$ einer unbekannten Datenverteilung P_x. Dabei lernen wir Punkt- und Bereichschätzer für $F_x(.)$ und Teststrategien für Hypothesen über $F_x(.)$ kennen. Wir betrachten das nichtparametrische

Modell: x ... 1-dimensional, stetig oder diskret,

$x \sim P_x \in \mathcal{P}$,   (2.7.1)

$\mathcal{P}$ ... ist die Familie aller stetigen und diskreten
            Verteilungen auf **R**.

Daten: Eine Stichprobe $\mathbf{x} = (x_1, \ldots, x_n)$ von unabhängigen Beobachtungen steht zur Verfügung.

Bei den oben genannten statistischen Aufgaben spielt die empirische Verteilungsfunktion eine zentrale Rolle.

Definition 2.7.1   *Empirische Verteilungsfunktion*

Ist $\mathbf{x} = (x_1, \ldots, x_n)$ *eine Stichprobe, dann nennt man die Funktion*

$$F_n(t|\mathbf{x}) := \frac{1}{n} \sum_{j=1}^{n} \mathbf{1}(x_j \leq t),$$ (2.7.2)

die **empirische Verteilungsfunktion** *der Stichprobe* **x**.

$F_n(t|\mathbf{x})$ ist eine Treppenfunktion und es gilt $F_n(t|\mathbf{x}) = k/n$, wenn genau k der Stichprobenwerte $x_j \leq t$ sind. Ist $\mathbf{x}_{()} = (x_{(1)}, \ldots, x_{(n)})$ die zu $\mathbf{x}$ gehörige Ordnungsreihe und treten keine Bindungen auf, dann springt $F_n(t|\mathbf{x})$ an den Stellen $x_{(j)}$ um $1/n$. Ist $x_{(j)} = \ldots = x_{(j+k-1)}$ eine $(k-1)$-fache Bindung, dann springt $F_n(t|\mathbf{x})$ an der Stelle $x_{(j)}$ um k/n.

Beispiel 2.7.1   Die tiefer stehende Tabelle gibt die Werte einer Stichprobe $\mathbf{x} = (x_1, \ldots, x_{10})$ und ihrer Ordnungsreihe $\mathbf{x}_{()}$.

j	x_j	$x_{(j)}$	j	x_j	$x_{(j)}$
1	3,3	1,2	6	9,7	6,0
2	8,4	1,8	7	3,3	6,0
3	6,0	3,3	8	4,1	6,0
4	1,2	3,3	9	1,8	8,4
5	6,0	4,1	10	6,0	9,7

Die Abbildung 2.7.1 zeigt den Verlauf der zugehörigen empirischen Verteilungsfunktion $F_{10}(t|\mathbf{x})$.

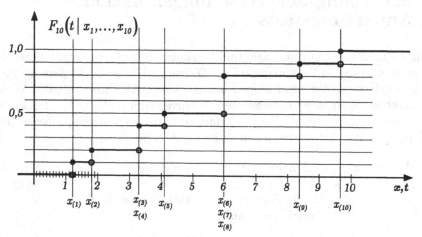

Abb. 2.7.1: Empirische Verteilungsfunktion einer Stichprobe mit Bindungen

Die empirische Verteilungsfunktion besitzt alle Eigenschaften einer Verteilungsfunktion:

• sie ist monoton wachsend,

• sie ist rechtsstetig,

• sie strebt für $x \to -\infty$ gegen 0 und für $x \to +\infty$ gegen 1.

Sie ist offenbar die Verteilungsfunktion jener diskreten Wahrscheinlichkeitsverteilung, deren Träger die Menge der verschiedenen Stichprobenwerte ist und die dem Wert a die Wahrscheinlichkeit k/n zuordnet, wenn a genau k-mal in der Stichprobe auftritt.

$F_n(.|\mathbf{x})$ als Maximum-Likelihood-Schätzer von $F_x(.)$

Die empirische Verteilungsfunktion ist der naheliegende Punktschätzer für die den Daten zugrundeliegende Verteilungsfunktion. In der Tat gilt der

Satz 2.7.1 *Empirische Verteilungsfunktion als Maximum-Likelihood-Schätzer*

Unter dem Modell (2.7.1) ist die empirische Verteilungsfunktion der Maximum-Likelihood-Schätzer für die Verteilungsfunktion F_x.

Beweis: Sei $\mathbf{x} = (x_1, \ldots, x_n)$ die Stichprobe und sei mit $\hat{F}_{ML}(t|\mathbf{x})$ jene Verteilungsfunktion aus dem Modell (2.7.1) aller stetigen oder diskreten Verteilungen P_x auf $\mathbf{R}$ bezeichnet, für die $\mathbf{x}$ am wahrscheinlichsten wird. Weiters seien $a_1 < \ldots < a_r$ die verschiedenen Werte der Stichprobe mit den Vielfachheiten $k_1, \ldots, k_r$ $(k_1 + \ldots + k_r = n)$. Es ist klar:

- Ist die Datenverteilung F_x stetig, dann besitzt die Stichprobe $\mathbf{x}$ die Wahrscheinlichkeit 0.

- Ist die Datenverteilung F_x diskret mit der Dichte f_x, dann besitzt die Stichprobe $\mathbf{x}$ die Wahrscheinlichkeit:

$$L(f_x|\mathbf{x}) = f_x^{k_1}(a_1) f_x^{k_2}(a_2) \cdots f_x^{k_r}(a_r) = p_1^{k_1} p_2^{k_2} \cdots p_r^{k_r}, \qquad (2.7.3)$$

  mit den Bezeichnungen $f_x(a_j) = p_j$.

Dieser Ausdruck ist zu maximieren unter der Nebenbedingung $\sum_{j=1}^{r} p_j \leq 1$. Es ist offensichtlich, daß man sich auf Verteilungen beschränken kann, deren Träger $\{a_1, \ldots, a_r\}$ ist, so daß die Nebenbedingung lautet:

$$\sum_{j=1}^{r} p_j = 1. \qquad (2.7.4)$$

Nach der Methode der Lagrangeschen Multiplikatoren haben wir folglich die Funktion $H = L(f_x|\mathbf{x}) - \lambda \cdot (\sum_{j=1}^{r} p_j - 1)$ oder einfacher die Funktion $h = \ln L(f_x|\mathbf{x}) - \lambda \cdot (\sum_{j=1}^{r} p_j - 1)$ durch Variation von $p_1, \ldots, p_r$ und λ zu maximieren. Das ergibt die folgenden Gleichungen:

$$h(p_1, \ldots, p_r, \lambda) = \sum_{j=1}^{r} k_j \ln p_j - \lambda \cdot (\sum_{j=1}^{r} p_j - 1)$$
$$\partial h / \partial p_i = k_i / p_i - \lambda \quad = 0 \qquad i = 1, \ldots, r$$
$$\partial h / \partial \lambda = \sum_{j=1}^{r} p_j - 1 \quad = 0$$

Wir erhalten daraus:

$$p_i = k_i / \lambda \quad \text{für } i = 1, \ldots, r \quad \Longrightarrow \quad \lambda = n$$

und daher schließlich:

$$\hat{p}_i = \hat{f}_{ML}(a_i) = k_i/n \quad \text{für } i = 1, \ldots, r. \tag{2.7.5}$$

Dieses ist offensichtlich die zur empirischen Verteilungsfunktion $F_n(t|\mathbf{x})$ gehörige Dichte. Daß die Likelihoodfunktion $L(f_x|\mathbf{x})$ für $\hat{f}_{ML}$ tatsächlich maximal und nicht nur stationär wird, läßt sich unschwer zeigen.   ♠

Bemerkung: Die empirische Verteilungsfunktion $F_n(t|\mathbf{x})$ ist der Maximum-Likelihood-Schätzer für F_x im Rahmen des Modells (2.7.1), wo für F_x sowohl stetige als auch diskrete Verteilungen zulässig sind. Läßt man nur stetige Verteilungen zu, dann gibt es keinen Maximum-Likelihood-Schätzer für F_x, denn $L(f_x|\mathbf{x}) = \prod_{j=1}^{r} f_x^{k_j}(a_j)$ — interpretiert als Wahrscheinlichkeitsdichte, nicht als Wahrscheinlichkeit — kann offensichtlich beliebig groß werden.

Lokale Eigenschaften von $F_n(t|\mathbf{x})$

Die Größe $n \cdot F_n(t|\mathbf{x})$ gibt die Anzahl der Beobachtungen $x_j \leq t$ in der Stichprobe $\mathbf{x} = (x_1, \ldots, x_n)$ und ist somit binomial-verteilt nach $\mathbf{B}_{n,p}$ mit $p = F_x(t)$:

- $n \cdot F_n(t|\mathbf{x}) \sim \mathbf{B}_{n,p}$ mit $p = F_x(t)$. $\hspace{3cm}$ (2.7.6)

Somit haben wir:

- $E(F_n(t|\mathbf{x})) = F_x(t)$, $\hspace{5cm}$ (2.7.7)

- $V(F_n(t|\mathbf{x})) = F_x(t)(1 - F_x(t))/n$. $\hspace{3cm}$ (2.7.8)

$F_n(t|\mathbf{x})$ ist daher für jedes t ein erwartungstreuer und konsistenter Schätzer für $F_x(t)$. Außerdem gilt offenbar:

- $F_n(t|\mathbf{x})$ ist asymptotisch nach $\mathbf{N}(F_x(x), F_x(x)(1 - F_x(x))/n)$ verteilt.

Bemerkung: Da die Ordnungsreihe $\mathbf{x}_{()}$ eine suffiziente und vollständige Statistik für die Verteilungsfamilie $\mathcal{P}$ in dem Modell (2.7.1) ist, besitzt $F_n(t|\mathbf{x}) = F_n(t|\mathbf{x}_{()})$ als Funktion der Ordnungsreihe unter allen erwartungstreuen Schätzern von $F_x(x)$ die kleinste Varianz.[1]

---

[1] Wir gehen auf diese Fragen hier nicht näher ein. Der interessierte Leser sei auf HAFNER (1989: S. 332ff.) verwiesen.

Globale Eigenschaften von $F_n(t|\mathbf{x})$

Die obigen Aussagen sind lokal, d.h., sie betreffen die Schätzung der Verteilungs-funktion an einer festen Stelle t. Viel interessanter und ungleich tiefer liegend sind globale Aussagen über die Approximation von $F_x(t)$ durch $F_n(t|\mathbf{x})$.

Es ist naheliegend, die globale Abweichung der empirischen Verteilungs-funktion $F_n(t|\mathbf{x})$ von $F_x(t)$ durch den Supremumsabstand zu messen. Wir be-trachten daher die folgenden Statistiken:

$$D_n = D_n(F_n(.|\mathbf{x}), F_x(.)) = \sup_t |F_n(t|\mathbf{x}) - F_x(t)|,$$

$$D_n^+ = D_n^+(F_n(.|\mathbf{x}), F_x(.)) = \sup_t (F_n(t|\mathbf{x}) - F_x(t)), \qquad (2.7.9)$$

$$D_n^- = D_n^-(F_n(.|\mathbf{x}), F_x(.)) = \sup_t (F_x(t) - F_n(t|\mathbf{x})).$$

D_n^+ mißt die maximale Überschreitung, D_n^- die maximale Unterschreitung von $F_x(.)$ durch $F_n(.|\mathbf{x})$. Es ist $D_n^\pm \geq 0$ und es gilt:

$$D_n = \max\{D_n^+, D_n^-\}. \qquad (2.7.10)$$

Abbildung 2.7.2 veranschaulicht die Bedeutung dieser Statistiken.

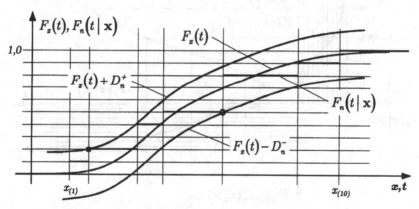

Abb. 2.7.2: Zur Bedeutung der Statistiken $D_n^\pm$ und D_n

Daß $F_n(t|\mathbf{x})$ für festes t mit $n \to \infty$ stochastisch und sogar fast sicher gegen $F_x(t)$ konvergiert, ist eine unmittelbare Konsequenz des schwachen bzw. des starken Gesetzes der großen Zahlen, denn $F_n(t|\mathbf{x})$ ist ja die relative Häufigkeit des Ereignisses $(-\infty, t]$ bei der Stichprobe $\mathbf{x} = (x_1, \ldots, x_n)$, $F_x(t)$ hingegen ist die Wahrscheinlichkeit dieses selben Ereignisses. Daß diese Konvergenz sogar gleichmäßig in t ist, lehrt das berühmte Theorem von Glivenko und Cantelli.

Satz 2.7.2   *Glivenko – Cantelli*

Für $n \to \infty$ geht der Abstand $D_n(F_n(.|\mathbf{x}), F_x(.))$ mit Wahrscheinlichkeit von 1 gegen null.

Einen Beweis findet der Leser in LOÈVE (1963) oder in RÉNYI (1966).

Betrachten wir die Statistiken $D_n^{\pm}$, D_n genauer. Man sieht sofort, daß bei streng monoton wachsenden Transformationen der x-Achse alle drei Statistiken ungeändert bleiben. Denn ist $y = t(x)$ eine derartige Transformation und $x = s(y)$ ihre Umkehrung, dann gelten für die Verteilungsfunktion $F_y(t)$ von y und die empirische Verteilungsfunktion $F_n(t|y)$ der transformierten Stichprobe $\mathbf{y} = (y_1, \ldots, y_n) = (t(x_1), \ldots, t(x_n))$ die Beziehungen:

$$F_y(t) = F_x(s(t))$$

$$F_n(t|\mathbf{y}) = F_n(s(t)|\mathbf{x})$$

Abbildung 2.7.3 veranschaulicht diesen Zusammenhang.

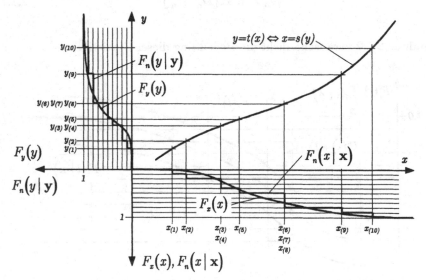

Abb. 2.7.3: Streng monoton wachsende Transformation von $F_x(.)$ und $F_n(.|\mathbf{x})$

Es ist somit in der Tat:

$$D_n^{\pm}(F_n(.|\mathbf{y}), F_y(.)) = D_n^{\pm}(F_n(.|\mathbf{x}), F_x(.)),$$

$$D_n(F_n(.|\mathbf{y}), F_y(.)) = D_n(F_n(.|\mathbf{x}), F_x(.)).$$

Daraus folgt aber, daß die Verteilungen der Statistiken $D_n^\pm$, D_n bei streng monotonen Transformationen von x ebenfalls invariant sind. Ist $F_x(x)$ selbst streng monoton und setzen wir $y = t(x) = F_x(x)$, dann ist y gleichverteilt auf $[0,1]$ und die Statistiken $D_n^\pm$, D_n besitzen somit allein vom Stichprobenumfang n abhängige Verteilungen. Daß diese Aussage für beliebige stetige Verteilungen gilt, zeigt eine etwas genauere Betrachtung. Man hat nur zu bedenken, daß die Stichprobe **x** mit Wahrscheinlichkeit von 1 in die Menge $T = \{x : f_x(x) > 0\}$, den Träger von P_x fällt und daß F_x auf T streng monoton ist. Wir formulieren das Ergebnis als

Satz 2.7.3 *Invarianz der Verteilung von $D_n^\pm$, D_n*

Ist die Datenverteilung P_x stetig, dann hängen die Verteilungen der Statistiken $D_n^\pm$, D_n nur vom Stichprobenumfang n, nicht aber von P_x selbst ab.

Bemerkung: Für diskrete Verteilungen trifft das nicht zu. Besitzt x eine diskrete Verteilung, dann sind $D_n^\pm$, D_n immer stochastisch kleiner, als wenn x stetig verteilt ist. Diese Tatsache folgt aus dem Umstand, daß bei einer nicht streng monoton wachsenden Transformation $y = t(x)$ stets

$$D_n^\pm(F_n(\cdot|\mathbf{y}), F_y(\cdot)) \leq D_n^\pm(F_n(\cdot|\mathbf{x}), F_x(\cdot)),$$

$$D_n(F_n(\cdot|\mathbf{y}), F_y(\cdot)) \leq D_n(F_n(\cdot|\mathbf{x}), F_x(\cdot))$$

gilt. Da aber verschiedene diskrete Verteilungen i.allg. durch streng monotone Transformationen nicht ineinander übergeführt werden können, besitzen $D_n^\pm$, D_n für verschiedene diskrete Verteilungen P_x i.allg. selbst verschiedene Verteilungen, die allerdings immer stochastisch kleiner sind als die entsprechenden Verteilungen bei stetig verteilten Daten. Man kann daher nur sagen, daß die Statistiken $D_n^\pm$, D_n unter dem *Modell: $x \sim P_x$ ... stetig*, nicht aber unter dem *Modell (2.7.1): $x \sim P_x$ stetig oder diskret* verteilungsfrei sind.

Für die Verteilungsfunktionen der Statistiken D_n, D_n^+, D_n^- gibt es keine einfachen Ausdrücke, sie müssen tabelliert werden. Die asymptotische Verteilung von $\sqrt{n} \cdot D_n$ wurde von KOLMOGOROV (1933), diejenige von $\sqrt{n} \cdot D_n^\pm$ von SMIRNOV (1939) hergeleitet. Wir geben diese Resultate ohne Beweis.

Satz 2.7.4 *Asymptotische Verteilung von D_n, $D_n^\pm$.*

Besitzt x eine stetige Verteilung, dann gilt:

$$\lim_{n \to \infty} P(\sqrt{n} D_n \leq z) = K(z) = 1 - 2\sum_{j=1}^{\infty} (-1)^{j-1} e^{-2j^2 z^2}, \tag{2.7.11}$$

$$\lim_{n \to \infty} P(\sqrt{n} D_n^\pm \leq z) = L(z) = 1 - e^{-2z^2}. \tag{2.7.12}$$

Abbildung 2.7.4 zeigt den Verlauf von $K(z)$ und $L(z)$.

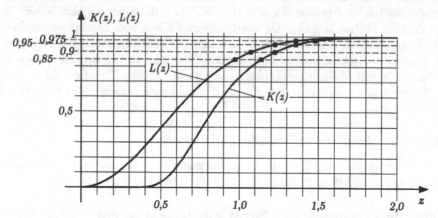

Abb. 2.7.4: Asymptotische Verteilung von $\sqrt{n} \cdot D_n$ und $\sqrt{n} \cdot D_n^{\pm}$

Tabelle 2.7.1 gibt verschiedene Fraktile K_p und L_p im oberen Fraktilbereich.

p	0,85	0,90	0,95	0,975	0,99
K_p	1,138	1,224	1,358	1,480	1,628
L_p	0,973	1,073	1,224	1,358	1,518

Tabelle 2.7.1: Fraktile der asymptotischen Verteilungen K und L

Für die praktische statistische Arbeit benötigt man die Verteilungen von D_n und $D_n^{\pm}$ auch für mäßige n. Man kann glücklicherweise auf ausführliche Tabellen verzichten, denn STEPHENS (1970) hat gezeigt, daß auch schon für ganz kleine Stichprobenumfänge ($n \geq 5$) die Verteilungen der Statistiken

$$T = D_n \cdot (\sqrt{n} + 0{,}12 + 0{,}11/\sqrt{n}),$$
$$T^{\pm} = D_n^{\pm} \cdot (\sqrt{n} + 0{,}12 + 0{,}11/\sqrt{n})$$

im oberen Fraktilbereich mit den Grenzverteilungen K und L praktisch identisch sind.

Bereichschätzer für $F_x(.)$

Es ist jetzt einfach, untere und obere Konfidenzschranken $\underline{F}_x$, $\overline{F}_x$ und Konfidenzstreifen $[\underline{F}_x, \overline{F}_x]$ für die Verteilungsfunktion F_x anzugeben. Denn wegen

$$\{\mathbf{x} : D_n^+(F_n(.|\mathbf{x}), F_x(.)) \leq \Delta\} = \{\mathbf{x} : F_n(t|\mathbf{x}) - \Delta \leq F_x(t) \ldots \forall\, t \in \mathbf{R}\}$$

ist $F_n(t|\mathbf{x}) - \Delta = \underline{F}_x(t)$ eine (globale) untere Vertrauensschranke für F_x zur Sicherheit $S = P(D_n^+ \leq \Delta)$. Diese Sicherheit hängt nur von Δ und dem Stichprobenumfang n, nicht aber von der Datenverteilung ab. Analog argumentiert man bei D_n^- und D_n. Wir haben daher den

Satz 2.7.5 *Konfidenzschranken für* F_x

- $\overline{F}_x(t) = F_n(t|\mathbf{x}) \pm \Delta$ *sind* **obere/untere Konfidenzschranken** *für* F_x *zur Sicherheit:*

$$S = S(n, \Delta) = P(D_n^\pm \le \Delta) \approx L(\Delta \cdot (\sqrt{n} + 0{,}12 + 0{,}11/\sqrt{n})).$$

- $[\underline{F}_x(t), \overline{F}_x(t)] = [F_n(t|\mathbf{x}) - \Delta, F_n(t|\mathbf{x}) + \Delta]$ *ist ein* **Konfidenzstreifen** *für* $F_x(t)$ *zur Sicherheit:*

$$S = S(n, \Delta) = P(D_n \le \Delta) \approx K(\Delta \cdot (\sqrt{n} + 0{,}12 + 0{,}11/\sqrt{n})).$$

Aus diesen Formeln ergibt sich auch sofort der notwendige

Stichprobenumfang: *Der für vorgegebene Sicherheit* $S = 1 - \alpha$ *und gegebenes* Δ *notwendige Stichprobenumfang beträgt:*

$$n = (L_{1-\alpha}/\Delta - 0{,}12 - 0{,}11/\sqrt{n})^2 \quad \textit{für einseitige,}$$

$$n = (K_{1-\alpha}/\Delta - 0{,}12 - 0{,}11/\sqrt{n})^2 \quad \textit{für zweiseitige Konfidenzschranken}$$

$$(2.7.13)$$

Die Gleichungen (2.7.13) können iterativ gelöst werden mit den Anfangsnäherungen $n = (L_{1-\alpha}/\Delta - 0{,}12)^2$ *bzw.* $n = (K_{1-\alpha}/\Delta - 0{,}12)^2$.

Beispiel 2.7.2 Es soll ein zweiseitiger Konfidenzstreifen der Breite $\pm\Delta = 0{,}15$ für die Verteilungsfunktion F_x zur Sicherheitswahrscheinlichkeit $S = 0{,}90$ bestimmt werden.

Aus Tabelle 2.7.1 entnehmen wir das 0,90-Fraktil der Verteilung K: $K_{0,9} = 1{,}224$. Damit folgt für den Stichprobenumfang n aus der Formel (2.7.13):

$$n = \left(\frac{1{,}224}{0{,}15} - 0{,}12 - 0{,}11/\sqrt{n}\right)^2 \approx 64$$

Abbildung 2.7.5 zeigt das praktische Ergebnis. Es wurden eine Stichprobe $\mathbf{x}$ vom Umfang $n = 64$ einer $N(0,1)$-verteilten Zufallsgröße x beobachtet und die Funktionen $F_n(t|\mathbf{x})$, $F_n(t|\mathbf{x}) \pm 0{,}15$ sowie die tatsächliche Verteilungsfunktion $F_x(t) = \Phi(t)$ eingezeichnet.

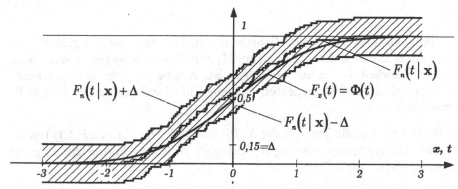

Abb. 2.7.5: Konfidenzstreifen für F_x: $S = 0{,}90; \Delta = 0{,}15; n = 64$

Abbildung 2.7.6 zeigt das Ergebnis einer Stichprobe vom Umfang $n = 264$ (bestimmt aus der Bedingung $S = 0,90$, $\Delta = 0,075$).

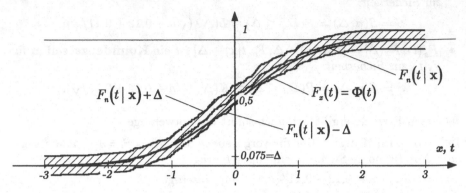

Abb. 2.7.6: Konfidenzstreifen für F_x: $S = 0,90$; $\Delta = 0,075$; $n = 264$.

Der Kolmogorov-Test

Im Anfangsstadium statistischer Untersuchungen ist es oft von Interesse, gewisse sehr allgemein gehaltene Hypothesen über die Datenverteilung ausschließen zu können. Die Statistiken D_n, $D_n^\pm$ eignen sich dazu, Hypothesen über die Anpassung der Verteilungsfunktion F_x der Daten an eine feste (z.B. vermutete oder den bisherigen Erfahrungen entsprechende) Verteilungsfunktion F_0 zu testen. Im einzelnen handelt es sich um die folgenden Testaufgaben:

A. H_0: $F_x(t) \le F_0(t)$ für alle t H_1: $F_x(t) > F_0(t)$ für wenigstens ein t,

(2.7.14)

B. H_0: $F_x(t) \ge F_0(t)$ für alle t H_1: $F_x(t) < F_0(t)$ für wenigstens ein t,

(2.7.15)

C. H_0: $F_x(t) = F_0(t)$ für alle t H_1: $F_x(t) \ne F_0(t)$ für wenigstens ein t.

(2.7.16)

Die Nullhypothesen von A und B bedeuten, daß F_x stochastisch größer bzw. kleiner als F_0 ist. Eine Entscheidung auf H_1 zum Niveau α bedeutet, daß dieses mit der Sicherheit $1 - \alpha$ auszuschließen ist. Analog ist C zu interpretieren: eine Entscheidung auf H_1 bedeutet, daß eine Übereinstimmung von F_x mit F_0 auszuschließen ist.

Betrachten wir die Testaufgabe A. Die Statistik $D_n^+(F_n(.|\mathbf{x}), F_x(.))$ besitzt eine nur vom Stichprobenumfang n abhängige Verteilung und es gilt in guter Näherung (siehe Satz 2.7.5):

$$P(D_n^+(F_n(.|\mathbf{x}), F_x(.)) \le \Delta) = L(\Delta \cdot (\sqrt{n} + 0,12 + 0,11/\sqrt{n})).$$

Ist die Hypothese H_0: $F_x(t) \leq F_0(t)$ richtig, dann ist

$$D_n^+(F_n(.|\mathbf{x}), F_0(.)) \leq D_n^+(F_n(.|\mathbf{x}), F_x(.))$$

und somit gilt unter H_0:

$$P(D_n^+(F_n(.|\mathbf{x}), F_0(.)) \leq \Delta) \geq L(\Delta \cdot (\sqrt{n} + 0{,}12 + 0{,}11/\sqrt{n})).$$

Wir gewinnen daher den folgenden

Niveau-α-Test für

A. H_0: $F_x(t) \leq F_0(t)$ für alle t H_1: $F_x(t) > F_0(t)$ für wenigstens ein t

$$\varphi_A(x_1, \ldots, x_n) = \left\{ \begin{matrix} 1 \\ 0 \end{matrix} \right. \Longleftrightarrow D_n^+(F_n(.|\mathbf{x}), F_0(.)) \cdot (\sqrt{n} + 0{,}12 + 0{,}11/\sqrt{n}) \gtrless L_{1-\alpha}$$

$$(2.7.17)$$

den sogenannten **einseitigen Kolmogorov-Test**. H_0: $F_x(t) \leq F_0(t)$ $\forall\, t \in \mathbf{R}$ wird verworfen, wenn $F_n(t|\mathbf{x})$ die Verteilungsfunktion F_0 um mehr als $\Delta = = L_{1-\alpha}/(\sqrt{n} + 0{,}12 + 0{,}11/\sqrt{n})$ überschreitet. Auf dem gleichen Weg erhält man den

Niveau-α-Test für

B. H_0: $F_x(t) \geq F_0(t)$ für alle t H_1: $F_x(t) < F_0(t)$ für wenigstens ein t

$$\varphi_B(x_1, \ldots, x_n) = \left\{ \begin{matrix} 1 \\ 0 \end{matrix} \right. \Longleftrightarrow D_n^-(F_n(.|\mathbf{x}), F_0(.)) \cdot (\sqrt{n} + 0{,}12 + 0{,}11/\sqrt{n}) \gtrless L_{1-\alpha}$$

$$(2.7.18)$$

und schließlich den

Niveau-α-Test für

C. H_0: $F_x(t) = F_0(t)$ für alle t H_1: $F_x(t) \neq F_0(t)$ für wenigstens ein t

$$\varphi_C(x_1, \ldots, x_n) = \left\{ \begin{matrix} 1 \\ 0 \end{matrix} \right. \Longleftrightarrow D_n(F_n(.|\mathbf{x}), F_0(.)) \cdot (\sqrt{n} + 0{,}12 + 0{,}11/\sqrt{n}) \gtrless K_{1-\alpha},$$

$$(2.7.19)$$

den **zweiseitigen Kolmogorov-Test**.

Praktische Bestimmung von $D_n^\pm$ und D_n

Sei $\mathbf{x} = (x_1, \ldots, x_n)$ die Stichprobe, $\mathbf{x}_{()} = (x_{(1)}, \ldots, x_{(n)})$ die zugehörige Ordnungsreihe und $F_0(t)$ die gegebene stetige Verteilungsfunktion. Wir setzen zunächst voraus, daß $\mathbf{x}$ keine Bindungen enthält. Dann gilt mit $x_{(0)} = -\infty$ und $x_{(n+1)} = +\infty$:

$$F_n(t|\mathbf{x}) = i/n \quad \text{für} \quad x_{(i)} \le t < x_{(i+1)} \quad i = 0, 1, \ldots, n.$$

Damit folgt für $i = 0, 1, \ldots, n$, da $F_0(t)$ monoton wächst und stetig ist (siehe Abb. 2.7.7):

$$\sup_{x_{(i)} \le t < x_{(i+1)}} (F_n(t|\mathbf{x}) - F_0(t)) = F_n(x_{(i)}|\mathbf{x}) - F_0(x_{(i)}) = i/n - F_0(x_{(i)}),$$

$$\sup_{x_{(i)} \le t < x_{(i+1)}} (F_0(t) - F_n(t|\mathbf{x})) = F_0(x_{(i+1)}) - F_n(x_{(i)}|\mathbf{x}) = F_0(x_{(i+1)}) - i/n.$$

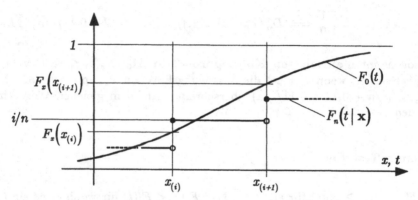

Abb. 2.7.7: Zur Berechnung von $D_n^\pm$.

Beachten wir noch $F_0(x_{(0)} = -\infty) = 0$ und $F_0(x_{(n+1)} = +\infty) = 1$, dann erhalten wir abschließend:

$$n \cdot D_n^+ = n \cdot \sup_t (F_n(t|\mathbf{x}) - F_0(t)) = \max_{1 \le i \le n}(i - nF_0(x_{(i)})),$$

$$n \cdot D_n^- = n \cdot \sup_t (F_0(t) - F_n(t|\mathbf{x})) = \max_{1 \le i \le n}(nF_0(x_{(i)}) - (i-1)) =$$
$$= -\min_{1 \le i \le n}(i - nF_0(x_{(i)})) + 1,$$

$$n \cdot D_n = \max(nD_n^+, nD_n^-).$$

$$(2.7.20)$$

Wir hatten vorausgesetzt, daß $\mathbf{x}$ keine Bindungen enthält. Man erkennt aber leicht, daß die Formeln (2.7.20) auch für den Fall von Bindungen in $\mathbf{x}$ unverändert gültig bleiben.

Beispiel 2.7.3 Wir zeigen die praktische Berechnung von $D_n^{\pm}$ und D_n an einer Stichprobe **x** vom Umfang $n = 10$. Als Vergleichsverteilung wurde die Standardnormalverteilung $N(0,1)$, also $F_0(t) = \Phi(t)$ gewählt. Die Arbeitstabelle enthält alle notwendigen Rechenschritte, wie sie auch in einem Rechenprogramm auszuführen sind.

i	x_i	$x_{(i)}$	$n \cdot \Phi(x_{(i)})$	$i - n \cdot \Phi(x_{(i)})$
1	0,36	−1,44	0,749	0,251
2	−0,27	−0,97	1,660	0,340
3	0,95	−0,27	3,936	−0,936
4	0,52	0,03	5,120	−1,120
5	−1,44	0,36	6,406	−1,406 = **Min**
6	0,57	0,52	6,985	−0,985
7	1,63	0,57	7,157	−0,157
8	−0,97	0,95	8,289	−0,289
9	0,03	0,99	8,389	0,611 = **Max**
10	0,99	1,63	9,484	0,516

Arbeitstabelle zur Berechnung von $D_n^{\pm}$ und D_n

Es ergibt sich:

$$D_{10}^+ = \text{Max}/10 = 0{,}0611$$
$$D_{10}^- = (-\text{Min} + 1)/10 = 0{,}2406$$
$$D_{10} = 0{,}2406$$

Abbildung 2.7.8 zeigt den Verlauf von $\Phi(t)$ und $F_n(t|\mathbf{x})$.

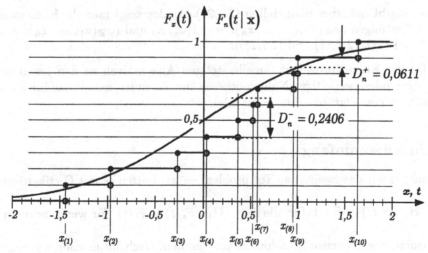

Abb. 2.7.8: Zur Berechnung von $D_n^{\pm}$ und D_n

Wir berechnen zum Schluß die Teststatistik $D_{10} \cdot (\sqrt{10} + 0,12 + 0,11/\sqrt{10}) =$
$= 0,798$. Ein Blick in Tabelle 2.7.1 zeigt: $L_{0,85} = 0,973$, $K_{0,85} = 1,138$. D.h., keine
der Nullhypothesen $\mathbf{H}_0$: $F_x \leq \Phi$, $\mathbf{H}_0$: $F_x \geq \Phi$, $\mathbf{H}_0$: $F_x = \Phi$ kann ausgeschlossen
werden.

Konsistenz

Der Kolmogorov-Test ist sowohl in der einseitigen als auch in der zweiseitigen
Variante konsistent gegenüber allen in den jeweiligen Einshypothesen zusam-
mengefaßten Alternativen. Beim zweiseitigen Testproblem

C. $\mathbf{H}_0$: $F_x(t) = F_0(t)$ für alle t $\mathbf{H}_1$: $F_x(t) \neq F_0(t)$ für wenigstens ein t,

bedeutet dies, daß die Folge der Niveau-α-Tests $(\varphi_{\mathbf{C}}(x_1, \ldots, x_n)$: $n = 1, 2, \ldots)$
(siehe 2.7.19) bei jeder stetigen Verteilung $F_x \neq F_0$ für $n \to \infty$ mit gegen eins
gehender Wahrscheinlichkeit auf $\mathbf{H}_1$ entscheidet:

$$\lim_{n \to \infty} P(D_n(F_n(.|\mathbf{x}_n), F_0(.)) \cdot (\sqrt{n} + 0,12 + 0,11/\sqrt{n}) > K_{1-\alpha}) = 1. \quad (2.7.21)$$

Das ist sofort zu sehen, denn ist etwa $|F_x(t_0) - F_0(t_0)| = \Delta > 0$, dann folgt aus
dem Umstand, daß $F_n(t_0|\mathbf{x}_n)$ stochastisch gegen $F_x(t_0)$ strebt, und aus

$$D_n(F_n(.|\mathbf{x}_n), F_0(.)) \geq |F_n(t_0|\mathbf{x}_n) - F_0(t_0)| \xrightarrow{\text{stoch}} \Delta$$

sofort:

$$\lim_{n \to \infty} P(D_n(F_n(.|\mathbf{x}_n), F_0(.)) > \Delta/2) = 1.$$

Daraus ergibt sich aber unmittelbar (2.7.21). Analog zeigt man die Konsistenz
für die Testfolgen $(\varphi_{\mathbf{A}}(x_1, \ldots \ldots, x_n)$: $n = 1, 2, \ldots)$ und $(\varphi_{\mathbf{B}}(x_1, \ldots, x_n)$: $n =$
$= 1, 2, \ldots)$ (vgl. (2.7.17) und (2.7.18)).

Da der Kolmogorov-Test für alle stetigen Alternativen zu den jeweiligen
einseitigen oder zweiseitigen Nullhypothesen konsistent ist, nennt man ihn einen
Omnibus-Test (*lat.* omnibus = für alle).

Stichprobenumfang

Betrachten wir das zweiseitige Testproblem — wir hatten es mit C etikettiert:

C. $\mathbf{H}_0$: $F_x(t) = F_0(t)$ für alle t $\mathbf{H}_1$: $F_x(t) \neq F_0(t)$ für wenigstens ein t.

Von einem theoretischen Standpunkt aus gesehen, erscheint es zunächst naheliegend, die folgende Bedingung zu stellen:

- Der Niveau-α-Test $\varphi_C(\mathbf{x})$ (siehe 2.7.19) soll mit Wahrscheinlichkeit von $\geq 1 - \beta$ auf $\mathbf{H}_1$ entscheiden, sofern der Abstand $D(F_x(.), F_0(.)) = \sup_t |F_x(t) - F_0(t)| \geq \Delta$ ist.

Aus dieser Forderung müßte sich ein Mindeststichprobenumfang n_{min} ergeben. Es ist sicher eine reizvolle Aufgabe, dieses n_{min} zu bestimmen oder abzuschätzen, doch mit der statistischen Praxis bei der Anwendung von Anpassungstests hat sie wenig zu tun.

Verwendet man im Rahmen einer statistischen Untersuchung einen Signifikanztest, um die Gültigkeit einer Hypothese $\mathbf{H}_1$ zu prüfen (z.B. $\mathbf{H}_1$: $\mu \leq \mu_0$ oder $\mathbf{H}_1$: $\sigma^2 \leq \sigma_0^2$), dann stellt die Aussage $\mathbf{H}_1$ den erhofften Erkenntnisgewinn dar, und man ist interessiert, zu wissen, wie umfangreich das Datenmaterial sein muß, um den Nachweis führen zu können. Anders ist die Situation bei Anpassungstests. Die Aussagen: $\mathbf{H}_1$: $F_x \neq F_0$ oder $\mathbf{H}_1$: F_x *ist keine Normalverteilung* sind nicht die vermuteten Einsichten, an deren Nachweis dem Statistiker gelegen ist, so daß er den dafür notwendigen Datenaufwand erfahren möchte. Die Situation ist vielmehr die:

- Der Statistiker hat oder erhebt Daten, deren Umfang durch Überlegungen bestimmt ist, die mit einem allenfalls auszuführenden Anpassungstest nichts zu tun haben. Vor allem Kostengründe werden es sein, die diesen Umfang begrenzen.

- Der Statistiker beabsichtigt, seine Daten mit einem gewissen Auswertungsverfahren zu bearbeiten, und er weiß, daß das Verfahren nur anwendbar ist, wenn bestimmte Verteilungsannahmen erfüllt sind.

Es wäre nun ein *Kunstfehler*, würde sich der Statistiker einfach darauf verlassen, daß diese Verteilungsannahmen zutreffen (z.B. daß normal- oder exponential- oder Weibull-verteilte Daten vorliegen). Er muß sie, soweit dies die gegebenen Daten gestatten, überprüfen und dazu dient der Anpassungstest. Er ist gewissermaßen eine Absicherung gegen den Vorwurf der Unprofessionalität, der andernfalls sofort erhoben werden könnte und, falls es um sensible Fragen geht, mit Sicherheit erhoben würde. Eine Entscheidung etwa auf die Nullhypothese $\mathbf{H}_0$: F_x *ist eine Normalverteilung* ist dann so zu interpretieren:

- *Die Daten enthalten (zum Niveau α) keinen signifikanten Hinweis auf Nichtnormalität und es ist daher lege artis ein Auswertungsverfahren zu benützen, das Normalität voraussetzt.*

Fällt hingegen die Entscheidung auf $\mathbf{H}_1$: F_x *ist keine Normalverteilung*, dann heißt das:

- *Die Daten enthalten einen (zum Niveau α) signifikanten Hinweis auf Nichtnormalität. Das Auswertungsverfahren ist daher bedenklich. Wird es mangels geeigneter Alternativen dennoch angewendet, müssen die Resultate mit gebührender Vorsicht interpretiert werden.*

An dieser Stelle könnte man einwenden, daß keine Datenverteilung F_x eine ideale Normalverteilung ist. Man kann daher von vornherein, ohne jeden Anpassungstest, die Hypothese der Normalität ablehnen und würde dies, bei hinreichend großem Datenumfang, auch mit dem Anpassungstest zu jedem Niveau α tun. Folglich — so würde dann weiter argumentiert — darf man das fragliche die Normalität voraussetzende Verfahren nie anwenden. Diese Argumentationsfigur wurde verschiedentlich das **statistische Paradoxon** genannt. Dazu ist folgendes zu sagen:

- In der Tat, gibt es ein leistungsfähiges Verfahren, das auf zweifelhafte Verteilungsannahmen verzichtet, dann verdient es den Vorzug.

- Im andern Fall sollte das benützte Verfahren ausreichend robust sein gegenüber Verletzungen der Verteilungsannahmen.

Freilich bleibt es vielfach ein Wunschtraum, diese Robustheit in praktisch handhabbarer Weise zu quantifizieren und sich dann mit einem Anpassungstest abzusichern. Man kann eben nur das Mögliche tun und darauf hoffen, daß das heute noch Unmögliche morgen möglich sein wird. Das Mögliche zu tun, ist allerdings Pflicht, will man sich nicht dem erwähnten Vorwurf der Unprofessionalität aussetzen.

Der Lilliefors-Test auf Normalität

Beim Kolmogorov-Test ist die hypothetische Verteilung F_0, mit der die Verteilungsfunktion F_x der Daten verglichen wird, vollständig bestimmt. Wesentlich interessanter für die statistische Praxis ist es, zu prüfen, ob die Datenverteilung F_x zu einer gegebenen ein- oder mehrparametrischen Verteilungsfamilie gehört. Dabei liegt es nahe, folgendermaßen zu verfahren:

- Ist $\mathcal{F}_0 = (F(t|\boldsymbol{\vartheta}): \boldsymbol{\vartheta} = (\vartheta_1,\ldots,\vartheta_k) \in \boldsymbol{\Theta})$ die hypothetische Familie von Verteilungsfunktionen und $\mathbf{x} = (x_1,\ldots,x_n)$ die gegebene Stichprobe, dann bestimmt man zunächst einen Punktschätzer $\hat{\boldsymbol{\vartheta}} = \hat{\boldsymbol{\vartheta}}(\mathbf{x})$.

- Anschließend vergleicht man die empirische Verteilungsfunktion $F_n(t|\mathbf{x})$ mit $F(t|\hat{\boldsymbol{\vartheta}}(\mathbf{x}))$, d.h., man bestimmt die Statistik:

$$D_n = D_n(F_n(.|\mathbf{x}), F(.|\hat{\boldsymbol{\vartheta}}(\mathbf{x})) = \sup_t |F_n(t|\mathbf{x}) - F(t|\hat{\boldsymbol{\vartheta}}(\mathbf{x})|$$

- Man verwirft die Nullhypothese $\mathbf{H}_0$: $F_x \in \mathcal{F}_0$, falls D_n einen kritischen Wert überschreitet.

Der Gedanke liegt auf der Hand, ist aber in dieser Allgemeinheit nicht durchführbar, denn die Verteilung von D_n wird unter $\mathbf{H}_0$ im allgemeinen von der konkreten Datenverteilung $F_x(.) = F(.|\boldsymbol{\vartheta}) \in \mathcal{F}_0$ abhängen. Es gibt allerdings einige wichtige Sonderfälle, wo dieses Konzept ausführbar ist, weil die Verteilung von D_n unter H_0 nur von $\mathcal{F}_0$ und nicht von der speziellen Datenverteilung $F_x \in \mathcal{F}_0$ abhängt.

Wir betrachten den wichtigsten Sonderfall, wo $\mathcal{F}_0$ die Familie der Verteilungsfunktionen der Normalverteilungen $N(\mu, \sigma^2)$ ist, d.h., wir testen, ob die beobachteten Daten $x = (x_1, \ldots, x_n)$ der Hypothese der Normalität widersprechen oder nicht. Formal lautet das Testproblem:

$$H_0\colon\ F_x \in \mathcal{F}_0 = (F(.|N(\mu, \sigma^2))\colon\ \mu, \sigma^2 \ldots \text{ frei}) \quad H_1\colon\ F_x \notin \mathcal{F}_0 \qquad (2.7.22)$$

Wir folgen dem oben skizzierten Gedanken, bestimmen zunächst die naheliegenden Punktschätzer:

$$\hat\mu(\mathbf{x}) = \frac{1}{n}(x_1 + \ldots + x_n) = \bar{x}, \quad \hat\sigma^2(\mathbf{x}) = \frac{1}{n-1}\sum_{j=1}^{n}(x_j - \bar{x})^2 = s_x^2$$

und berechnen damit die Teststatistik:

$$D_n = D_n(F_n(.|\mathbf{x}), F(.|N(\bar{x}, s_x^2))). \qquad (2.7.23)$$

Es gilt dann der

Satz 2.7.6 *Die Verteilung von D_n hängt unter der Nullhypothese $x \sim {} \sim N(\mu, \sigma^2)$ nicht von μ, σ^2 ab.*

Beweis: Sei $x \sim N(\mu, \sigma^2)$ und sei $y = ax + b$ mit $a > 0$ eine allgemeine Lage- und Skalentransformation. Die Umkehrtransformation lautet: $x = (y - b)/a$. Ist $\mathbf{x} = (x_1, \ldots, x_n)$ eine Stichprobe und $\mathbf{y} = (y_1, \ldots, y_n) = (ax_1 + b, \ldots, ax_n + b)$ ihre Transformierte, dann gelten offenbar die folgenden Aussagen:

$$F_n(t|\mathbf{y}) = F_n(\frac{t - b}{a}|\mathbf{x}), \qquad (2.7.24)$$

$$\hat\mu(\mathbf{y}) = \bar{y} = a\bar{x} + b = a\hat\mu(\mathbf{x}) + b, \quad \hat\sigma^2(\mathbf{y}) = s_y^2 = a^2 s_x^2 = a^2\hat\sigma^2(\mathbf{x}). \qquad (2.7.25)$$

$$F(t|N(\bar{y}, s_y^2)) = \Phi(\frac{t - \bar{y}}{s_y}) = \Phi(\frac{t - (a\bar{x} + b)}{as_x}) =$$

$$\qquad (2.7.26)$$

$$= \Phi(\frac{(t - b)/a - \bar{x}}{s_x}) = F(\frac{t - b}{a}|N(\bar{x}, s_x^2)).$$

Aus (2.7.24) und (2.7.26) folgt dann:

$$|F_n(t|\mathbf{y}) - F(t|\mathrm{N}(\bar{y}, s_y^2)| = |F_n(\frac{t-b}{a}|\mathbf{x}) - F(\frac{t-b}{a}|\mathrm{N}(\bar{x}, s_x^2))|$$

und daraus, wenn man links das Supremum über t und rechts das Supremum über $s = (t - b)/a$ bildet:

$$D_n(F_n(\cdot|\mathbf{y}), F(\cdot|\mathrm{N}(\bar{y}, s_y^2))) = D_n(F_n(\cdot|\mathbf{x}), F(\cdot|\mathrm{N}(\bar{x}, s_x^2))).$$

Setzt man speziell $y = x/\sigma - \mu/\sigma$, d.h., $a = 1/\sigma$ und $b = -\mu/\sigma$, dann ist y nach $\mathrm{N}(0, 1)$ verteilt und der Satz mithin bewiesen. ♠

Die Verteilung von D_n hängt unter der Nullhypothese nur vom Stichprobenumfang n ab und kann daher tabelliert werden. Erfreulicherweise kann man auf eine umfangreiche Tabelle verzichten, denn STEPHENS (1970) hat gezeigt, daß die Verteilung der modifizierten Statistik:

$$T = D_n \cdot (\sqrt{n} - 0{,}01 + 0{,}85/\sqrt{n})$$

im oberen Fraktilbereich auch für sehr kleine n ($n \geq 5$) praktisch unabhängig von n ist. Die Tabelle 2.7.2 gibt einige Fraktile von T im oberen Fraktilbereich.

p	0,85	0,90	0,95	0,975	0,99
T_p	0,775	0,819	0,895	0,955	1,035

Tabelle 2.7.2: Fraktile der Statistik $T = D_n \cdot (\sqrt{n} - 0{,}01 + 0{,}85/\sqrt{n})$

Damit kann der von LILLIEFORS (1967) vorgeschlagene Test für das Testproblem (2.7.22) folgendermaßen formuliert werden:

Lilliefors-Test zum Niveau α

$$\varphi(x_1, \ldots, x_n) = \begin{cases} 1 \\ 0 \end{cases} \Longleftrightarrow T = D_n \cdot (\sqrt{n} - 0{,}01 + 0{,}85/\sqrt{n}) \underset{\leq}{\overset{>}{}} T_{1-\alpha} \quad (2.7.27)$$

mit $D_n = D_n(F_n(\cdot|\mathbf{x}), F(\cdot|\mathrm{N}(\bar{x}, s_x^2)))$, $T_{1-\alpha}$ ist Tabelle 2.7.2 zu entnehmen.

Beispiel 2.7.4   Es wurde eine Stichprobe $\mathbf{x} = (x_1, \ldots, x_{100})$ aus einer $\mathrm{N}(0, 1)$-verteilten und eine zweite Stichprobe $\mathbf{y} = (y_1, \ldots, y_{100})$ aus einer exponential nach Ex_1 verteilten Grundgesamtheit entnommen. (Dichte: $f(y|\mathrm{Ex}_1) = e^{-y}$ für $y \geq 0$.)

Abbildung 2.7.9 zeigt die empirischen Verteilungsfunktionen $F_n(t|\mathbf{x})$ bzw. $F_n(t|\mathbf{y})$, die Verteilungsfunktionen $F(t|N(\bar{x}, s_x^2))$, $F(\bar{t}|N(\bar{y}, s_y^2))$ der angepaßten Normalverteilungen sowie die den Daten tatsächlich zugrundeliegenden Verteilungsfunktionen $F_x(x) = \Phi(x)$ und $F_y(y) = 1 - e^{-y}$.

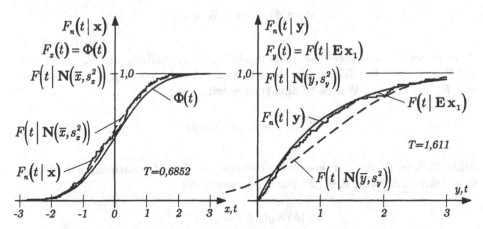

Abb. 2.7.9: Empirische Verteilungsfunktionen und bestangepaßte Normalverteilungen. Linkes Bild: $x \sim N(0, 1)$, rechtes Bild: $x \sim \mathbf{Ex_1}$

Im ersten Fall gilt $T = D_n \cdot (\sqrt{n} - 0{,}01 + 0{,}85/\sqrt{n}) = 0{,}6852$, im zweiten $T = 1{,}611$. Die Hypothese $\mathbf{H_0}$ der Normalität kann daher im ersten Fall nicht und im zweiten Fall zum Niveau $\alpha < 0{,}01$ verworfen werden.

Bemerkungen: Der Lilliefors-Test kann ohne Schwierigkeiten adaptiert werden, um die Zugehörigkeit der Datenverteilung F_x zu einer beliebigen Lage und/oder Skalenfamilie zu testen. In der Tat, ist $\mathcal{F}_0 = (F(t|\mu, \sigma) = F_0((t - \mu)/\sigma)\colon \mu \in \mathbf{R}, \sigma > 0)$ die von F_0 erzeugte Lage- und Skalenfamilie von Verteilungsfunktionen und sind $\hat{\mu}(\mathbf{x}), \hat{\sigma}(\mathbf{x})$ Schätzer für die Scharparameter μ und σ, die bei Lage- und Skalentransformationen der Daten *transformationstreu* sind, d.h., für die gilt:

$$\hat{\mu}(a \cdot \mathbf{x} + b \cdot \mathbf{1}) = a \cdot \hat{\mu}(\mathbf{x}) + b, \quad \hat{\sigma}(a \cdot \mathbf{x} + b \cdot \mathbf{1}) = a \cdot \hat{\sigma}(\mathbf{x}),$$

dann hängt die Verteilung der Statistik:

$$D_n = D_n\big(F_n(.|\mathbf{x}), F(.|\hat{\mu}(\mathbf{x}), \hat{\sigma}(\mathbf{x}))\big)$$

nur von n und F_0, nicht aber von μ und σ ab. Man zeigt das wörtlich wie Satz 2.7.6. Man entscheidet daher auf $\mathbf{H_1}\colon F_x \notin \mathcal{F}_0$, falls $D_n > D_{n,1-\alpha}$ gilt, wenn $D_{n,1-\alpha}$ das $(1 - \alpha)$-Fraktil der Verteilung von D_n bezeichnet.

Der angemessene allgemeine Rahmen, in den der Lilliefors-Test gestellt werden muß, ist der folgende: Sei $\mathcal{G}$ eine Gruppe streng monoton wachsender Transformationen von $\mathbf{R}$ auf sich, die mit einem ein- oder mehrdimensionalen Parameter $\vartheta = (\vartheta_1, \ldots, \vartheta_k) \in \Theta$ parametrisiert ist:

$$x \mapsto g(x|\vartheta) \qquad x \in \mathbf{R}, \vartheta \in \Theta.$$

Weiters sei P_0 eine gegebene Wahrscheinlichkeitsverteilung auf $\mathbf{R}$ und $\mathcal{P}_0 = (P(.|\vartheta) \colon \vartheta \in \Theta)$ die Familie der durch die Abbildungen $g(.|\vartheta)$, ausgehend von P_0, induzierten Wahrscheinlichkeitsverteilungen:

$$P(A|\vartheta) = P_0(g^{-1}(A|\vartheta)).$$

Schließlich sei $\mathcal{G}^*$ die $\mathcal{G}$ zugeordnete Gruppe von Transformationen $g^*(.|\vartheta)$ von Θ auf sich, d.h., sind $\vartheta, \vartheta', \vartheta''$ Parameterwerte mit

$$g(.|\vartheta) \circ g(.|\vartheta') = g(.|\vartheta''),$$

dann ist

$$g^*(\vartheta'|\vartheta) = \vartheta''.$$

Ist dann $\mathbf{x} = (x_1, \ldots, x_n)$ eine Stichprobe und $\hat{\vartheta}(\mathbf{x})$ ein Schätzer, für den gilt:

$$\hat{\vartheta}(g(x_1|\vartheta), \ldots, g(x_n|\vartheta)) = g^*(\hat{\vartheta}(\mathbf{x})|\vartheta) \quad \forall \vartheta \in \Theta,$$

d.h., der Schätzer $\hat{\vartheta}(\mathbf{x})$ ist $\mathcal{G}$-transformationstreu, dann besitzt die Statistik

$$D_n = D_n\big(F_n(.|\mathbf{x}), F(.|\hat{\vartheta}(\mathbf{x}))\big)$$

eine allein vom Stichprobenumfang n und von P_0, nicht aber von ϑ abhängige Verteilung, so daß der Test

$$\varphi(\mathbf{x}) = \begin{cases} 1 \\ 0 \end{cases} \Longleftrightarrow D_n \overset{>}{\underset{\le}{}} D_{n,1-\alpha}$$

für $\mathbf{H}_0 \colon P_x \in \mathcal{P}_0$ gegen $\mathbf{H}_1 \colon P_x \notin \mathcal{P}_0$ das Niveau α besitzt.

Beispiel 2.7.5 Im Fall von Lage- und Skalenfamilien ist $\mathcal{G}$ die Gruppe der Lage- und Skalentransformationen:

$$g(x|\mu, \sigma) = \sigma \cdot x + \mu \qquad (\mu, \sigma) \in \mathbf{R} \times \mathbf{R}_+ = \Theta, x \in \mathbf{R}.$$

Wegen

$$g(g(x|\mu',\sigma')|\mu,\sigma) = \sigma(\sigma'x + \mu') + \mu =$$
$$= \sigma\sigma'x + (\sigma\mu' + \mu) = \sigma''x + \mu'',$$

sind die Transformationen g^* der zugeordneten Gruppe $\mathcal{G}^*$ gegeben durch:

$$g^*(\mu',\sigma'|\mu,\sigma) = (\sigma\mu' + \mu, \sigma\sigma').$$

Die Schätzer $\hat{\mu}(\mathbf{x}) = \bar{x}$ und $\hat{\sigma}(\mathbf{x}) = s = \sqrt{\frac{1}{n-1}\sum_{j=1}^{n}(x_j - \bar{x})^2}$ sind $\mathcal{G}$-transformationstreu, denn es ist:

$$(\hat{\mu}(g(x_1|\mu,\sigma),\ldots,g(x_n|\mu,\sigma)),\hat{\sigma}(\sim)) =$$
$$= (\hat{\mu}(\sigma x_1 + \mu,\ldots,\sigma x_n + \mu),\hat{\sigma}(\sim)) =$$
$$= (\sigma \cdot \bar{x} + \mu, \sigma \cdot s) = g^*(\bar{x}, s|\mu,\sigma) =$$
$$= g^*(\hat{\mu}(\mathbf{x}),\hat{\sigma}(\mathbf{x})|\mu,\sigma).$$

Lilliefors selbst hat neben der Lage- und Skalenfamilie der Normalverteilungen auch die Skalenfamilie der Exponentialverteilungen betrachtet und den zugehörigen Anpassungstest untersucht (siehe LILLIEFORS 1967, 1969). Für weitere Anwendungsbeispiele und eine eingehende Diskussion sei der Leser auf das Buch von D'AGOSTINO und STEPHENS (1986) verwiesen.

Tests vom Cramér-von-Mises-Typ

Anders als Kolmogorov haben CRAMÉR (1928) und von MISES (1931) vorgeschlagen, den Abstand zwischen der empirischen Verteilungsfunktion $F_n(t|\mathbf{x})$ und der theoretischen Verteilungsfunktion $F_x(t)$ durch die Statistik

$$W^2 = W^2(F_n(.|\mathbf{x}), F_x(.)) = n \cdot \int_{-\infty}^{\infty} (F_n(t|\mathbf{x}) - F_x(t))^2 f_x(t)dt \qquad (2.7.28)$$

zu messen und darauf einen Anpassungstest zu gründen. In der Tat hängt die Verteilung von W^2 nur von n, nicht aber von der Verteilung F_x ab, sofern diese stetig ist. Allgemeiner gilt der

Satz 2.7.7 *Jede Statistik T der Form*

$$T = \int_{-\infty}^{\infty} H(F_n(t|\mathbf{x}), F_x(t)) f_x(t)dt \qquad (2.7.29)$$

besitzt eine von F_x unabhängige Verteilung, falls F_x Verteilungsfunktion einer stetigen Verteilung ist.

Beweis: Sei $\mathbf{x}_{()} = (x_{(1)}, \ldots, x_{(n)})$ die zu $\mathbf{x} = (x_1, \ldots, x_n)$ gehörige Ordnungs-reihe und $y_i = F_x(x_i)$ bzw. $y_{(i)} = F_x(x_{(i)})$. Dann folgt mit $x_{(0)} = -\infty, x_{(n+1)} = +\infty; y_{(0)} = 0, y_{(n+1)} = 1$ und der Substitution $y = F_x(t), \, dy = f_x(t)dt$:

$$T = \sum_{i=0}^{n} \int_{x_{(i)}}^{x_{(i+1)}} H(\frac{i}{n}, F_x(t)) f_x(t) dt =$$

$$= \sum_{i=0}^{n} \int_{y_{(i)}}^{y_{(i+1)}} H(\frac{i}{n}, y) dy. \tag{2.7.30}$$

Dieser Ausdruck hängt nur von der Ordnungsreihe $(y_{(1)}, \ldots, y_{(n)})$ der un-abhängig $G_{[0,1]}$-verteilten Größen $(y_1, \ldots, y_n)$, nicht aber von F_x ab. ♠

Da die Abweichung $(F_n(t|\mathbf{x}) - F_x(t))$ die Varianz $F_x(t)(1 - F_x(t))/n$ besitzt (siehe (2.7.8)), liegt es nahe, diese Differenz zu standardisieren und die Statistik

$$A^2 = A^2(F_n(.|\mathbf{x}), F_x(.)) = n \int_{-\infty}^{\infty} \frac{(F_n(t|\mathbf{x}) - F_x(t))^2}{F_x(t)(1 - F_x(t))} f_x(t) dt \tag{2.7.31}$$

als Maß für die Distanz zwischen $F_n(t|\mathbf{x})$ und $F_x(t)$ zu benützen. Dieser Vor-schlag stammt von ANDERSON und DARLING (1952).

Für die Statistik W^2 hat STEPHENS (1970) gezeigt, daß die Modifikation:

$$T = (W^2 - 0{,}4/n + 0{,}6/n^2) \cdot (1 + 1/n) \tag{2.7.32}$$

eine von n (für $n \geq 5$) praktisch unabhängige Verteilung besitzt. Fraktile für T gibt Tabelle 2.7.3.

p	0,85	0,90	0,95	0,975	0,99
T_p	0,284	0,347	0,461	0,581	0,743

Tabelle 2.7.3: Fraktile der modifizierten Cramér-von-Mises-Statistik
$T = (W^2 - 0{,}4/n + 0{,}6/n^2) \cdot (1 + 1/n)$

Die Verteilung der Statistik A^2 ist bemerkenswert stabil und bereits für $n \geq 5$ praktisch gleich der asymptotischen Verteilung. Tabelle 2.7.4 gibt Fraktile für A^2.

p	0,85	0,90	0,95	0,975	0,99
A_p^2	1,610	1,933	2,492	3,020	3,857

Tabelle 2.7.4: Fraktile der Anderson-Darling-Statistik A^2

Zur praktischen Berechnung der Statistiken W^2 und A^2 benützt man die Formeln:

$$W^2 = \sum_{i=1}^{n} \left(F_x(x_{(i)}) - \frac{2i-1}{2n}\right)^2 + \frac{1}{12n}, \qquad (2.7.32)$$

$$A^2 = -n - \frac{1}{n} \cdot \sum_{i=1}^{n} (2i-1) \cdot \left[\ln F_x(x_{(i)}) + \ln(1 - F(x_{(n+1-i)}))\right], \qquad (2.7.33)$$

deren Herleitung dem Leser als Übung überlassen sei.

Die Teststrategien für das Anpassungsproblem

$$\mathbf{H_0}: \ F_x(t) = F_0(t) \quad \text{für alle } t \qquad \mathbf{H_1}: \ F_x(t) \neq F_0(t) \quad \text{für ein } t$$

auf der Grundlage der Statistiken W^2 und A^2 lauten:

Cramér-von-Mises-Test zum Niveau α

$$\varphi_{W^2}(\mathbf{x}) = \begin{cases} 1 \\ 0 \end{cases} \Longleftrightarrow T = (W^2 - 0{,}4/n + 0{,}6/n^2) \cdot (1 + 1/n) \underset{\leq}{\overset{>}{{}}} T_{1-\alpha}, \quad (2.7.34)$$

mit $W^2 = W^2(F_n(.|\mathbf{x}), F_0(.))$ und $T_{1-\alpha}$ aus Tabelle 2.7.3.

Anderson-Darling-Test zum Niveau α

$$\varphi_{A^2}(\mathbf{x}) = \begin{cases} 1 \\ 0 \end{cases} \Longleftrightarrow A^2(F_n(.|\mathbf{x}), F_0(.)) \underset{\leq}{\overset{>}{{}}} A^2_{1-\alpha}, \qquad (2.7.35)$$

mit $A^2_{1-\alpha}$ aus Tabelle 2.7.4.

Es liegt auf der Hand, daß man diese beiden Anpassungstests auch zum Testen auf Normalität von F_x oder allgemeiner auf Zugehörigkeit von F_x zu einer Lage- und Skalenfamilie $\mathcal{F}_0$ benützen kann. Der Cramér-von-Mises, und der Anderson-Darling-Test sind dazu in der gleichen Weise zu adaptieren wie der Kolmogorov-Test durch den Lilliefors-Test. Soll etwa

$$\mathbf{H_0}: \ F_x \in \mathcal{F}_0 = (F(.|\mathbf{N}(\mu, \sigma^2)): \ \mu, \sigma^2 \in \mathbf{R} \times \mathbf{R}_+) \quad \mathbf{H_1}: \ F_x \notin \mathcal{F}_0, \quad (2.7.36)$$

also Normalität von F_x getestet werden, dann bestimmt man zunächst die Punktschätzer $\hat{\mu}(\mathbf{x}) = \bar{x}$ und $\hat{\sigma}^2(\mathbf{x}) = s^2$ und berechnet eine der Statistiken

$$\begin{aligned} W^2 &= W^2(F_n(.|\mathbf{x}), F(.|\mathbf{N}(\bar{x}, s^2))), \\ A^2 &= A^2(F_n(.|\mathbf{x}), F(.|\mathbf{N}(\bar{x}, s^2))). \end{aligned} \qquad (2.7.37)$$

Auch in diesen Fällen hat STEPHENS einfache Modifikationen der Statistiken W^2 und A^2 angegeben, deren Verteilungen praktisch unabhängig vom Stichprobenumfang sind. Es sind dies:

$$T = W^2 \cdot (1 + 0{,}5/n),$$
$$T = (A^2 - 0{,}7/n) \cdot (1 + 3{,}6/n - 8{,}0/n^2),$$

(2.7.38)

deren Fraktile aus Tabelle 2.7.5 entnommen werden können.

p	0,85	0,90	0,95	0,975	0,99
W^2: T_p	0,091	0,104	0,126	0,148	0,178
A^2: T_p	0,576	0,656	0,787	0,918	1,092

Tabelle 2.7.5: Fraktile von $T = W^2 \cdot (1 + 0{,}5/n)$ und
$T = (A^2 - 0{,}7/n) \cdot (1 + 3{,}6/n - 8{,}0/n^2)$

Die Hypothese der Normalität ist zum Niveau α abzulehnen, falls $T > T_{1-\alpha}$ ausfällt.

Für eine vergleichende Diskussion dieser und verwandter Anpassungstests sei der Leser auf das Buch von D'AGOSTINO und STEPHENS (1986) verwiesen.

Der Chi-Quadrat-Test

Der wegen seiner universellen Anwendbarkeit am besten bekannte Anpassungstest ist der von PEARSON (1900) vorgeschlagene χ^2-Test (gelesen: chi-quadrat). Er gestattet es, die Zugehörigkeit einer Verteilung P_x zu einer mehrparametrischen Verteilungsfamilie zu prüfen. Dabei ist es gleichgültig, ob die beobachtete Variable x ein- oder mehrdimensional, stetig oder diskret ist, und auch die hypothetische Verteilungsfamilie $\mathcal{P} = (P(\cdot|\boldsymbol{\theta}) : \boldsymbol{\theta} = (\theta_1, \ldots, \theta_s) \in \boldsymbol{\Theta})$ kann, im Rahmen sehr allgemeiner Regularitätsbedingungen, völlig beliebig gewählt sein. Der Test ist allerdings nur asymptotisch verteilungsunabhängig, d.h., die Verteilung der verwendeten Teststatistik hängt für kleine Stichprobenumfänge n sehr wohl von der Datenverteilung ab, strebt aber für $n \to \infty$ gegen eine von der Datenverteilung unabhängige Grenzverteilung, eben die χ^2-Verteilung, die dem Test den Namen gibt. Die Anzahl der Freiheitsgrade dieser Grenzverteilung hängt allein von der Durchführung des Tests (der Anzahl k der Klassen, in die die Daten gruppiert werden) und von der Anzahl der im Modell $\mathcal{P}$ zu schätzenden Parameter $\theta_1, \ldots, \theta_s$ ab und ist daher bekannt.

Wir beschreiben zunächst die einzelnen Schritte zur Bestimmung der Teststatistik. Gegeben sei eine Stichprobe vom Umfang N: $\mathbf{x} = (x_1, \ldots, x_N)$; die Einzelbeobachtungen $x_1, \ldots, x_N$ können dabei, wie bereits betont, beliebig ein- oder mehrdimensional, stetig oder diskret sein.

1. Man zerlegt zunächst den Stichprobenraum Ω_x in k paarweise disjunkte Ereignisse $A_1, \ldots, A_k$ (siehe Abb. 2.7.10):

$$A_i \cap A_j = \emptyset \text{ für } i \neq j, \quad A_1 \cup \ldots \cup A_k = \Omega_x.$$

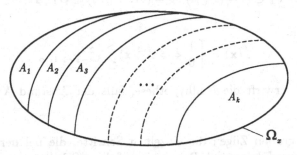

Abb. 2.7.10: Zerlegung des Stichprobenraumes in k disjunkte Ereignisse

Dabei sei $k > s + 1$ gewählt, wenn das Modell s freie Parameter enthält. Im übrigen ist die Zerlegung $A_1, \ldots, A_k$ beliebig, aber im weiteren fest. Auf die Frage, wie groß k gewählt werden soll und wie man die Zerlegung zweckmäßig ausführt, wird später eingegangen.

2. Man bestimmt die in der Stichprobe $\mathbf{x} = (x_1, \ldots, x_N)$ **beobachteten Häufigkeiten** $n_1^b, \ldots, n_k^b$ der Ereignisse $A_1, \ldots, A_k$:

$$n_i^b = \text{Anzahl der } x_1, \ldots, x_N \text{ in } A_i, \text{ für } i = 1, \ldots, k.$$

3. Man bestimmt Punktschätzer $\hat{\theta}_1(\mathbf{x}), \ldots, \hat{\theta}_s(\mathbf{x})$ der Modellparameter $\theta_1, \ldots$ $\ldots, \theta_s$. Dafür gibt es natürlich viele Möglichkeiten; eine ausführliche Diskussion verschieben wir auf später.

4. Man bestimmt die **erwarteten Häufigkeiten** n_i^e der Ereignisse $A_1, \ldots, A_k$ unter der Annahme, daß die beobachtete Variable x nach $P(.|\hat{\boldsymbol{\theta}} = (\hat{\theta}_1, \ldots, \hat{\theta}_s))$ verteilt ist:

$$n_i^e = N \cdot P(A_i | \hat{\boldsymbol{\theta}}) \quad i = 1, \ldots, k.$$

5. Man berechnet die Teststatistik:

$$X^2 = X^2(\mathbf{x}) = \sum_{i=1}^{k} \frac{(n_i^b - n_i^e)^2}{n_i^e}.$$

Die Bezeichnung X^2 (X = großes chi) für diesen Abstand zwischen dem Vektor $(n_1^b, \ldots, n_k^b)$ der beobachteten und dem Vektor $(n_1^e, \ldots, n_k^e)$ der erwarteten Häufigkeiten stammt von Pearson und ist allgemein üblich geworden. Die Statistik X^2 besitzt, unter der Nullhypothese, daß die Datenverteilung P_x dem Modell $\mathcal{P} = (P(.|\boldsymbol{\theta}) : \boldsymbol{\theta} \in \boldsymbol{\Theta})$ entstammt, unter gewissen

Voraussetzungen asymptotisch die Chi-Quadrat-Verteilung χ^2_{k-s-1}, wenn das Modell s freie Parameter enthält.

6. Der χ^2-Test zum approximativen Niveau α für das Testproblem

$$\mathbf{H}_0 : P_x \in \mathcal{P} = (P(.|\boldsymbol{\theta}) : \boldsymbol{\theta} = (\theta_1 \ldots, \theta_s) \in \boldsymbol{\Theta}) \quad \mathbf{H}_1 : \mathcal{P}_x \notin \mathcal{P}$$

lautet dann:

$$\varphi(\mathbf{x}) = \begin{cases} 1 \\ 0 \end{cases} \iff X^2(\mathbf{x}) \gtrless \chi^2_{k-s-1;1-\alpha},$$

d.h., man verwirft die Nullhypothese, falls der Abstand $X^2(\mathbf{x})$ zu groß ausfällt.

Soweit in groben Zügen die einzelnen Schritte, die bei der Anwendung des χ^2-Tests auszuführen sind. Bevor wir auf diese Schritte, vor allem auf die Wahl der Zerlegung $A_1, \ldots, A_k$ im Punkt 1 und die Bestimmung der Schätzer $\hat{\theta}_1(\mathbf{x}), \ldots, \hat{\theta}_s(\mathbf{x})$ im Punkt 3 näher eingehen, demonstrieren wir die Prozedur an einem Beispiel.

Beispiel 2.7.6 Gegeben ist eine Stichprobe vom Umfang $N = 50$ von Studentinnen aus einem Jahrgang an einer Universität. Es soll überprüft werden, ob die Annahme der Normalverteilung für die Körpergröße x verworfen werden muß, d.h., wir testen die Hypothese $\mathbf{H}_0$, daß die Datenverteilung P_x dem Modell $\mathcal{P} = \{\mathrm{N}(\mu, \sigma^2) : \mu \in \mathbb{R}, \sigma^2 \in \mathbb{R}_+\}$ angehört. Es wurden folgende Werte x_i gemessen (in Zentimeter):

165	160	159	148	149	169	172	152	149	175
152	164	164	157	155	176	196	155	185	172
162	173	173	164	158	179	178	164	190	184
170	155	177	166	164	182	169	157	167	192
172	147	168	176	172	155	181	163	170	149

1. **Klasseneinteilung:** Die Daten liegen in dem Variationsintervall $[x_{\min}, x_{\max}] = [147, 196]$. Wir zerlegen $\Omega_x = \mathbb{R}$ durch die Teilungspunkte $a_1, a_2, \ldots, a_6 = 155, 160, \ldots, 180$ in $k = 7$ Klassen $A_1, \ldots, A_7$ (siehe Abb. 2.7.11).

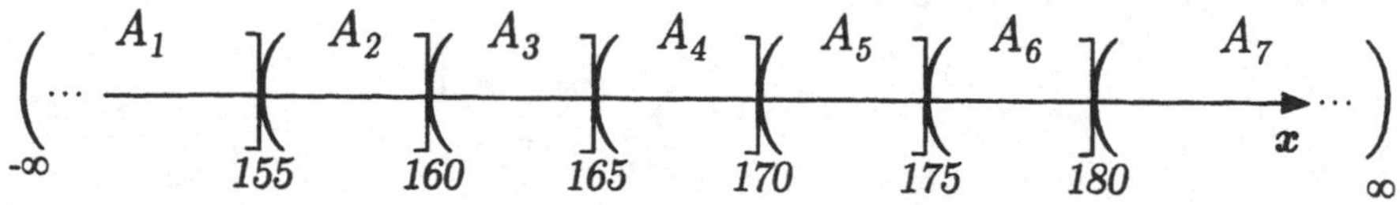

Abb. 2.7.11: Zerlegung des Wertebereiches in $k = 7$ Klassen $A_1, \ldots, A_7$

2. **Beobachtete Häufigkeiten:** Wir bestimmen die beobachteten Häufigkeiten $n^b_1, \ldots, n^b_7$ der Klassen $A_1, \ldots, A_7$ in der Stichprobe. Sie sind in die Tabelle 2.7.6 eingetragen.

j	a_j	A_j	n_j^b	$\Phi(\frac{a_j-\bar{x}}{s})$	n_j^e
0	$-\infty$			0,00	
1	155	$x \leq 155$	11	0,16	7,9
2	160	$155 < x \leq 160$	5	0,28	6,1
3	165	$160 < x \leq 165$	8	0,43	7,7
4	170	$165 < x \leq 170$	7	0,60	8,2
5	175	$170 < x \leq 175$	7	0,75	7,4
6	180	$175 < x \leq 180$	5	0,86	5,7
7	∞	$180 < x$	7	1,00	7,0
			50		50,0

Tabelle 2.7.6: Arbeitstabelle zum χ^2-Test

3. Schätzung der Scharparameter: Ohne es zunächst näher zu begründen, wählen wir die naheliegenden Schätzer:

$$\hat{\mu} = \bar{x} = 167, \quad \hat{\sigma}^2 = s^2 = \frac{1}{N-1}\sum_{j=1}^{N}(x_j - \bar{x})^2 = 144{,}14, \quad \hat{\sigma} = 12{,}01.$$

4. Erwartete Häufigkeiten: Setzen wir $a_0 = -\infty$ und $a_7 = +\infty$, dann besitzen die Ereignisse $A_j = (a_{j-1}, a_j]$, unter der Annahme, daß x nach $N(\bar{x}, s^2)$ verteilt ist, die Wahrscheinlichkeiten:

$$p_j = P(A_j | x \sim N(\bar{x}, s^2)) = \Phi(\frac{a_j - \bar{x}}{s}) - \Phi(\frac{a_{j-1} - \bar{x}}{s}),$$

und es gilt für die erwarteten Häufigkeiten:

$$n_j^e = N \cdot p_j.$$

Tabelle 2.7.6 enthält Spalten für $\Phi(\frac{a_j-\bar{x}}{s})$ und n_j^e.

5. Teststatistik: Für die Testgröße X^2 ergibt sich:

$$X^2 = \sum_{j=1}^{7} \frac{(n_j^b - n_j^e)^2}{n_j^e} = 1{,}69.$$

6. Niveau-α-Test: Die Nullhypothese H_0: P_x *ist eine Normalverteilung* ist zum Niveau α zu verwerfen, falls gilt:

$$X^2 = 1{,}69 > \chi^2_{f,1-\alpha}$$

mit $f = k - s - 1 = 7 - 2 - 1 = 4$, denn wir haben 7 Klassen und 2 freie Modellparameter. Zum Vergleich einige Fraktile der χ^2_4-Verteilung:

$1-\alpha$	$\chi^2_{4;1-\alpha}$
0,90	7,78
0,95	9,49
0,975	11,10

Der beobachtete Wert der Teststatistik $\chi^2 = 1,69$ ist wesentlich kleiner als selbst $\chi^2_{4;0,9}$, so daß die Nullhypothese nicht verworfen werden kann.

Damit ist natürlich kein Beweis für die Normalität von P_x erbracht. Man kann nur sagen, daß die verfügbaren Daten keinen signifikanten Hinweis auf Nichtnormalität enthalten. (Siehe auch die Ausführungen auf Seite 59ff.)

Wir haben noch zwei Dinge genauer zu diskutieren, nämlich:

- die Wahl der Klasseneinteilung $A_1, \ldots, A_k$.

- die Wahl der Schätzer für die Scharparameter $\theta_1, \ldots, \theta_s$.

Die Klasseneinteilung: Die Frage ist eingehend untersucht worden (der interessierte Leser sei auf die Ausführungen von KENDALL und STUART [1973: Bd. II] und die dort zitierte Literatur verwiesen). Eine optimale Klasseneinteilung gibt es nicht, denn es ist ein Kompromiß zwischen mehreren Zielen zu finden.

Zunächst zur Zahl der Klassen. Jedenfalls muß $k > s$, die Zahl der zu schätzenden Parameter sein. Ist k klein, dann ist die Asymptotik gut, d.h., die Konvergenz gegen die Grenzverteilung ist rasch. Andererseits nimmt mit fallendem k die Trennschärfe des Tests ab. Von den meisten Autoren wird daher empfohlen, k zwischen $N/10$ und $N/5$ zu wählen.

Ist k fixiert, dann ist die Asymptotik am besten, wenn die Klassen unter der tatsächlich vorliegenden, zu $\mathbf{H}_0$ gehörigen Verteilung P_x gleichwahrscheinlich sind. Da die wirklich vorliegende Verteilung unbekannt ist, kann man zuerst die Scharparameter θ schätzen und dann die Klassen A_j nach der Bedingung $P(A_j|\hat{\theta}) \approx 1/k$ bestimmen. Einfacher und durchaus zulässig ist es (wegen der Gleichmäßigkeit der Konvergenz gegen die Grenzverteilung), die Klassen A_j so zu wählen, daß sie ungefähr gleich viele Datenpunkte x_i enthalten, d.h. daß $n^b_j \approx N/k$ gilt. Dabei wird man die Ereignisse A_j im eindimensionalen Fall in der Regel als Intervalle, im mehrdimensionalen Fall als Rechtecke wählen. Die Häufigkeiten n^b_j liegen dann, auf Grund der Empfehlung über die Wahl von k, zwischen 5 und 10.

Wahl des Schätzers $\hat{\theta}$: Die asymptotische Verteilung der Teststatistik X^2 hängt von der Wahl des Schätzers $\hat{\theta}$ ab. Drei wichtige Sonderfälle sind gut untersucht:

- der Minimum-χ^2-Schätzer (CRAMÉR 1963)

- der Maximum-Likelihood-Schätzer aus den gruppierten Daten (CRAMÉR 1963).

- der Maximum-Likelihood-Schätzer aus der Stichprobe ohne Gruppierung (CHERNOFF und LEHMANN 1954).

Setzt man: $n_j^e(\boldsymbol{\theta}) = N \cdot P(A_j|\boldsymbol{\theta})$ für die erwarteten Häufigkeiten unter der Annahme, daß $\boldsymbol{\theta}$ der richtige Parameter ist, dann ist der Minimum-χ^2-Schätzer jener Parameter $\hat{\boldsymbol{\theta}}$, für den

$$X^2(\boldsymbol{\theta}) = \sum_{j=1}^{k} \frac{(n_j^b - n_j^e(\boldsymbol{\theta}))^2}{n_j^e(\boldsymbol{\theta})}$$

minimal wird, also jener Wert $\hat{\boldsymbol{\theta}}$, für den die erwarteten Häufigkeiten den beobachteten optimal angepaßt sind. In diesem Fall ist, wie CRAMÉR (1963) gezeigt hat, die asymptotische Verteilung von $X^2(\hat{\boldsymbol{\theta}})$ unter der Nullhypothese die Verteilung χ^2_{k-s-1}.

Das gleiche trifft zu, wenn $\hat{\boldsymbol{\theta}}$ der Maximum-Likelihood-Schätzer aus den gruppierten Daten ist, d.h., wenn $\hat{\boldsymbol{\theta}}$ die Likelihood-Funktion

$$L_G(\boldsymbol{\theta}) = C \cdot p_1(\boldsymbol{\theta})^{n_1^b} \cdots p_k(\boldsymbol{\theta})^{n_k^b}, \text{ mit } p_j(\boldsymbol{\theta}) = P(A_j|\boldsymbol{\theta})$$

maximiert. Beide Schätzer sind aber in der Regel nur auf numerischem Wege und mit großem Aufwand zu berechnen, so daß es nahe liegt, den Maximum-Likelihood-Schätzer aus den ungruppierten Daten zu benützen, also jenen Wert $\hat{\boldsymbol{\theta}}$, der die Likelihood-Funktion

$$L(\boldsymbol{\theta}) = \Pi_{j=1}^{N} f(x_j|\boldsymbol{\theta})$$

maximiert. In diesem Fall ist aber, wie CHERNOFF und LEHMANN (1954) gezeigt haben, die asymptotische Verteilung von X^2 keine χ^2-Verteilung. Es gilt aber für das $(1-\alpha)$-Fraktil der tatsächlichen asymptotischen Verteilung von X^2, das wir mit $X^2_{1-\alpha}$ bezeichnen wollen:

$$\chi^2_{k-s-1,1-\alpha} \leq X^2_{1-\alpha} \leq \chi^2_{k-1,1-\alpha},$$

so daß man bei kleinem s (praktisch ist s meistens 1 oder 2) und nicht zu kleinem k mit der χ^2_{k-s-1}-Verteilung arbeiten kann. Bei kleinem k sollte man sich bei Entscheidung auf $\mathbf{H}_1$ auch davon überzeugen, daß $X^2_{1-\alpha} > \chi^2_{k-1;1-\alpha}$ ist.

Vergleich des Kolmogorov-(Lilliefors-)Tests mit dem χ^2-Test

Eine Gegenüberstellung der Vor- und Nachteile des χ^2-Tests einerseits und des Kolmogorov- bzw. Lilliefors-Tests andererseits ergibt folgendes Bild:

Vorteile des χ^2-Tests

- Der χ^2-Test ist ungleich allgemeiner anwendbar. Er setzt keine stetigen Daten voraus und die parametrische Verteilungsfamilie $\mathcal{P}_x = (P(.|\boldsymbol{\theta}) : \boldsymbol{\theta} \in \in \boldsymbol{\Theta})$ ist vollständig allgemein, wohingegen beim Kolmogorov-Test die Datenverteilung unter $\mathbf{H}_0$ festliegt und beim Lilliefors-Test zu einer bekannten Lage- und Skalenfamilie gehören muß.

Nachteile des χ^2-Tests

- Ist der Kolmogorov-Test oder der Lilliefors-Test anwendbar, dann ist ihre Trennschärfe größer als die des χ^2-Tests.
- Der χ^2-Test ist ein asymptotischer Test, während für Kolmogorov- und Lilliefors-Test Tabellen auch für kleine Stichprobenumfänge existieren und daher ihr Niveau exakt bestimmbar ist.

Man sollte daher bei kleinem Stichprobenumfang dem Kolmogorov- bzw. dem Lilliefors-Test den Vorzug geben — natürlich nur, falls diese Tests überhaupt anwendbar sind.

2.8 Schätzung der Dichte einer stetigen Verteilung

Wir beschäftigen uns in diesem Abschnitt mit der Aufgabe, die Dichte einer unbekannten eindimensionalen, stetigen Verteilung P_x zu schätzen. Das Problem der Dichteschätzung unter nichtparametrischer Modellbildung wurde erst relativ spät systematisch untersucht. Die ersten Arbeiten stammen von FIX und HODGES (1951) sowie von ROSENBLATT (1956). Seitdem ist eine gewaltige Menge an Literatur über dieses Thema entstanden. Wir verweisen den interessierten Leser auf die Monographien von DEVROYE und GYÖRFI (1985), DEVROYE (1987), THOMPSON und TAPIA (1990), SILVERMAN (1990) und die dort zitierte Literatur.

Die Anwendungen für Dichteschätzer sind zahlreich: Wir erwähnen einige der wichtigsten:

- visuelle Datenbeurteilung (Unimodalität — Multimodalität),
- Grundlage für die Formulierung parametrischer Modelle,

- Diskriminanzanalyse (dieses ist das Thema der ersten Arbeit über nicht-parametrische Dichteschätzung von FIX und HODGES [1951]),

- Datensimulation bei Resampling-Verfahren (Bootstrap).

Arten von Dichteschätzern — ein Überblick

Das Histogramm

Der älteste, gewissermaßen klassische Dichteschätzer ist das Histogramm. Man zerlegt das Variationsintervall $[x_{min}, x_{max}]$ der Daten $\mathbf{x} = (x_1, \ldots, x_n)$ in k nicht notwendig gleich lange Teilintervalle $I_1, \ldots, I_k$ (siehe Abb. 2.8.1) und setzt:

$$\hat{f}(t|\mathbf{x}) = \frac{\text{Anzahl der } x_i \text{ in } I_j}{n \cdot (\text{Länge von } I_j)} = \frac{h(I_j|\mathbf{x})}{n \cdot |I_j|} \quad \text{für } t \in I_j, \quad j = 1, \ldots, k. \quad (2.8.1)$$

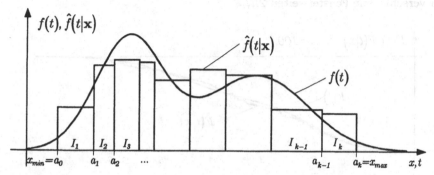

Abb. 2.8.1: Histogramm mit ungleichmäßiger Intervallzerlegung

Das Histogramm liefert zwar, bei geeigneter Wahl der Intervallzerlegung, einen brauchbaren Eindruck der Datenverteilung, hat aber doch entscheidende Nachteile:

- es ist eine unstetige Treppenfunktion, obwohl die zu schätzende Dichte $f(x)$ in der Regel stetig und glatt ist,

- die Sprungstellen und der Detailverlauf von $\hat{f}$ hängen von der willkürlichen Intervalleinteilung ab,

- die durch die Intervallzerlegung bewirkte Gruppierung bewirkt einen Informationsverlust.

Genau diese Nachteile sind es, die durch moderne Dichteschätzer weitgehend vermieden werden.

Gleitender Differenzenquotient der empirischen Verteilungsfunktion

Da die Dichte $f(x)$ die Ableitung der Verteilungsfunktion $F(x)$ ist, liegt es nahe, einen Dichteschätzer als gleitenden Differenzenquotienten der empirischen Verteilungsfunktion $\hat{F}(t|\mathbf{x})$ anzusetzen:

$$\hat{f}_h(t|\mathbf{x}) = \frac{\hat{F}(t+h|\mathbf{x}) - \hat{F}(t-h|\mathbf{x})}{2h}. \tag{2.8.2}$$

Die Verwandtschaft mit dem Histogramm liegt auf der Hand, denn sind $a_0, a_1, \ldots, a_k$ die Teilungspunkte für die Intervalle $I_1, \ldots, I_k$ (siehe Abb. 2.8.1), dann gilt für das Histogramm:

$$\hat{f}(t|\mathbf{x}) = \frac{\hat{F}(a_j|\mathbf{x}) - \hat{F}(a_{j-1}|\mathbf{x})}{a_j - a_{j-1}} \quad \text{für } t \in I_j = (a_{j-1}, a_j]. \tag{2.8.3}$$

Abbildung 2.8.2 zeigt die zu einer Stichprobe vom Umfang $n = 100$ gehörige empirische Verteilungsfunktion und den gleitenden Differenzenquotienten $\hat{f}_h$ für zwei verschiedene Fensterweiten $2h$.

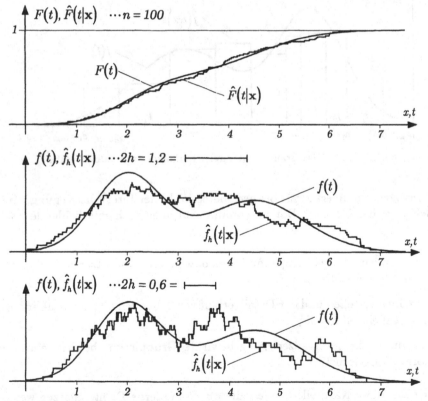

Abb. 2.8.2: Gleitender Differenzenquotient $\hat{f}_h(t|\mathbf{x})$ für verschiedene Fensterweiten

Der Ausdruck (2.8.2) für $\hat{f}_h(t|\mathbf{x})$ läßt sich folgendermaßen umformen:

$$\hat{f}_h(t|\mathbf{x}) = \frac{\hat{F}(t+h|\mathbf{x}) - \hat{F}(t-h|\mathbf{x})}{2h} =$$

$$= \frac{1}{n} \sum_{j=1}^{n} \frac{1}{2h} \, \mathbf{1}(t-h < x_j \le t+h) = \qquad (2.8.4)$$

$$= \frac{1}{n} \sum_{j=1}^{n} \frac{1}{2h} \, \mathbf{1}(x_j - h \le t < x_j + h).$$

Abbildung 2.8.3 zeigt den Verlauf der Funktion $(1/2h) \, \mathbf{1}(x_j - h \le t < x_j + h)$.

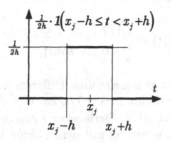

Abb. 2.8.3

Der Dichteschätzer $\hat{f}_h(t|\mathbf{x})$ erscheint damit als Überlagerung von an den Stellen $x_1, \ldots x_n$ zentrierten Rechteckfunktionen der Breite $2h$ und der Höhe $(1/2nh)$ Abbildung 2.8.4 verdeutlicht dies an einer Stichprobe $\mathbf{x}$ vom Umfang $n = 10$. Dabei sind die Rechtecke $(1/2nh) \, \mathbf{1}(x_j - h \le t < x_j + h)$, um sie unterscheidbar zu machen, im Schrägriß gezeichnet.

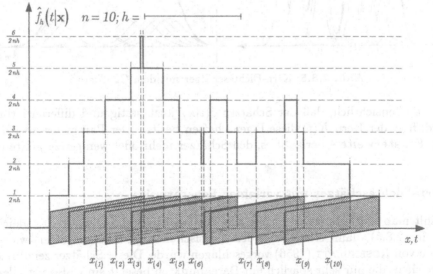

Abb. 2.8.4: Darstellung von $\hat{f}_h(t|\mathbf{x})$ als Überlagerung von *Rechteckimpulsen*

Kern-Dichteschätzer

Die Darstellung des gleitenden Differenzenquotienten als additive Überlagerung von *Rechteckimpulsen*, die an den Stellen $x_1, \ldots, x_n$ zentriert sind, legt es nahe, einen Schätzer in der folgenden Form anzusetzen:

$$\hat{f}(t|\mathbf{x}) = \hat{f}(t|\mathbf{x}, K, h) := \frac{1}{n} \sum_{j=1}^{n} \frac{1}{h} K(\frac{t - x_j}{h}), \qquad (2.8.5)$$

wobei es ebenfalls nahe liegt, für $K(t)$ — den sogenannten **Kern** — folgendes zu verlangen: $K(t) \geq 0$, $\int_{-\infty}^{\infty} K(t)dt = 1$ und $K(-t) = K(t)$. Für

$$K(t) = \begin{cases} 1/2 \ldots -1 \leq t < 1, \\ 0 \ldots \text{sonst}, \end{cases}$$

erhält man offenbar wieder den gleitenden Differenzenquotienten. Wählt man für $K(t)$ beispielsweise die Dichte $\varphi(t) = 1/\sqrt{2\pi} \cdot e^{-x^2/2}$ der N$(0, 1)$-Verteilung, dann erscheint $\hat{f}(t|\mathbf{x})$ als additive Überlagerung von in den Punkten $x_1, \ldots, x_n$ zentrierten Gauß-Glocken, gewichtet mit dem Faktor $1/n$ (siehe Abb. 2.8.5).

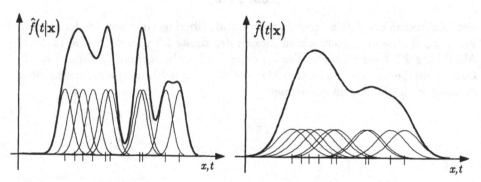

Abb. 2.8.5: Kern-Dichteschätzer mit dem Gaußkern

Es ist offensichtlich, daß der Schätzer $\hat{f}(t|\mathbf{x})$ jetzt stetig und differenzierbar wird, falls der Kern $K(t)$ diese Eigenschaften besitzt. Der Parameter h — die sog. **Fensterweite** — erlaubt es, den Schätzer mehr oder weniger zu glätten.

Kern-Dichteschätzer mit variabler Fensterweite

Wählt man die Fensterweite h für alle Beobachtungspunkte $x_1, \ldots, x_n$ gleich, wie in (2.8.5), dann erhält man den klassischen Kern-Dichteschätzer, wie er schon von ROSENBLATT (1956) vorgeschlagen wurde. Dieser Schätzer zeigt in x-Bereichen, die nur sehr spärlich mit Datenpunkten besetzt sind, also vor allem in den Randbereichen der Stichprobe, häufig eine zu große Welligkeit und bildet den meist monoton fallenden Verlauf der tatsächlichen Dichte $f(x)$ für $x \to \pm\infty$ nicht gut nach (siehe Abb. 2.8.5).

Es gibt daher verschiedene Ansätze, durch Wahl einer von Datenpunkt zu Datenpunkt variablen Fensterweite ein besseres Verhalten von $\hat{f}(t|x)$ zu erreichen. Man gewinnt ein von der Dichte der Datenpunkte abhängiges Glättungsverhalten, wenn man $h_j = h \cdot d_{j,k}$ setzt, wobei $d_{j,k}$ der Abstand zwischen dem Datenpunkt x_j und dem k.-nächsten Nachbarn von x_j bezeichnet (d.h. $d_{j,k}$ ist der k-te Wert in der Reihe $d_{j,1} \le d_{j,2} \le \ldots \le d_{j,n-1}$, der nach wachsender Größe geordneten Abstände von x_j zu den übrigen Punkten der Stichprobe $x_1, \ldots, x_n$). Der Dichteschätzer hat dann die Gestalt:

$$\hat{f}(t|\mathbf{x}) = \frac{1}{n} \sum_{j=1}^{n} \frac{1}{h \cdot d_{j,k}} K\left(\frac{t - x_j}{h \cdot d_{j,k}}\right). \qquad (2.8.6)$$

Abbildung 2.8.6 zeigt das Verhalten dieses Schätzers für $k = 3, 5$ und verschiedene Werte von h, bei einer gegebenen Stichprobe $\mathbf{x}$ vom Umfang $n = 20$ mit dem Gauß-Kern $K(t) = \varphi(t)$.

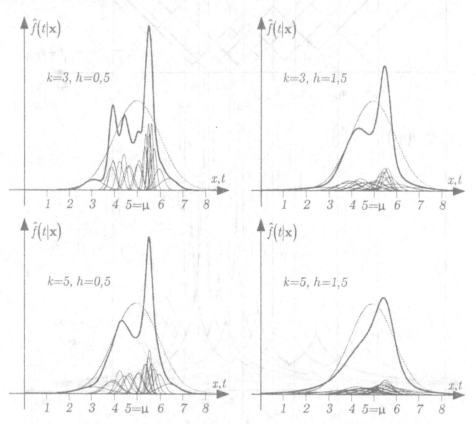

Abb. 2.8.6: Kern-Dichteschätzer mit variabler Fensterweite $h_j = h \cdot d_{j,k}$ einer Stichprobe vom Umfang $n = 20$ der $\mathbf{N}(5,1)$

Gleitender Differenzenquotient mit variabler Fensterweite

Kehren wir noch einmal zu Formel (2.8.2) für den gleitenden Differenzenquotienten zurück:

$$\hat{f}_h(t|\mathbf{x}) = \frac{\hat{F}(t+h|\mathbf{x}) - \hat{F}(t-h|\mathbf{x})}{2h} = \frac{\text{Anzahl der } x_j \text{ in } (t-h, t+h]}{n \cdot 2h}.$$

Ein Intervall der Länge $2h$ enthält ganz unterschiedlich viele Datenpunkte x_j, je nachdem wo es auf der x-Achse liegt. Um der lokalen Verteilung der

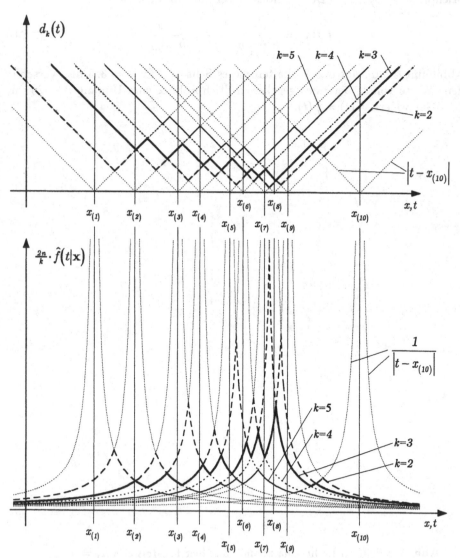

Abb. 2.8.7: $\hat{f}(t|\mathbf{x})$ für verschiedene Werte von k

Datenpunkte besser Rechnung zu tragen, liegt es nahe, die Fensterweite $2h$ in Abhängigkeit von t so zu wählen, daß das Fenster $[t - h(t), t + h(t)]$ genau k Punkte x_j enthält. $h(t)$ ist dann der Abstand von t zu dem k-t-nächsten Datenpunkt. Wir setzen: $h(t) = d_k(t)$ (d.h., $d_k(t)$ ist der k-te Wert in der geordneten Reihe $d_1(t) \leq d_2(t) \leq \ldots \leq d_n(t)$ der Abstände von t zu den Datenpunkten $x_1, \ldots, x_n$). Man erhält damit den Schätzer:

$$\hat{f}(t|\mathbf{x}) = \frac{k}{n} \cdot \frac{1}{2d_k(t)}.$$

Dieser Schätzer ist, wie man leicht einsieht, zwar stetig, nicht aber differenzierbar und, was schwerer wiegt, es gilt $\int_{-\infty}^{\infty} \hat{f}(t|\mathbf{x})dt = \infty$ und nicht $= 1$, denn es ist für $t < x_{(1)}$: $d_k(t) = x_{(k)} - t$ und für $t > x_{(n)}$: $d_k(t) = t - x_{(n-k+1)}$, d.h., $\hat{f}(t|\mathbf{x})$ geht für $t \to \pm\infty$ so wie $1/t$ gegen null und ist damit nicht integrierbar. Abbildung 2.8.7 zeigt den Verlauf der Funktionen $d_k(t)$ und $\hat{f}(t|\mathbf{x})$ für eine Stichprobe $\mathbf{x}$ vom Umfang $n = 10$ und für $k = 3$. Das Bildungsgesetz für beide Funktionen ist sehr schön zu erkennen.

Abbildung 2.8.8 zeigt $\hat{f}(t|\mathbf{x})$ für $k = 20$ bei einer Stichprobe vom Umfang $n = 100$ aus der Verteilung $0{,}6 \cdot \mathrm{N}(0,1) + 0{,}4 \cdot \mathrm{N}(2,1)$.

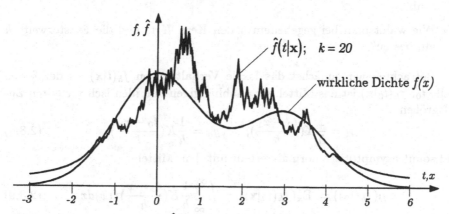

Abb. 2.8.8: Dichteschätzer $\hat{f}(t|\mathbf{x})$ aus einer Stichprobe vom Umfang $n = 100$ mit $k = 20$; $x \sim 0{,}6 \cdot \mathrm{N}(0,1) + 0{,}4 \cdot \mathrm{N}(2,1)$

Andere Methoden der Dichteschätzung

Neben den besprochenen wurden noch eine Reihe weiterer Methoden zur Dichteschätzung vorgeschlagen (erwähnt seien noch die Methode der Orthogonalreihen und die pönalisierte Maximum-Likelihood-Methode). Wir verweisen den Leser dafür auf das Buch von SILVERMAN (1990) und die dort angegebene Spezialliteratur.

Der in den Anwendungen mit Abstand am häufigsten verwendete Dichteschätzer ist der Kerndichteschätzer, dessen Eigenschaften wir im nächsten Abschnitt genauer untersuchen werden.

Der Kern-Dichteschätzer

Sei $f(x)$ die zu schätzende eindimensionale Dichte der stetigen Zufallsvariablen x. Zur Verfügung steht eine Stichprobe $\mathbf{x} = (x_1, \ldots, x_n)$. Der Kern $K(t)$ ist selbst eine Wahrscheinlichkeitsdichte: $K(t) \geq 0$, $\int_{-\infty}^{\infty} K(t)dt = 1$; $h > 0$, bezeichnet die Fensterweite. Wir schreiben:

$$\hat{f}(t) = \hat{f}_h(t|\mathbf{x}) = \frac{1}{n} \sum_{j=1}^{n} \frac{1}{h} K(\frac{t - x_j}{h}). \tag{2.8.7}$$

$\hat{f}_h(t|\mathbf{x})$ ist für jedes t eine Zufallsvariable und als Funktion von t eine zufällige Dichtefunktion, denn es ist $\hat{f}_h(t|\mathbf{x}) \geq 0$ und $\int_{-\infty}^{\infty} \hat{f}_h(t|\mathbf{x})dt = 1$. Die für die Anwendungen wichtigsten Fragen sind:

- Wie gut approximiert $\hat{f}_h(t|\mathbf{x})$ die zu schätzende Dichte $f(t)$?

- Wie hängt diese Approximation von $K(t), h$ und dem Stichprobenumfang n ab?

- Wie wählt man bei gegebenem n den Kern $K(t)$ und die Fensterweite h am besten?

Betrachten wir zunächst das lokale Verhalten von $\hat{f}_h(t|\mathbf{x})$ an der festen Stelle t_0. $\hat{f}_h(t_0|\mathbf{x})$ ist das Mittel der unabhängigen und identisch verteilten Zufallsgrößen

$$y_1 = \frac{1}{h} K(\frac{t_0 - x_1}{h}), \ldots, y_n = \frac{1}{h} K(\frac{t_0 - x_n}{h}) \tag{2.8.8}$$

und somit asymptotisch normal-verteilt mit dem Mittel:

$$\mu(\hat{f}_h(t_0)) = \mathrm{E}_{\mathbf{x}}(\hat{f}_h(t_0|\mathbf{x})) = \int_{-\infty}^{\infty} \frac{1}{h} K(\frac{t_0 - x}{h}) f(x)dx \tag{2.8.9}$$

und der Varianz:

$$\sigma^2(\hat{f}_h(t_0)) = \frac{1}{n} [\int_{-\infty}^{\infty} \frac{1}{h^2} K^2(\frac{t_0 - x}{h}) f(x)dx - (\int_{-\infty}^{\infty} \frac{1}{h} K(\frac{t_0 - x}{h}) f(x)dx)^2]. \tag{2.8.10}$$

Der Ausdruck (2.8.9) zeigt, daß die Erwartung und damit auch die Verzerrung (bias) von $\hat{f}_h(t_0|\mathbf{x})$ unabhängig vom Stichprobenumfang sind und allein durch K und h bestimmt werden. Wir setzen:

$$b(\hat{f}_h(t_0)) = \mathrm{E}(\hat{f}_h(t_0|\mathbf{x})) - f(t_0) = \mu(\hat{f}_h(t_0)) - f(t_0). \tag{2.8.11}$$

Die Varianz $\sigma^2(\hat{f}_h(t_0))$ in (2.8.10) ist von der Form σ_1^2/n und strebt daher mit wachsendem n gegen null.

Es liegt nahe, die mittlere Abweichung des Schätzers $\hat{f}_h(t|\mathbf{x})$ von $f(t)$ an einer festen Stelle t_0 entweder durch die mittlere quadratische Abweichung $E((\hat{f}_h(t_0|\mathbf{x}) - f(t_0))^2)$ oder durch die mittlere absolute Abweichung $E(|\hat{f}_h(t_0|\mathbf{x}) - f(t_0)|)$ zu messen. Beide Fälle sind in der Literatur ausführlich behandelt. Wir beschränken uns auf den mathematisch einfacher zu behandeln-den ersten Fall der mittleren quadratischen Abweichung. Bezüglich des zweiten Falles verweisen wir auf das Buch von DEVROYE und GYÖRFI (1985). Für die mittlere quadratische Abweichung $\mathrm{MQA}(\hat{f}_h(t_0))$ gilt:

$$\mathrm{MQA}(\hat{f}_h(t_0)) = E((\hat{f}_h(t_0|\mathbf{x}) - f(t_0))^2) =$$
$$= \sigma^2(\hat{f}_h(t_0)) + b^2(\hat{f}_h(t_0)). \qquad (2.8.12)$$

Das naheliegende globale Maß für den Abstand zwischen $\hat{f}_h(t|\mathbf{x})$ und $f(t)$ ist die über t integrierte mittlere quadratische Abweichung $\mathrm{IMQA}(\hat{f})$:

$$\mathrm{IMQA}(\hat{f}_h) = \int \mathrm{MQA}(\hat{f}_h(t))dt = \int E((\hat{f}_h(t|\mathbf{x}) - f(t))^2)dt =$$
$$= \int \sigma^2(\hat{f}_h(t))dt + \int b^2(\hat{f}_h(t))dt. \qquad (2.8.13)$$

Näherungen für kleine Fensterweite

Wir setzen voraus, daß der Kern $K(t)$ eine um $t = 0$ symmetrische Wahrschein-lichkeitsdichte mit Momenten bis mindestens zur zweiten Ordnung ist:

$$K(t) \geq 0, \ K(t) = K(-t), \ \int K(t)dt = 1,$$
$$0 = \int tK(t)dt, \quad k_2 = \int t^2 K(t)dt. \qquad (2.8.14)$$

Die Dichte $f(x)$ soll stetig und mit Ausnahme einzelner Punkte zweimal stetig differenzierbar sein. Es ist unser Ziel, für $\mu(\hat{f}_h(t)), b(\hat{f}_h(t)), \sigma^2(\hat{f}_h(t)),$ $\mathrm{MQA}(\hat{f}_h(t))$ und $\mathrm{IMQA}(\hat{f}_h)$ Näherungen für kleines h herzuleiten, mit dem weiteren Ziel, daraus Hinweise für die beste Wahl von $K(t)$ und h zu gewinnen.

Zunächst formen wir den Ausdruck (2.8.9) für $\mu(\hat{f}_h(t))$ durch die Substi-tution $(t - x)/h = y$ um:

$$\mu(\hat{f}_h(t)) = \int \frac{1}{h}K(\frac{t-x}{h})f(x)dx = \int K(y)f(t - hy)dy. \qquad (2.8.15)$$

Ist der Kern $K(y)$ z.B. außerhalb von $[-1, 1]$ praktisch null, dann ist für das letzte Integral nur von Bedeutung, wie $f(x)$ im Intervall $[t - h, t + h]$ verläuft. Es ist daher vernünftig, $f(x)$ in der Umgebung von t durch ein Taylorpolynom zu ersetzen. Da $f(x)$ zweimal stetig differenzierbar ist, gilt:

$$f(t - hy) = f(t) - f'(t)hy + \frac{f''(t)}{2}h^2y^2 + o(h^2y^2). \qquad (2.8.16)$$

In (2.5.15) eingesetzt, ergibt sich, wegen (2.8.14):

$$\mu(\hat{f}_h(t)) = f(t) + \frac{1}{2}h^2k_2 \cdot f''(t) + o(h^2), \qquad (2.8.17)$$

$$b(\hat{f}_h(t)) = \frac{1}{2}h^2k_2 \cdot f''(t) + o(h^2). \qquad (2.8.18)$$

Abbildung 2.8.9 zeigt für ein realistisches Beispiel die relative Lage von $f(t)$ und $\mu(\hat{f}_h(t))$. Ist $f''(t) > 0$, d.h., $f(t)$ ist nach oben gekrümmt, dann liegt $\mu(\hat{f}_h(t))$ über $f(t)$, ist $f''(t) < 0$, dann ist es umgekehrt.

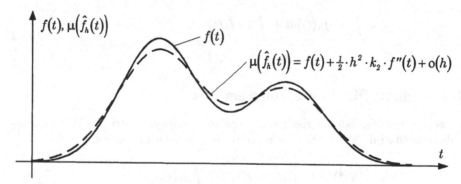

Abb. 2.8.9: Typische relative Lage von $f(t)$ und $\mu(\hat{f}_h(t))$ für kleines h

Für die Varianz $\sigma^2(\hat{f}_h(t))$ in (2.8.10) ergibt sich zunächst:

$$n \cdot \sigma^2(\hat{f}_h(t)) = \int \frac{1}{h^2}K^2(\frac{t-x}{h})f(x)dx - (\mu(\hat{f}_h(t)))^2 =$$

$$= \frac{1}{h}\int K^2(y)f(t - hy)dy - (\mu(\hat{f}_h(t)))^2$$

und daraus, mit Hilfe der Taylorentwicklung (2.8.16) von f:

$$n \cdot \sigma^2(\hat{f}_h(t)) = \frac{1}{h}\int K^2(y)dy \cdot f(t) + O(h) - (\mu(\hat{f}_h(t)))^2. \qquad (2.8.19)$$

Setzen wir hier den Ausdruck (2.8.17) für $\mu(\hat{f}_h(t))$ ein, dann erhalten wir:

$$\sigma^2(\hat{f}_h(t)) = \frac{1}{n} \cdot \frac{1}{h} \int K^2(y)dy f(t) + \frac{1}{n}O(h^o). \qquad (2.8.20)$$

Schließlich ergeben sich für MQA($\hat{f}_h(t)$) und IMQA($\hat{f}_h$) aus (2.8.12) und (2.8.13) die Näherungen:

$$\text{MQA}(\hat{f}_h(t)) \approx \frac{1}{n} \cdot \frac{1}{h} \int K^2(y)dy \ f(t) + \frac{1}{4}h^4 k_2^2 (f''(t))^2, \qquad (2.8.21)$$

$$\text{IMQA}(\hat{f}_h) \approx \frac{1}{n} \cdot \frac{1}{h} \int K^2(y)dy + \frac{1}{4}h^4 k_2^2 \int (f''(t))^2 dt. \qquad (2.8.22)$$

IMQA($\hat{f}_h$) ist von der Form: $A/h + B \cdot h^4$ und man erkennt: der erste, von der Varianz $\sigma^2(\hat{f})$ herrührende Term in (2.8.22), fällt mit wachsender Fensterweite h, während der zweite, vom Bias herrührende Term, mit wachsendem h steigt. Abbildung 2.8.10 zeigt den qualitativen Verlauf der Funktion $A/h + Bh^4$.

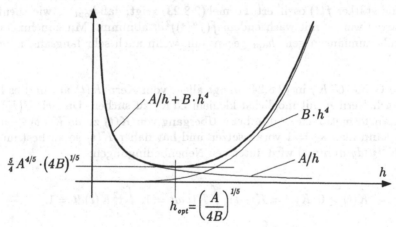

Abb. 2.8.10: Verlauf der Funktion $A/h + Bh^4$

Eine einfache Rechnung zeigt, daß das Minimum an der Stelle $h_{\text{opt}} = (A/4B)^{1/5}$ angenommen wird und den Wert $5/4 \cdot A^{4/5} \cdot (4B)^{1/5}$ besitzt. Mit den Einsetzungen aus (2.8.22):

$$A = \frac{1}{n} \int K^2(y)dy \quad \text{und} \quad B = \frac{1}{4}k_2^2 \int (f''(t))^2 dt$$

folgt:

$$h_{\text{opt}} = n^{-1/5} k_2^{-2/5} \left(\int K^2(y) dy \right)^{1/5} \cdot \left(\int (f''(t))^2 dt \right)^{-1/5}, \qquad (2.8.23)$$

$$\text{IMAQ}_{\min} = n^{-4/5} \frac{5}{4} \left[\left(\int K^2(y) dy \right)^{4/5} \cdot k_2^{2/5} \right] \cdot \left[\int (f''(t))^2 dt \right]^{1/5} =$$

$$= n^{-4/5} \frac{5}{4} C(K) \cdot \left[\int (f''(t))^2 dt \right]^{1/5}, \qquad (2.8.24)$$

mit

$$C(K) = \left(\int K^2(y) dy \right)^{4/5} \cdot k_2^{2/5}. \qquad (2.8.25)$$

Die Formeln (2.8.23) und (2.8.24) enthalten, wie zu erwarten war, die unbekannte zu schätzende Dichte in Form des Integrals $\int (f''(t))^2 dt$. Dieses Integral ist ein Maß für die Welligkeit der Dichte $f(t)$ und wird umso größer, je rascher und stärker $f(t)$ oszilliert. Formel (2.8.23) zeigt, daß h_{opt} — wie ebenfalls zu erwarten war — mit wachsendem $\int (f''(t))^2 dt$ abnimmt. Mit zunehmendem Stichprobenumfang n geht h_{opt} gegen null, wenn auch sehr langsam, nämlich wie $n^{1/5}$.

Die Größe $C(K)$ in (2.8.24) hängt allein vom Kern $K(t)$ ab, und es liegt nahe, nach Kernen mit möglichst kleinem $C(K)$ zu suchen. Da sich $C(K)$ bei Skalentransformationen — d.h. beim Übergang von $K(t)$ zu $a \cdot K(at)$ — nicht ändert, kann man $k_2 = 1$ voraussetzen und hat daher $K(t)$ so zu bestimmen, daß $\int K^2(y) dy$ minimal wird unter den Nebenbedingungen:

$$K(t) \geq 0, K(t) = K(-t), \int K(t) dt = 1, \int t^2 K(t) dt = 1.$$

Dieses Variationsproblem wurde in einem anderen Zusammenhang von HODGES und LEHMANN (1956) gelöst. Der Kern, für den $C(K)$ minimal wird, hat die Gestalt:

$$K_E(t) = \begin{cases} \frac{3}{4 \cdot \sqrt{5}} (1 - \frac{t^2}{5}) & \dots \text{ für } |t| < \sqrt{5} \\ 0 & \dots \text{ sonst} \end{cases} \qquad (2.8.26)$$

Abbildung 2.8.11 zeigt die Form dieses erstmals von EPANECHNIKOV (1969) vorgeschlagenen Kernes (deshalb der Index E).

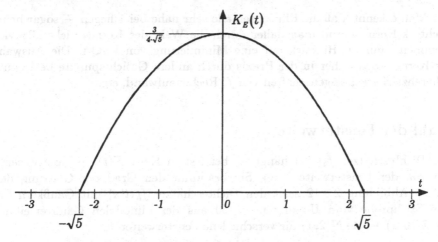

Abb. 2.8.11: Der Epanechnikov-Kern

Es ist zweckmäßig, den Ausdruck

$$\text{Eff}(K) = (C(K_E)/C(K))^{5/4} \tag{2.8.27}$$

als Effizienz des Kernes K (im Vergleich zum Kern K_E) zu bezeichnen, denn IMQA fällt dann, wenn man den Kern K beim Stichprobenumfang n benützt, genau so groß aus wie beim Kern K_E und dem (kleineren) Stichprobenumfang $n \cdot \text{Eff}(K)$. Tabelle 2.8.1 zeigt die Effizienzen einiger Kerne.

Kern	$K(t)$	Gestalt	Eff(K)
Epanechnikov	$\frac{3}{4\sqrt{5}} \cdot (1 - t^2/5)$, für $|t| < \sqrt{5}$, 0 sonst.		1
Rechteck	$1/2$ für $|t| < 1$; $0 \ldots$ sonst.		0,9295
Dreieck	$1 - |t|$ für $|t| < 1$; $0 \ldots$ sonst.		0,9859
Biquadrat	$\frac{15}{16}(1 - t^2)^2$ für $|t| < 1$,		0,9939
Gauß	$\frac{1}{\sqrt{2\pi}}e^{-x^2/2}$		0,9512

Tabelle 2.8.1: Effizienzen einiger Kerne

Man erkennt, daß die Effizienzen alle sehr nahe bei 1 liegen — sogar beim Rechteck-Kern — und man daher durch die Wahl des Kernes nicht allzuviel gewinnen kann im Hinblick auf eine Minimierung von IMQA. Die Auswahl des Kernes wird daher in der Praxis durch andere Gesichtspunkte bestimmt: Differenzierbarkeitseigenschaften von $\hat{f}$, Rechenaufwand, etc.

Wahl der Fensterweite

Der Dichteschätzer $\hat{f}_h(t|\mathbf{x})$ hängt — bei festem Kern $K(t)$ — ganz wesentlich von der Fensterweite h ab. Sie bestimmt den Grad der Glättung der Daten. Abbildung 2.8.12 zeigt den Dichteschätzer $\hat{f}_h(t|\mathbf{x})$ mit Gaußkern für eine Stichprobe vom Umfang $n = 50$ aus der bimodalen Gaußverteilung $0{,}6 \cdot N(0,1) + 0{,}4 \cdot N(2,1)$ für verschiedene Fensterweiten h.

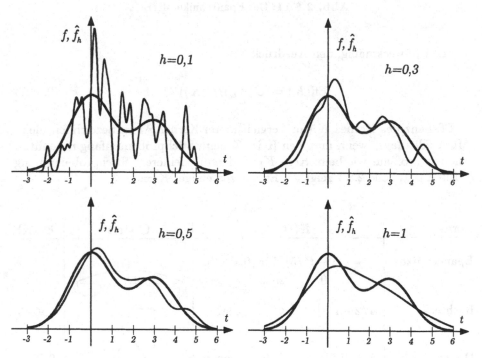

Abb. 2.8.12: Dichteschätzer $f_h(t|\mathbf{x})$ mit Gaußkern zu einer Stichprobe vom Umfang $n = 50$ aus $0{,}6 \cdot N(0,1) + 0{,}4 \cdot N(3,1)$ für verschiedene Fensterweiten

Für die meisten praktischen Anwendungen ist es nützlich, eine derartige Serie von Graphiken für $\hat{f}_h(t|\mathbf{x})$ zu verschiedenen h-Werten herzustellen. Zusammen mit der meistens vorhandenen Vorinformation über die zu erwartende Gestalt der Dichte $f(t)$ erhält man daraus sehr klare Hinweise für die Wahl der Fensterweite h.

Näherung durch eine Standard-Verteilung

Neben dieser eher subjektiven Methode, die Größe h zu wählen, gibt es eine
Reihe automatisierter Verfahren, die ein höheres Maß an Objektivität und Re-
produzierbarkeit gewährleisten. Die Formel (2.8.23) für das optimale h — d.h.
minimales IMQA — lautete:

$$h_{\text{opt}} = n^{-1/5} \cdot k_2^{-2/5} \Big(\int K^2(t)dt \Big)^{1/5} \cdot \Big(\int (f''(t))^2 dt \Big)^{-1/5}.$$

Sie ist zunächst nicht brauchbar, um h_{opt} zu bestimmen, denn dazu müßte
$\int (f'')^2$ bekannt sein. Es liegt daher nahe, eine der Standard-Verteilungsfamilien
zu benützen, um einen Näherungswert für das Integral $\int (f'')^2$ zu gewinnen.

Ist beispielsweise $f(t)$ die Dichte der Normalverteilung $N(0, \sigma^2)$, dann gilt,
wenn $\varphi(t)$ die Dichte der $N(0, 1)$-Verteilung bezeichnet:

$$\int (f''(t))^2 dt = \sigma^{-5} \cdot \int (\varphi''(t))^2 dt = \frac{3}{8} \pi^{-1/2} \cdot \sigma^{-5} \approx 0{,}212 \sigma^{-5}.$$

Benützt man außerdem den Gaußkern $K(t) = \varphi(t)$, dann ist

$$\int K^2(t)dt = \int \varphi^2(t)dt = (4\pi)^{-1/2} \tag{2.8.28}$$

und man erhält:

$$h_{\text{opt}} = (4\pi)^{-1/10} \Big(\frac{3}{8}\pi^{-1/2}\Big)^{-1/5} \cdot \sigma \cdot n^{-1/5} =$$

$$= \Big(\frac{4}{3}\Big)^{1/5} \cdot \sigma \cdot n^{-1/5} \approx 1{,}06 \cdot \sigma \cdot n^{-1/5}. \tag{2.8.29}$$

Es liegt daher nahe, σ aus den Daten $x_1, \dots, x_n$ zu schätzen und h nach
der Formel (2.8.29) zu bestimmen.

Verschiedene Simulationsstudien mit schiefen und bimodalen Verteilungen
(SILVERMAN 1990) haben gezeigt, daß es zweckmäßig ist, für σ den robusten
Schätzer

$$\hat{\sigma}_{\text{rob}} = \text{Min} \Big\{ \sqrt{\frac{1}{n-1} \sum_{i=1}^{n} (x_i - \bar{x})^2}, \text{ Quartilabstand}/1{,}34 \Big\} \tag{2.8.30}$$

zu verwenden und den Faktor 1,06 in (2.8.29) etwas zu verringern. Die empfoh-
lene Wahl für die Fensterweite lautet dann:

$$h_{\text{opt}} = 0{,}9 \cdot \hat{\sigma}_{\text{rob}} \cdot n^{-1/5} \tag{2.8.31}$$

mit $\hat{\sigma}_{\text{rob}}$ aus (2.8.30).

Die Methode der Kreuz-Validierung

Von den zahlreichen in der Literatur vorgeschlagenen datenbasierten Metho-
den zur automatisierten Bestimmung der Fensterweite h besprechen wir das
von RUDEMO (1982) und BOWMAN (1984) stammende Verfahren der Kreuz-
Validierung auf der Grundlage der integrierten quadratischen Abweichung.
Für weitere derartige Verfahren verweisen wir den Leser auf das Buch von
SILVERMAN (1990).

Bezeichnet f die zu schätzende Dichte und $\hat{f}_h$ einen Schätzer, dann ist:

$$\int (\hat{f}_h - f)^2 = \int \hat{f}_h^2 - 2 \int \hat{f}_h f + \int f^2 \qquad (2.8.32)$$

die integrierte quadratische Abweichung von $\hat{f}_h$ und f. Die Fensterweite h sollte
so bestimmt werden, daß dieser Ausdruck möglichst klein wird. Da $\int f^2$ fest ist,
kann man ebensogut die Zielgröße:

$$Z(h) = \int \hat{f}_h^2 - 2 \int \hat{f}_h f \qquad (2.8.33)$$

minimieren. Der erste Summand $\int \hat{f}_h^2$ ist bekannt, nicht jedoch der zweite.
Wäre neben der gegebenen Stichprobe $\mathbf{x} = (x_1, \ldots, x_n)$ noch eine zweite $\mathbf{y} =$
$= (y_1, \ldots, y_m)$ bekannt, dann könnte man das Integral $\int \hat{f}_h f$ durch den Ausdruck $\frac{1}{m} \cdot \sum_{j=1}^{m} \hat{f}_h(y_j)$ erwartungstreu schätzen und statt $Z(h)$ die Größe

$$\int \hat{f}_h^2 - \frac{2}{m} \sum_{j=1}^{m} \hat{f}_h(y_j) \qquad (2.8.34)$$

durch Variation von h minimieren — dieses wäre eine echte Kreuz-Validierungs-
methode zur Bestimmung von h.

Hat man nun keine zweite Stichprobe, dann liegt es nahe, die Leave-one-
out-(jackknive)-Methode zu benützen. Wir bezeichnen mit $\hat{f}_{-j}(t)$ den Dichteschätzer auf der Grundlage der Stichprobe $\mathbf{x} = (x_1, \ldots, x_n)$ aus der die Beobachtung x_j weggelassen wurde:

$$\hat{f}_{-j}(t) = \frac{1}{n-1} \sum_{\substack{i=1 \\ i \neq j}}^{n} \frac{1}{h} \cdot K\left(\frac{t - x_i}{h}\right)$$

und schätzen $Z(h)$ nunmehr durch die Statistik:

$$\hat{Z}_0(h) = \int \hat{f}_h^2 - \frac{2}{n} \sum_{j=1}^{n} \hat{f}_{-j}(x_j), \qquad (2.8.35)$$

die allein von den Beobachtungen $x_1, \ldots, x_n$ und h, nicht aber von der unbekannten Dichte f abhängt.

Wir leiten noch einen für die praktische Berechnung von $Z_0(h)$ geeigneten Ausdruck her. Es gilt zunächst mit der Substitution $y = (t - x_i)/h$:

$$
\int \hat{f}_h^2 = \int (\frac{1}{n} \sum_{i=1}^{n} \frac{1}{h} K(\frac{t - x_i}{h}))^2 dt =
$$

$$
= \frac{1}{n^2 h^2} \sum_{i,j=1}^{n} \int K(\frac{t - x_i}{h}) K(\frac{t - x_j}{h}) dt = \qquad (2.8.36)
$$

$$
= \frac{1}{n^2 h} \sum_{i,j=1}^{n} \int K(y) K(y - \frac{x_j - x_i}{h}) dy.
$$

Bezeichnet $K^{*2}(t)$ die Faltung von $K(t)$ mit sich selbst (ist etwa $K(t)$ die Dichte der $N(0,1)$-Verteilung, dann ist $K^{*2}(t)$ die Dichte der $N(0,2)$-Verteilung), dann gilt für symmetrisches K:

$$
\int \hat{f}_h^2 = \frac{1}{n^2 \cdot h} \sum_{i,j=1}^{n} K^{*2}(\frac{x_j - x_i}{h}). \qquad (2.8.37)
$$

Schließlich ist:

$$
\frac{2}{n} \sum_{j=1}^{n} \hat{f}_{-j}(x_j) = \frac{2}{n(n-1)} \cdot \frac{1}{h} \sum_{j=1}^{n} \sum_{\substack{i=1 \\ i \neq j}}^{n} K(\frac{x_j - x_i}{h}) \qquad (2.8.38)
$$

und damit:

$$
\hat{Z}_0(h) = \frac{1}{h} \left[\frac{1}{n^2} \sum_{i,j=1}^{n} K^{*2}(\frac{x_j - x_i}{h}) - \frac{2}{n(n-1)} \sum_{\substack{i,j=1 \\ i \neq j}}^{n} K(\frac{x_j - x_i}{h}) \right] \qquad (2.8.39)
$$

Kern-Dichteschätzer für multivariate Daten

Die Methode der Kerndichteschätzung läßt sich ohne Schwierigkeiten auf multivariate Daten übertragen. Ist $\mathbf{x} = (x_1, \ldots, x_d)'$ eine d-dimensionale stetige Zufallsvariable mit der Dichte $f(\mathbf{x})$ und ist der Kern $K(\mathbf{x})$ selbst eine d-dimensionale Dichte, dann ist der Kerndichteschätzer zur Fensterweite h für die Stichprobe $\mathbf{x}_1, \ldots, \mathbf{x}_n$ gegeben durch:

$$
\hat{f}(\mathbf{t}) = \hat{f}(\mathbf{t}|\mathbf{x}_1, \ldots, \mathbf{x}_n; K, h) = \frac{1}{n} \sum_{j=1}^{n} \frac{1}{h^d} K(\frac{1}{h}(\mathbf{t} - \mathbf{x}_j)). \qquad (2.8.40)
$$

Für K wählt man gewöhnlich eine radialsymmetrische unimodale d-dimensionale Dichte. Häufig verwendete Kerne sind:

$$K(\mathbf{x}) = (\frac{1}{2\pi})^{d/2} \exp(-\frac{1}{2}\mathbf{x}'\mathbf{x}), \qquad (2.8.41)$$

der d-dimensionale Gauß-Kern;

$$K_E(\mathbf{x}) = \begin{cases} \frac{1}{2}c_d^{-1}(d+2)(1-\mathbf{x}'\mathbf{x})\ldots & \text{für } \mathbf{x}'\mathbf{x} < 1, \\ \qquad\quad 0 & \ldots \text{ sonst,} \end{cases}$$

der d-dimensionale Epanechnikov-Kern (c_d bezeichnet das Volumen der d-dimensionalen Einheitskugel: $c_1 = 2, c_2 = \pi, c_3 = 4\pi/3, c_4 = \frac{\pi^2}{2}$ etc.) sowie die Kerne:

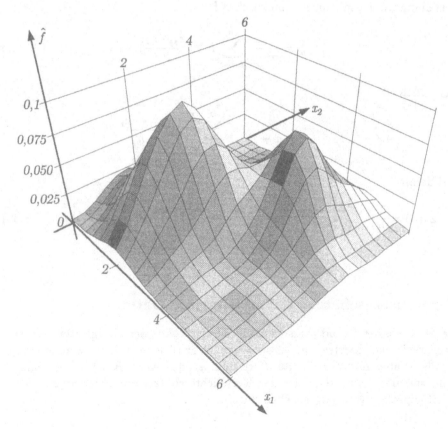

Abb. 2.8.13: Kerndichteschätzer: 2-dimensionaler Gaußkern; $n = 100$ Beobachtungen aus $(x_1, x_2)' \sim 0{,}6 \cdot \mathbf{N}(\binom{2}{2}; \binom{1\,0}{0\,1}) + 0{,}4 \cdot \mathbf{N}(\binom{4}{4}; \binom{1\,0}{0\,1})$; Fensterweite $h = 0{,}5$

$$K_2(\mathbf{x}) = \begin{cases} \frac{3}{\pi}(1 - \mathbf{x'x})^2 & \dots \text{ für } \mathbf{x'x} < 1, \\ 0 & \dots \text{ sonst,} \end{cases}$$

$$K_3(\mathbf{x}) = \begin{cases} \frac{4}{\pi}(1 - \mathbf{x'x})^3 & \dots \text{ für } \mathbf{x'x} < 1, \\ 0 & \dots \text{ sonst,} \end{cases}$$

die bessere Differenzierbarkeitseigenschaften besitzen. Häufig benützt man auch Produktkerne der Form $K(\mathbf{x}) = \Pi_{i=1}^{d} K_i(x_i)$ mit den eindimensionalen Kernen K_i.

Abbildung 2.8.13 zeigt das perspektivische Bild eines Kerndichteschätzers mit Gaußkern für zweidimensionale Daten für eine Stichprobe vom Umfang $n=100$ aus einer Mischung zweidimensionaler Normalverteilungen. Abbildung 2.8.14 zeigt ein Kontur-Diagramm für den gleichen Dichteschätzer.

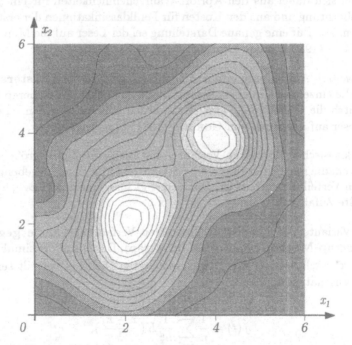

Abb. 2.8.14: Kontur-Diagramm für den in Abb. 2.8.13 dargestellten Dichteschätzer

Es stellt sich zunächst die Frage nach der optimalen Fensterweite h. Die Betrachtungen für den eindimensionalen Fall lassen sich ohne wesentliche Schwierigkeiten übertragen. Wir verweisen den Leser für diese und weiterführende Fragen etwa auf die Monographie von SILVERMAN (1990).

Anwendungen

- Dichteschätzer eignen sich im ein- und zweidimensionalen Fall ideal zur **Datenpräsentation**. Aus dem graphischen Bild des Dichteschätzers $\hat{f}$ gewinnt der Anwender wesentliche Hinweise auf den Charakter der Verteilung (Symmetrie, Schiefe, Wölbung, Uni- oder Multimodalität etc.).

- Eine der wichtigsten Anwendungen von Dichteschätzern im mehrdimensionalen Fall ist die **nichtparametrische Diskriminanzanalyse**. Dabei werden im einfachsten Fall aus zwei Lernstichproben $\mathbf{x}_1,\dots,\mathbf{x}_m$ und $\mathbf{y}_1,\dots,\mathbf{y}_n$, die aus unterschiedlichen Verteilungen stammen, die Dichten $f_\mathbf{x}$ und $f_\mathbf{y}$ durch $\hat{f}_\mathbf{x}$ und $\hat{f}_\mathbf{y}$ geschätzt. Das Problem ist, eine weitere Beobachtung $\mathbf{z}$, von der nicht bekannt ist, ob sie zur Verteilung $f_\mathbf{x}$ oder $f_\mathbf{y}$ gehört, richtig zuzuordnen.

  Die Strategie ist dabei die, $\mathbf{z}$ der x- bzw. y-Grundgesamtheit zuzuordnen, je nachdem ob $c_x \cdot \hat{f}_\mathbf{x}(\mathbf{z})$ oder $c_y \cdot \hat{f}_\mathbf{y}(\mathbf{z})$ größer ist. Die Konstanten c_x, c_y ergeben sich dabei aus den Apriori-Wahrscheinlichkeiten für eine $\mathbf{x}$- bzw. $\mathbf{y}$-Beobachtung und aus den Kosten für Fehlklassifikationen der ersten bzw. zweiten Art. Für eine genaue Darstellung sei der Leser auf die Monographie von HAND (1982) hingewiesen.

- Eine weitere Anwendung erfahren Dichteschätzer in der **Clusteranalyse**, denn die einzelnen Gipfel einer multimodalen Dichte f definieren Cluster, die durch die Gipfel von $\hat{f}$ geschätzt werden können. Für Einzelheiten sei der Leser auf das Buch von GORDON (1981) hingewiesen.

- Beim klassischen Bootstrap-Verfahren hat man eine Zufallsgröße $\mathbf{x}^*$ zu simulieren, die nach einer durch eine Stichprobe $\mathbf{x}_1,\dots,\mathbf{x}_n$ gegebenen empirischen Verteilung verteilt ist. Dazu erzeugt man eine auf $\{1,\dots,n\}$ gleichverteilte Zufallszahl z und setzt $\mathbf{x}^* = \mathbf{x}_z$.

  Eine Variante des klassischen Bootstrap-Verfahrens ist die **geglättete Bootstrap-Methode** (smoothed bootstrap). Dabei soll die simulierte Variable $\mathbf{x}^*$ nach der aus $\mathbf{x}_1,\dots,\mathbf{x}_n$ geschätzten Dichte $\hat{f}$ verteilt sein. Ist $\hat{f}$ ein Kernschätzer der Form

$$\hat{f}(t) = \frac{1}{n}\sum_{j=1}^{n}\frac{1}{h^d}K\left(\frac{x-x_j}{h}\right),$$

dann ist $\mathbf{x}^* = \mathbf{x}_z + h\cdot\epsilon$ nach $\hat{f}$ verteilt, sofern z auf $\{1,\dots,n\}$ gleichverteilt ist und ϵ die Dichte $K(\epsilon)$ besitzt. Die Simulation läuft also auf die Erzeugung einer gleichverteilten und einer nach K verteilten Zufallsgröße hinaus. Für eine Einführung in das Bootstrap-Verfahren sei auf das Buch von EFRON (1982) hingewiesen.

- In vielen Anwendungen interessieren Größen oder Funktionen, die mit Hilfe der Dichte f einer Verteilung definiert sind. Ein besonders wichtiges Beispiel einer solchen Funktion ist die Ausfallrate

$$h(t) = \frac{f(t)}{1 - F(t)} = \frac{f(t)}{\int_t^\infty f(\tau)d\tau}$$

in der Zuverlässigkeitstheorie. Beispiele für Funktionen der Dichte, die in verschiedenen Anwendungen eine Rolle spielen, sind:

$$\int f^2, \int f^k, \int f \cdot \ln f.$$

Ersetzt man in diesen Ausdrücken f durch einen Dichteschätzer $\hat{f}$, dann gewinnt man Schätzer für die gesuchten Funktionen bzw. Funktionale von f.

2.9 Einstichprobenprobleme bei zensierten Daten

Die Analyse von Lebensdauer-Daten, wie sie in der Medizin und Biologie einerseits und in der Technik andererseits auftreten, ist ein wichtiges Anwendungsgebiet der nichtparametrischen Statistik. Lebensdauer-Daten enthalten in der Regel rechtszensierte Beobachtungen, das bedeutet: eine Stichprobe von z.B. $n = 10$ Ausfallzeiten hat meist nicht die Form $(t_1, t_2, \ldots, t_{10})$, sondern z.B. die Gestalt $(t_1, t_2^+, t_3, t_4, t_5^+, t_6^+, t_7, t_8, t_9, t_{10}^+)$, d.h., die Ausfallzeiten t_2, t_5, t_6, t_{10} sind nicht beobachtet, man weiß nur, daß sie größer als t_2^+, t_5^+, t_6^+ bzw. t_{10}^+ sind. Würde man bei der statistischen Auswertung solcher Stichproben die zensierten Beobachtungen eliminieren und nur die unzensierten Werte benützen, dann hieße das, wesentliche Information verschenken. Das Bemühen, die in zensierten Beobachtungen enthaltene Information möglichst gut für Schätz- und Testaufgaben zu nützen, kennzeichnet geradezu die statistischen Verfahren der Lebensdaueranalyse.

In diesem Abschnitt beschäftigen wir uns mit der Hauptaufgabe der statistischen Lebensdaueranalyse: der Schätzung der Überlebensfunktion $S(t_0) = P(t > t_0)$ aus Stichproben mit zufällig rechtszensierten Beobachtungen. Dabei behandeln wir, nach einer kurzen Einführung der Grundbegriffe der Lebensdaueranalyse, den Kaplan-Meier-Schätzer als Punktschätzer und das Konfidenzband von Hall und Wellner als Bereichschätzer für $S(t)$. Teststrategien für das Testproblem $\mathbf{H_0}$: $S(t) \equiv S_0(t)$, $\mathbf{H_1}$: $S(t) \not\equiv S_0(t)$ und einseitige Varianten davon, ergeben sich durch Dualisieren der Bereichschätzer.

Grundbegriffe der Lebensdaueranalyse

Bei einem Lebensdauerexperiment wird eine Versuchseinheit — eine Glühbirne,
ein Tier, ein Mensch — unter möglichst präzise, aber in der Realität meist doch
nur vage definierten Versuchsbedingungen, von einem Anfangszeitpunkt $t = 0$
an, bis zum Eintritt eines interessanten Ereignisses — Ausfall der Glühlampe,
Tod des Versuchstieres, Auftreten eines Herzinfarktes — beobachtet. Das fragliche Ereignis heißt, in neutraler Sprechweise: *Ausfall* der Beobachtungseinheit.
Der Zeitpunkt t, zu dem es eintritt, ist das Ergebnis — der Ausgang — des
Lebensdauerexperimentes.

Das wahrscheinlichkeitstheoretische Modell für ein derartiges Experiment
ist naheliegenderweise ein Zufallsexperiment $\mathcal{E}_t$, dessen Ausgang t nur Werte
von ≥ 0 annimmt und die Verteilung P_t — die *Ausfall- oder Lebensdauerverteilung* besitzt. Weiß man, oder hat man Grund zu der Annahme, daß P_t einer
bekannten ein- oder mehrparametrischen Verteilungsfamilie $(P_t(.|\vartheta)\colon \vartheta \in \Theta)$
angehört, dann liegt ein parametrisches Modell vor. Häufig, vor allem in me-
dizinischen Anwendungen, hat man aber keine Apriori-Information über den
Typ der Ausfallverteilung. Für P_t muß dann, je nachdem ob die Zeit auf einem
diskreten Raster (Tage, Wochen, Monate, ...) oder stetig gemessen wird, eine
beliebige diskrete Verteilung auf dem jeweiligen Zeitraster oder eine beliebige
stetige Verteilung auf $\mathbf{R}_+$ zugelassen werden.

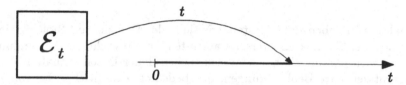

Abb. 2.9.1: Modell für ein Lebensdauerexperiment

Ist t verteilt nach P_t, dann nennt man:

- $f_t(t)$ ... die Dichte von P_t, die **Ausfalldichte**,

- $F_t(t_0) = P(t \leq t_0)$ ... die **Ausfallfunktion**,

- $S_t(t_0) = P(t > t_0) = 1 - F_t(t_0)$ ... die **Überlebensfunktion**

von t bzw. der Ausfallverteilung P_t. Ist t diskret, dann betrachtet man auch
noch

- $S_t^+(t_0) = P(t \geq t_0)$ ... die **erweiterte Überlebensfunktion**.

Für stetige Verteilungen P_t gilt natürlich $S_t^+(t_0) = S_t(t_0)$. Damit haben wir aber
nur andere Namen für altvertraute Dinge — neu ist daran nichts. Der wesentlich
neue Begriff, der in der Lebensdaueranalyse eine zentrale Rolle spielt, ist der
der Ausfall- oder Hazardrate.

Definition 2.9.1 *Ausfallrate*

Man nennt die Funktion

$$h_t(t) = \frac{f_t(t)}{S_t^+(t)} \qquad (2.9.1)$$

die **Ausfallrate** *oder auch* **Hazardrate** *der Verteilung P_t.*

Bemerkungen:

- Ist t diskret, dann gilt:

$$h_t(t_0) = \frac{f_t(t_0)}{S_t^+(t_0)} = P(t = t_0 | t \geq t_0), \qquad (2.9.2)$$

d.h., $h_t(t_0)$ ist die bedingte Wahrscheinlichkeit, daß eine Einheit, die im Zeitintervall $[0, t_0)$ nicht ausgefallen ist (die das *Alter* t_0 lebend erreicht hat), dann zum Zeitpunkt t_0 ausfällt.

- Ist t stetig, dann gilt an allen Stetigkeitsstellen t_0 der Dichte f_t:

$$h_t(t_0) = \frac{f_t(t_0)}{S_t(t_0)} = \lim_{\Delta \downarrow 0} P(t_0 \leq t \leq t_0 + \Delta | t \geq t_0)/\Delta, \qquad (2.9.3)$$

d.h., für kleines Δ ist $\Delta \cdot h_t(t_0)$ die bedingte Wahrscheinlichkeit, daß eine Einheit, die im Zeitintervall $[0, t_0)$ nicht ausgefallen ist, in dem Intervall $[t_0, t_0 + \Delta]$ ausfallen wird. Die physikalische Dimension von h_t ist die gleiche wie die von f_t, nämlich: $[t]^{-1}$. $h_t(365 \text{ Tage}) = 0{,}003/\text{Tag}$ bedeutet etwa, daß von 1000 Einheiten, die das Alter von 365 Tagen erreichen, im Schnitt 3 innerhalb des nächsten Tages ausfallen werden. Die Ausfallrate mißt die Tendenz zum alsbaldigen Ausfall in Abhängigkeit vom erreichten Alter. Aus diesem Grund wurde sie in der älteren Literatur auch *Mortalitätskraft* (force of mortality) genannt.

Ebenso wie die Dichte f_t und die Verteilungsfunktion F_t bestimmt auch die Ausfallrate h_t die Verteilung P_t vollständig. Es gilt der

Satz 2.9.1 *Darstellung von S_t und f_t durch h_t*

- Ist P_t eine diskrete Verteilung auf dem Zeitraster $0 \leq t_0 < t_1 < t_2 < \ldots$, dann ist

$$S_t^+(t_j) = \prod_{i<j}(1 - h_t(t_i))$$
$$\qquad \ldots \text{ für } j \geq 0. \qquad (2.9.4)$$
$$f_t(t_j) = h_t(t_j)S_t^+(t_j)$$

- Ist P_t eine stetige Verteilung auf $\mathbf{R}_+$, dann gilt:

$$S_t(t) = \exp(-\int_0^t h_t(\tau)d\tau)$$
$$\qquad \ldots \text{ für } t \geq 0. \qquad (2.9.5)$$
$$f_t(t) = h_t(t)S_t(t)$$

Beweis: Im diskreten Fall gilt $S_t^+(t_j) - S_t^+(t_{j+i}) = f_t(t_j)$ und folglich wegen (2.9.1):

$$h_t(t_j) = \frac{f_t(t_j)}{S_t^+(t_j)} = \frac{S_t^+(t_j) - S_t^+(t_{j+1})}{S_t^+(t_j)}.$$

Das ergibt die Rekursion:

$$S_t^+(t_{j+1}) = S_t^+(t_j) \cdot (1 - h_t(t_j)), \qquad (2.9.6)$$

mit dem Anfangswert $S_t^+(t_0) = 1$. Daraus ergibt sich aber sofort die erste Formel in (2.9.4), die zweite ist aber evident.

Im stetigen Fall ist vorausgesetzt, daß die Dichte f_t stückweise stetig ist. Es gilt dann, wegen $S_t'(t) = (1 - F_t(t))' = -f_t(t)$:

$$h_t(\tau) = \frac{f_t(\tau)}{S_t(\tau)} = -\frac{d}{d\tau} \ln S_t(\tau).$$

Integration auf beiden Seiten ergibt:

$$-\int_0^t h_t(\tau)d\tau = \ln S_t(\tau)\big|_0^t = \ln S_t(t)$$

und somit wie behauptet:

$$S_t(t) = \exp(-\int_0^t h_t(\tau)d\tau). \quad \spadesuit$$

Bemerkung: Man nennt im stetigen Fall die Funktion

$$H_t(t) = \int_0^t h_t(\tau)d\tau \qquad (2.9.7)$$

die **kumulierte Hazardrate**. Es gilt dann:

$$S_t(t) = \exp(-H_t(t)) \quad \text{und} \quad H_t(t) = -\ln S_t(t). \qquad (2.9.8)$$

Im diskreten Fall definiert man die kumulierte Hazardrate durch die Formel:

$$H_t(t_j) := -\ln S_t(t_j). \qquad (2.9.9)$$

Wegen $S_t(t_j) = S_t^+(t_{j+1})$ und (2.9.4) folgt zunächst:

$$H_t(t_j) = -\ln \prod_{i \leq j}(1 - h_t(t_i)) = -\sum_{i \leq j} \ln(1 - h_t(t_i)).$$

Die Werte $h_t(t_i)$ sind im allgemeinen sehr klein, so daß man in guter Näherung $-\ln(1 - h_t(t_i)) = h_t(t_i)$ setzen kann. Man hat daher die Näherung:

$$H_t(t_j) \approx \sum_{i \leq j} h(t_i). \qquad (2.9.10)$$

Beispiel 2.9.1   Familie der Weibull-Verteilungen

Bei Lebensdaueruntersuchungen von Industrieerzeugnissen spielt die Familie der **Weibull-Verteilungen** eine zentrale Rolle. Die Lebensdauer t heißt Weibull-verteilt mit den Parametern T und β, wir schreiben: $t \sim \mathbf{W}(T, \beta)$, wenn die Überlebensfunktion $S_t(t)$ gegeben ist durch:

$$S_t(t|\mathbf{W}(T,\beta)) = \exp\left(-\left(\frac{t}{T}\right)^{\beta}\right). \qquad (2.9.11)$$

T heißt **charakteristische Zeit** und ist ein Skalenparameter, $\beta > 0$ ist ein dimensionsloser Formparameter. Offenbar gilt:

$$H_t(t|\mathbf{W}(T,\beta)) = \left(\frac{t}{T}\right)^{\beta}, \qquad (2.9.12)$$

$$h_t(t|\mathbf{W}(T,\beta)) = \beta\left(\frac{t}{T}\right)^{\beta-1}\frac{1}{T}. \qquad (2.9.13)$$

Abbildung 2.9.2 zeigt den Verlauf von H_t, h_t, S_t für verschiedene Werte von β (in den Anwendungen gilt meistens $0.5 \leq \beta \leq 5$). Für $\beta = 1$ erhält man die Exponentialverteilung mit charakteristischer Zeit T: $\mathbf{W}(T, 1) = \mathbf{Ex}_T$. Sie besitzt in der Lebensdaueranalyse eine ähnlich zentrale Stellung wie die Normalverteilung in anderen Bereichen der Statistik.

Zensierte Daten

Beginnen wir mit einem einfachen Beispiel: Die Verteilung der Lebensdauer t von Glühbirnen eines gewissen Typs soll untersucht werden. Das Lebensdauerexperiment $\mathcal{E}_t$ besteht darin, eine Glühbirne unter definierten Bedingungen vom Zeitpunkt $t = 0$ des Einschaltens bis zum Ausfall brennen zu lassen. Das Ergebnis — das Datum —, welches das Experiment liefert, ist die Ausfallzeit t der geprüften Glühbirne.

Wird der Versuch zu einem Zeitpunkt c_r (= censoring time on the right) abgebrochen, bevor die Glühbirne ausgebrannt ist, dann ist zwar t nicht beobachtet worden, man hat aber doch die Information, daß t größer als c_r ist: $t > c_r$, und es leuchtet ein, daß das, namentlich bei großem c_r, viel mehr als nichts ist. Man spricht in diesem Fall von einer **rechtszensierten** Ausfallzeit.

Würde man den Versuch laufen lassen und erst nach einer Zeit c_l (= censoring

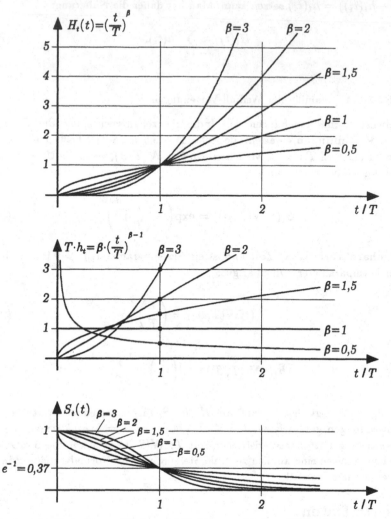

Abb. 2.9.2: Verlauf von H_t, h_t und S_t für verschiedene Weibull-Verteilungen

time on the left) mit der Beobachtung der Glühbirne beginnen und müßte dabei feststellen, daß die Birne bereits ausgebrannt ist, dann hätte man die Information $t < c_l$ und damit eine **linkszensierte** Ausfallzeit. Das Prüfergebnis bei $n = 10$ Glühbirnen, mit unterschiedlichen Zensurzeiten c_l und c_r, könnte dann etwa folgendermaßen aussehen (t soll in 10^3 Stunden gemessen werden):

$$(2,4; \ 5,2; \ 3,0^+; \ 4,7; \ 5,0^-; \ 5,8; \ 3,5^+; \ 6,2; \ 5,5^-; \ 4,0^+).$$

Dabei weist, in naheliegender Notation, „+" auf Rechts- und „–" auf Linkszensur.

Die in einem derartigen Datenblock enthaltene Information für Schätz- und Testzweck optimal zu nutzen, stellt den Statistiker vor neue Probleme, und in der Tat gewinnen die Verfahren der Lebensdauerstatistik durch diese Struktur der Daten ihre charakteristische Eigentümlichkeit.

Für die Auswertung zensierter Daten ist es wichtig, den Zensurmechanismus, der zur Entstehung eben dieser Daten führt, zu kennen. Wir beschränken uns auf den für die Anwendungen bei weitem wichtigsten Fall der Rechtszensur.

Beobachtet man ein Kollektiv von n Einheiten vom Zeitpunkt $t = 0$ des Belastungsbeginns bis zu einem vorher gewählten Zeitpunkt c, zu dem der Versuch abgebrochen wird, dann spricht man von **Typ I — Rechtszensur**. Diese Situation hat man häufig bei Lebensdaueruntersuchungen an Industrieprodukten unter Laborbedingungen. Abbildung 2.9.3 veranschaulicht das Prüfergebnis an $n = 5$ Einheiten.

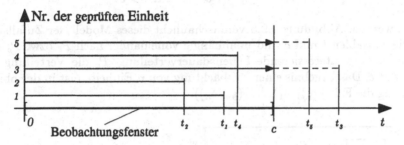

Abb. 2.9.3: Typ I — Rechtszensur

Die Ausfallzeiten t_1, t_2, t_4 sind beobachtet, t_3, t_5 hingegen nicht. Das Prüfergebnis ist: $(t_1, t_2, c^+, t_4, c^+)$.

Prüft man n Einheiten — in der Regel wieder unter Laborbedingungen — so lange, bis eine vorher festgesetzte Zahl k von ihnen ausgefallen ist, und bricht danach den Versuch ab, dann spricht man von **Typ II — Rechtszensur**. Abbildung 2.9.4 veranschaulicht diesen Zensurmechanismus ebenfalls an $n = 5$ geprüften Einheiten für $k = 3$, d.h., Abbruchzeitpunkt $c = t_{(3)}$.

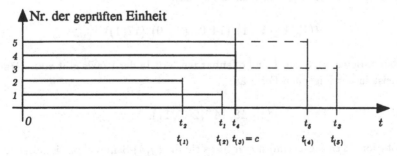

Abb. 2.9.4: Typ II — Rechtszensur: $c = t_{(3)}$.

Bei medizinisch-biologischen Lebensdaueruntersuchungen, aber auch bei technischen Feldversuchen spielt die **Zufallszensur** als weiterer Zensurmechanismus eine wichtige Rolle. Versuchseinheiten können vor ihrem Ausfall aus zahlreichen Gründen, die mit dem eigentlichen Ausfall nichts zu tun haben, der weiteren Beobachtung entzogen werden. Patienten können z.B. den Wohnort wechseln, oder einen Unfall erleiden oder ganz einfach aus Desinteresse ausscheiden.

Man modelliert die ideale Zufallszensur durch ein Zensurexperiment $\mathcal{E}_c$, dessen Ausgang c, der Zensurzeitpunkt, von t, dem Ausgang des eigentlichen Lebensdauerexperiments $\mathcal{E}_t$, statistisch unabhängig ist. Beobachtet wird $y =$ $= \min\{t, c\}$ und die Tatsache, ob Zensur oder Ausfall vorliegt. Diese letztere Information kann durch den Indikator

$$\delta = 1(t \le c) = \begin{matrix} 1 & \dots \text{ für } t \le c \\ 0 & \dots \text{ für } t > c \end{matrix}$$

codiert werden. Abbildung 2.9.5 veranschaulicht dieses Modell der Zufallszensur. Die Variablen t und c sind unabhängig voneinander nach P_t bzw. P_c verteilt. P_t ist die interessierende Lebensdauerverteilung, P_c die Verteilung der Zensurzeit c. Das Ergebnis einer Beobachtung von n Einheiten ist in der obigen Codierung die Folge $((y_1, \delta_1), \dots, (y_n, \delta_n))$.

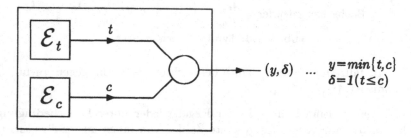

Abb. 2.9.5: Modell für Zufallszensur

Beispiel 2.9.2   Eine Lebensdaueruntersuchung an $n = 5$ Patienten könnte etwa folgendes Ergebnis haben (t gemessen in Jahren):

$$((15, 1), (18, 1), (14, 0), (20, 0), (17, 1)).$$

Die Beobachtungen Nr. 3 und 4 sind offenbar zensiert. In der Praxis gibt man derartige Daten meist in der folgenden Form an:

$$(15, 18, 14^+, 20^+, 17).$$

Diese Notation ist einfacher und spricht für sich; die (y, δ)-Schreibweise ist aber sowohl für theoretische als auch für programmiertechnische Zwecke geeigneter.

Der Kaplan-Meier-Schätzer

Wir beschäftigen uns in diesem Abschnitt mit dem Problem, die Überlebensfunktion S_t aus zufallszensierten Daten zu schätzen. Bei Typ-I- und Typ-II-zensierten Daten hat man immer ein Anfangsstück der Ordnungsreihe $(t_{(1)}, \ldots, t_{(n)})$, also etwa $(t_{(1)}, \ldots, t_{(k)})$ gegeben, mit zufälligem k bei Typ-I-Zensur und festem k bei Typ-II-Zensur, und der Schätzer für das entsprechende Anfangsstück von S_t ist selbstverständlich die empirische Überlebensfunktion:

$$\hat{S}_t(t|(t_{(1)}, \ldots, t_{(n)})) = 1 - F_n(t|t_{(1)}, \ldots, t_{(n)}) \quad \text{für } 0 \leq t \leq t_{(k)},$$

so daß hier keine neuen Fragen auftreten. Wir präzisieren zunächst das den Daten zugrundeliegende nichtparametrische

Modell

- $t \ldots$ Ausfallzeit, verteilt nach P_t mit Dichte f_t und Überlebensfunktion S_t.

- $c \ldots$ Zensurzeit, verteilt nach P_c mit Dichte f_c und Überlebensfunktion S_c.

- t und c sind statistisch unabhängig und entweder beide diskret oder beide stetig. Die Verteilungen P_t und P_c sind frei und unbekannt.

- Beobachtet wird: $y = \min\{t, c\}$ und $\delta = 1(t \leq c)$.

Daten: n Realisierungen von (t, c) ergeben die Beobachtungsreihe:

$$((y_1, \delta_1), \ldots, (y_n, \delta_n)) = (\mathbf{y}, \boldsymbol{\delta}).$$

Wir stellen uns die Aufgabe, den Maximum-Likelihood-Schätzer für S_t auf der Grundlage dieser Daten herzuleiten. Dieser für die Lebensdauerstatistik grundlegende Schätzer wurde erstmals von KAPLAN und MEIER (1958) angegeben.

Wir benötigen zunächst die Dichte der gemeinsamen Verteilung von (y, δ) ausgedrückt durch P_t und P_c.

Satz 2.9.2 *Dichte von (y, δ)*

Die Dichte der gemeinsamen Verteilung von (y, δ) ist gegeben durch:

$$(f_t^{\delta}(y) S_t^{1-\delta}(y)) \cdot (f_c^{1-\delta}(y) S_c^{+\delta}(y)). \tag{2.9.14}$$

Beweis: Seien zunächst t und c diskret. Es gilt dann:

$$P((y,\delta) = (y_0,1)) = P(t = y_0, c \geq y_0) = f_t(y_0)S_c^+(y_0),$$
$$P((y,\delta) = (y_0,0)) = P(t > y_0, c = y_0) = f_c(y_0)S_t(y_0),$$

und somit gilt, wie behauptet:

$$P((y,\delta) = (y_0,\delta_0)) = (f_t^{\delta_0}(y_0)S_t^{1-\delta_0}(y_o)) \cdot (f_c^{1-\delta_0}(y_0)S_c^{+\delta_0}(y_0)).$$

Im stetigen Fall argumentiert man im wesentlichen analog.   ♠

Die Likelihood-Funktion für die Stichprobe $(\mathbf{y},\boldsymbol{\delta}) = ((y_1,\delta_1),\ldots,(y_n,\delta_n))$ ist daher:

$$L(P_t, P_c|(\mathbf{y},\boldsymbol{\delta})) = (\prod_{j=1}^n f_t^{\delta_j}(y_j)S_t^{1-\delta_j}(y_j)) \cdot (\prod_{j=1}^n f_c^{1-\delta_j}(y_j)S_c^{+\delta_j}(y_j)) = \tag{2.9.15}$$
$$= L(P_t|(\mathbf{y},\boldsymbol{\delta})) \cdot L(P_c|(\mathbf{y},\boldsymbol{\delta}))$$

Da der erste Faktor $L(P_t|(\mathbf{y},\boldsymbol{\delta}))$ allein von P_t und der zweite allein von P_c abhängt, können beide Faktoren individuell maximiert und damit P_t und P_c unabhängig voneinander geschätzt werden.

Es ist klar, daß $L(P_t|(\mathbf{y},\boldsymbol{\delta}))$ innerhalb der Menge der stetigen Verteilungen P_t kein Maximum besitzt. Da aber $L(P_t|\mathbf{y},\boldsymbol{\delta})$ für stetiges P_t, als Wahrscheinlichkeit, null ist, hingegen für diskretes P_t, soferne die Zeitpunkte $y_1,\ldots,y_n$ positive Wahrscheinlichkeit tragen, eine ebenfalls positive Wahrscheinlichkeit darstellt, genügt es, P_t über die Menge der diskreten Verteilungen laufen zu lassen, um $L(P_t|(\mathbf{y},\boldsymbol{\delta}))$ zu maximieren.

Man erkennt auch leicht, daß es ausreicht, P_t über die Menge der diskreten Verteilungen mit Träger $T = \{y_1,\ldots,y_n,y^*\}$ laufen zu lassen, wobei y^* ein beliebiger, aber fest gewählter Punkt jenseits von $\max\{y_1,\ldots,y_n\}$ ist. Besitzt nämlich P_t einen Träger $T' \supset T$, dann wird $L(P_t|(\mathbf{y},\boldsymbol{\delta}))$ nicht kleiner, wenn man die auf $T' \setminus T$ entfallende Masse von P_t auf den Punkt y^* legt, wobei es gleichgültig ist, wo y^*, rechts von $\max\{y_1,\ldots,y_n\}$, liegt.

Um nun $L(P_t|(\mathbf{y},\boldsymbol{\delta}))$ unter diesen Einschränkungen durch Variation von P_t maximieren zu können, ist es zweckmäßig, diesen Ausdruck mit Hilfe der Beziehungen (2.9.4) als Funktion der Ausfallrate h_t darzustellen.

Darstellung von $L(P_t|(\mathbf{y},\boldsymbol{\delta}))$ durch h_t

Wir setzen zunächst voraus, daß die Daten $((y_1,\delta_1),\dots,(y_n,\delta_n))$ nach wachsenden Werten von y geordnet sind:

$$y_1 \leq y_2 \leq \dots \leq y_n$$

und bezeichnen, ebenfalls steigend geordnet, mit $x_1,\dots,x_k$ die verschiedenen unter den Zeitpunkten $y_1,\dots,y_n$:

$$x_1 < x_2 < \dots < x_k.$$

Man nennt die Zeitpunkte $x_1,\dots x_k$ *Verlustzeitpunkte*, denn zu diesen Zeitpunkten gehen Beobachtungseinheiten, sei es durch Ausfall, sei es durch Zensur, verloren. Weiters sei:

- n_j ... die Anzahl der $y_i \geq x_j$. n_j ist die Anzahl der Einheiten, die unmittelbar vor dem Zeitpunkt x_j noch unter Beobachtung stehen.

- d_j ... die Anzahl der $y_i = x_j$ mit $\delta_i = 1$. d_j ist die Anzahl derjenigen Einheiten, die zum Zeitpunkt x_j ausfallen ($d \doteq$ death).

- c_j ... die Anzahl der $y_i = x_j$ mit $\delta_i = 0$. c_j ist die Anzahl der Einheiten, die zum Zeitpunkt x_j zensiert werden ($c =$ censoring).

(2.9.16)

Natürlich gilt: $n_1 = n$ und $n_{j+1} = n_j - d_j - c_j$; $d_j = 0$ oder $c_j = 0$ ist möglich; $c_j + d_j \geq 1$ gilt aber notwendig. Abbildung 2.9.6 veranschaulicht die Datensituation und die eingeführten Bezeichnungen.

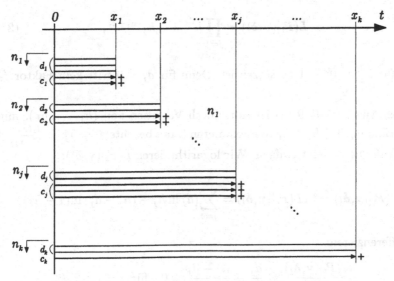

Abb. 2.9.6: Darstellung der Daten $((y_1,\delta_1),\dots,(y_n,\delta_n))$

Wir können $L(P_t|(\mathbf{y},\boldsymbol{\delta}))$ jetzt folgendermaßen schreiben:

$$L(P_t|\mathbf{y},\boldsymbol{\delta})) = \prod_{j=1}^{n} f_t^{\delta_j}(y_i)S_t^{1-\delta_j}(y_j) =$$

(2.9.17)

$$= \prod_{j=1}^{k} f_t^{d_j}(x_j)S_t^{c_j}(x_j)$$

Setzen wir $h_t(x_j) = h_j$, für $j = 1, \ldots, k$, dann gilt wegen (2.9.4):

$$S_t(x_j) = S_t^+(x_{j+1}) = (1-h_1)\cdots(1-h_j)$$
$$f_t(x_j) = h_t(x_j)S_t^+(x_j) = (1-h_1)\cdots(1-h_{j-1})\cdot h_j$$

$$j = 1, \ldots, k.$$

Die Daten $(\mathbf{y},\boldsymbol{\delta})$ liefern folgende Beiträge zu $L(P_t|(\mathbf{y},\boldsymbol{\delta}) = \prod_{j=1}^{k} f_t^{d_j}(x_j)S_t^{c_j}(x_j)$:

$$f_t^{d_1}(x_1) = h_1^{d_1}$$
$$S_t^{c_1}(x_1) = (1-h_1)^{c_1}$$
$$f_t^{d_2}(x_2) = (1-h_1)^{d_2}h_2^{d_2}$$
$$S_t^{c_2}(x_2) = (1-h_1)^{c_2}(1-h_2)^{c_2}$$

$$\vdots$$

$$f_t^{d_k}(x_k) = (1-h_1)^{d_k}(1-h_2)^{d_k}\cdots(1-h_{k-1})^{d_k}h_k^{d_k}$$
$$S_t^{c_k}(x_k) = (1-h_1)^{c_k}(1-h_2)^{c_k}\cdots(1-h_{k-1})^{c_k}(1-h_k)^{c_k}$$

Insgesamt ergibt sich:

$$L(P_t|(\mathbf{y},\boldsymbol{\delta})) = \prod_{j=1}^{k} h_j^{d_j}(1-h_j)^{n_j-d_j},$$

(2.9.18)

wobei für $h_j^{d_j} = 0^0 = 1$ zu setzen ist. Denn für $d_j = 0$ tritt kein Faktor $f_t(x_j)$ auf.

Der Ausdruck (2.9.18) ist nun durch Variation von $(h_1, \ldots, h_k)$, mit der Einschränkung $0 \le h_j \le 1$, zu maximieren (man beachte: $0 \le h_j = \frac{f_t(x_j)}{S_t^+(x_j)} \le 1$). Diese Aufgabe ist jetzt einfach. Wir logarithmieren $L(P_t|(\mathbf{y},\boldsymbol{\delta}))$:

$$l(P_t|(\mathbf{y},\boldsymbol{\delta})) = \ln L(P_t|(\mathbf{y},\boldsymbol{\delta})) = \sum_{j=1}^{k}(d_j\ln h_j + (n_j - d_j)\ln(1-h_j)),$$

und differenzieren:

$$\frac{\partial l(P_t|(\mathbf{y},\boldsymbol{\delta}))}{\partial h_j} = \frac{d_j}{h_j} - \frac{n_j - d_j}{1-h_j} = 0 \quad \text{für } j = 1, \ldots, k.$$

Es folgt der Maximum-Likelihood-Schätzer für h_j:

$$\hat{h}_j = \frac{d_j}{n_j} \quad \text{für } j = 1, \dots, k. \tag{2.9.19}$$

Man erkennt am Verlauf der Funktion $y = d \ln h + (n - d) \ln(1 - h)$ (siehe Abb. 2.9.7), daß $l(P_t|(\mathbf{y}, \boldsymbol{\delta}))$ und damit $L(p_t|(\mathbf{y}, \boldsymbol{\delta}))$ für $(\hat{h}_1, \dots, \hat{h}_h) = (d_1/n_1, \dots, d_k/n_k)$ ein absolutes Maximum besitzt. Das gilt auch dann noch, wenn einzelne der d_j verschwinden!

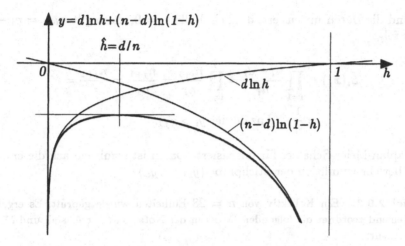

Abb. 2.9.7: Verlauf der Funktion $y = d \ln h + (n - d) \ln(1 - h)$

In der Tat ist $\hat{h}_j$ der plausible Schätzer für die bedingte Wahrscheinlichkeit $h_j = P(t = x_j | t \geq x_j)$, denn knapp vor x_j stehen n_j Einheiten unter Beobachtung, von denen d_j zu eben diesem Zeitpunkt ausfallen. Wir haben damit das Ergebnis:

Satz 2.9.3 *Der Kaplan-Meier-Schätzer für S_t*

Der Maximum-Likelihood-Schätzer für die Überlebensfunktion S_t auf der Grundlage der Daten $((y_1, \delta_1), \dots, (y_n, \delta_n))$ ist gegeben durch:

$$\hat{S}_t(x_j) = \prod_{i=1}^{j}(1 - \hat{h}_i) = \prod_{i=1}^{j} \frac{n_i - d_i}{n_i} \quad j = 1, \dots, k. \tag{2.9.20}$$

Dabei sind $x_1 < x_2 < \dots < x_k$ die Verlustzeitpunkte der obigen Datenreihe, n_j die Anzahl der vor x_j noch unter Beobachtung stehenden und d_j die Anzahl der zum Zeitpunkt x_j ausfallenden Einheiten. Man nennt diesen Schätzer den **Kaplan-Meier-Schätzer für S_t.**

Betrachtet man $\hat{S}_t(t)$ als Funktion der stetigen Variablen t, dann ist:

$$\hat{S}_t(t) = \begin{cases} 1 & \text{für } t < x_1, \\ \hat{S}_t(x_j) & \text{für } x_j \leq t < x_{j+1} \quad j = 1,\ldots,k-1, \\ \hat{S}_t(x_k) & \text{für } t = x_k, \\ \text{unbestimmt} & \text{für } t > x_k, \text{ falls } d_k < n_k \text{ gilt.} \end{cases} \qquad (2.9.21)$$

Ist nämlich $d_k < n_k$, d.h., werden zum Zeitpunkt x_k genau $c_k = n_k - d_k > 0$ Einheiten zensiert, dann ist $\hat{S}_t(x_k) > 0$. Da aber der Verlauf von S_t rechts von x_k die Likelihood-Funktion nicht beeinflußt, ist S_t rechts von x_k nicht schätzbar.

Sind die Daten unzensiert, d.h., sind alle $c_i = 0$, dann gilt $n_{i+1} = n_i - d_i$ und es folgt:

$$\hat{S}_t(x_j) = \prod_{i=1}^{j} \frac{n_i - d_i}{n_i} = \prod_{i=1}^{j} \frac{n_{i+1}}{n_i} = \frac{n_{j+1}}{n_1} = \frac{n_{j+1}}{n} =$$

$$= \frac{1}{n} \cdot (\text{Anzahl der } y_i > x_j).$$

Der Kaplan-Meier-Schätzer für unzensierte Daten ist somit einfach die empirische Überlebensfunktion der Stichprobe $(y_1,\ldots,y_n)$.

Beispiel 2.9.3 Ein Kollektiv von $n = 28$ Einheiten wurde geprüft. Es ergaben sich, steigend geordnet die folgenden Daten in der Notation t für Ausfall und t^+ für Rechtszensur:

$$(5, 5, 5, 8, 8, 8^+, 13^+, 13^+, 18, 18, 25, 25^+, 25^+,$$
$$32, 32, 32^+, 32^+, 40, 40, 40, 40^+, 45^+, 45^+, 57, 57, 57^+, 68, 68^+)$$

Daraus erhält man Tabelle 2.9.1 zur Berechnung von $\hat{S}_t$.

j	x_j	d_j	c_j	n_j	$\hat{S}_t(x_j) = $ $= \hat{S}_t(x_{j-1})\frac{n_j - d_j}{n_j}$	$\check{H}_t(x_j) = $ $= \sum_{i \leq j} \frac{d_i}{n_i}$	$\check{S}_t(x_j) = $ $= \exp(-\check{H}_t(x_j))$
1	5	3	0	28	$1 \cdot 25/28 = 0{,}8929$	$3/28 = 0{,}1071$	$0{,}8984$
2	8	2	1	25	$\sim \cdot 23/25 = 0{,}8214$	$\sim + 2/25 = 0{,}1871$	$0{,}8299$
3	13	0	2	22	$\sim \cdot 22/22 = 0{,}8214$	$\sim + 0 = 0{,}1871$	$0{,}8299$
4	18	2	0	20	$\sim \cdot 18/20 = 0{,}7393$	$\sim + 2/20 = 0{,}2871$	$0{,}7504$
5	25	1	2	18	$\sim \cdot 17/18 = 0{,}6982$	$\sim + 1/18 = 0{,}3427$	$0{,}7099$
6	32	2	2	15	$\sim \cdot 13/15 = 0{,}6051$	$\sim + 2/15 = 0{,}4760$	$0{,}6212$
7	40	3	1	11	$\sim \cdot 8/11 = 0{,}4401$	$\sim + 3/11 = 0{,}7488$	$0{,}4730$
8	45	0	2	7	$\sim \cdot 7/7 = 0{,}4401$	$\sim + 0 = 0{,}7488$	$0{,}4730$
9	57	2	1	5	$\sim \cdot 3/5 = 0{,}2641$	$\sim + 2/5 = 1{,}1488$	$0{,}3170$
10	68	1	1	2	$\sim \cdot 1/2 = 0{,}1320$	$\sim + 1/2 = 1{,}6488$	$0{,}1923$

Tabelle 2.9.1: Arbeitstabelle zur Berechnung von $\hat{S}_t(x_j)$ und $\check{S}_t(x_j)$

Abbildung 2.9.8 zeigt den Verlauf von $\hat{S}_t(t)$.

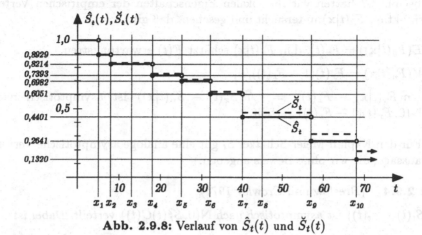

Abb. 2.9.8: Verlauf von $\hat{S}_t(t)$ und $\check{S}_t(t)$

Schätzung von H_t

Wegen $H_t(t) = -\ln S_t(t)$ (vgl. (2.9.9)) ist der Maximum-Likelihood-Schätzer für $H_t(t)$ gegeben durch:

$$\hat{H}_t(t) = -\ln \hat{S}_t(t). \qquad (2.9.22)$$

Die Näherung $H_t(t_j) \approx \sum_{i \leq j} h_t(t_i)$, im Fall einer diskreten Ausfallverteilung, legt es nahe, folgenden einfacher zu berechnenden Schätzer zu benutzen:

$$\check{H}_t(x_j) = \sum_{i \leq j} \hat{h}_i = \sum_{i \leq j} \frac{d_i}{n_i}. \qquad (2.9.23)$$

Dieser Schätzer wurde von NELSON (1972) und unabhängig davon von AALEN (1978) vorgeschlagen und wird als Nelson-Aalen-Schätzer für H_t bezeichnet. Asymptotisch sind $\hat{H}_t$ und $\check{H}_t$ äquivalent.

Aus dem Nelson-Aalen-Schätzer für H_t erhält man sofort den Nelson-Aalen-Schätzer für S_t:

$$\check{S}_t(x_j) = \exp(-\check{H}_t(x_j)) = \exp(-\sum_{i \leq j} \frac{d_i}{n_i}), \qquad (2.9.24)$$

der ebenfalls asymptotisch mit $\hat{S}_t$ äquivalent ist.

Beispiel 2.9.4 Fortsetzung von Beispiel 2.9.3

Tabelle 2.9.1 gibt die Werte für die Nelson-Aalen-Schätzer $\check{H}_t(x_j)$ und $\check{S}_t(x_j)$. Abbildung 2.9.8 zeigt auch den Verlauf von $\check{S}_t$.

Lokale Eigenschaften von $\hat{S}_t$

In Abschn. 2.7 hatten wir die lokalen Eigenschaften der empirischen Verteilungsfunktion $F_n(t|\mathbf{x})$ untersucht und gesehen, daß gilt:

- $E(F_n(t|\mathbf{x})) = F_x(t)$, d.h. $F_n(t|\mathbf{x})$ schätzt $F(t)$ erwartungstreu,

- $V(F_n(t|\mathbf{x}) = F_x(t)(1 - F_x(t))/n$,

- $\sqrt{n}(F_n(t|\mathbf{x}) - F_x(t)) = \sqrt{n}(S_x(t) - S_n(t|\mathbf{x}))$ ist asymptotisch nach $N(0, F_x(t)(1 - F_x(t))$ verteilt.

Für den Kaplan-Meier-Schätzer $\hat{S}_t$ gilt eine analoge asymptotische Verteilungsaussage, die wir ohne Beweis angeben:

Satz 2.9.4   (Breslow und Crowley 1974)

$\sqrt{n}(\hat{S}_t(t) - S_t(t))$ ist asymptotisch nach $N(0, S_t^2(t)C(t))$ verteilt. Dabei ist

$$C(t) = \int_0^t \frac{h_t(s)ds}{S_t(s)S_c(s)} \qquad (2.9.25)$$

Bemerkung: Liegt keine Zensur vor, dann ist $S_c(s) \equiv 1$ und, wie man leicht nachrechnet: $C(t) = F_t(t)/S_t(t)$. Die asymptotische Varianz beträgt daher $S_t^2(t)C(t) = S_t(t)F_t(t) = (1 - F_t(t))F_t(t)$, in Übereinstimmung mit dem oben zitierten Resultat für die empirische Verteilungsfunktion.

Die Funktion $C(t)$, die den Einfluß der Zensurverteilung S_c ausdrückt, kann folgendermaßen geschätzt werden. Zunächst ist

$$S_t(t_0)S_c(t_0) = P(t > c_0) \cdot P(c > t_0) =$$
$$= P(y = \min\{t, c\} > t_0) = S_y(t_0).$$

Ist daher $(y_1, \delta_1), \ldots, (y_n, \delta_n))$ die Datenreihe mit den Verlustzeitpunkten $x_1 < x_2 < \ldots < x_k$ und den Zahlen n_j, d_j, c_j wie in (2.9.16) definiert, dann ist:

$$\hat{S}_y(x_j) = \frac{n_{j+1}}{n}. \qquad (2.9.26)$$

Wegen $\hat{h}_t(x_j) = d_j/n_j$ erhält man dann:

$$\hat{C}(t) = \sum_{j:\ x_j \le t} \frac{nd_j}{n_j n_{j+1}} \qquad (2.9.27)$$

Asymptotisch äquivalent ist der Schätzer (GREENWOOD 1926):

$$\hat{C}(t) = \sum_{j:\ x_j \le t} \frac{nd_j}{n_j(n_j - d_j)}. \qquad (2.9.28)$$

Man erhält somit das Resultat:

Satz 2.9.5

$$\frac{\sqrt{n}(\hat{S}_t(t) - S_t(t))}{\hat{S}_t((t) \cdot \sqrt{\hat{C}(t)}} \text{ ist asymptotisch } \mathbf{N}(0,1)\text{-verteilt.}$$

Dabei ist $\hat{S}_t(t)$ der Kaplan-Meier-Schätzer und $\hat{C}(t)$ durch (2.9.27) oder (2.9.28) gegeben.

Damit ist

$$\overline{\underline{S}}_t(t) = [\hat{S}_t(t) \pm u_{1-\alpha/2} \cdot \hat{S}_t(t)\sqrt{\hat{C}(t)}/\sqrt{n}] \qquad (2.9.29)$$

ein **lokales Konfidenzintervall** für $S_t(t)$ zur asymptotischen Sicherheit $S = 1-\alpha$. $\overline{\underline{S}}_t(t)$ darf aber nicht als Konfidenzstreifen für den Gesamtverlauf von S_t aufgefaßt werden, sondern stellt ein Konfidenzintervall an einer fest gewählten Stelle t dar!

Bereichschätzer für S_t

In Abschn. 2.7 haben wir Konfidenzstreifen für die Verteilungsfunktion $F(x)$ auf der Grundlage einer unzensierten Stichprobe $(x_1,\ldots,x_n)$ hergeleitet. Da die Statistiken $D_n^{\pm}(F_n(t|\mathbf{x}); F(t))$ und $D_n(F_n(t|\mathbf{x}), F(t))$ bei auf dem Träger von $F(x)$ streng monoton wachsender Transformation $y = t(x)$ ungeändert bleiben, sich also insbesondere bei der Transformation $y = F(x)$ nicht ändern, hängen die Verteilungen von $D_n^{\pm}, D_n$ für festes n nicht von der Datenverteilung ab. Daraus folgte dann unmittelbar, daß für jedes feste Δ der Streifen

$$((\underline{F}(t), \overline{F}(t)):\ t \in \mathbf{R}) = ((F_n(t|\mathbf{x}) - \Delta, F_n(t|\mathbf{x}) + \Delta):\ t \in \mathbf{R})$$

die unbekannte Verteilungsfunktion $F(x)$ mit einer von der Datenverteilung unabhängigen, allein durch n und Δ bestimmten Sicherheitswahrscheinlichkeit $S = S(n, \Delta)$ überdeckt.

Überträgt man diese Argumentation auf die Daten $((y_1, \delta_1), \ldots, (y_n, \delta_n)) = (\mathbf{y}, \boldsymbol{\delta})$, dann erkennt man sofort, daß auch die Statistiken

$$D_n^+(\hat{S}_t(t|(\mathbf{y}, \boldsymbol{\delta})), S_t(t)) = \sup_{t \geq 0}\{\hat{S}_t(t|(\mathbf{y}, \boldsymbol{\delta})) - S_t(t)\},$$

$$D_n^-(\hat{S}_t(t|(\mathbf{y}, \boldsymbol{\delta})), S_t(t)) = \sup_{t \geq 0}\{S_t(t) - \hat{S}_t(t|(\mathbf{y}, \boldsymbol{\delta}))\},$$

$$D_n(\hat{S}_t(t|\mathbf{y}, \boldsymbol{\delta})), S_t(t)) = \sup_{t \geq 0}\{|\hat{S}_t(t|(\mathbf{y}, \boldsymbol{\delta})) - S_t(t)|\},$$

bei auf dem Träger von S_t streng monoton wachsenden Transformationen $\tau = \tau(t)$ invariant bleiben. Für $\tau = F_t(t) = 1 - S_t(t) = \tau(t)$, ist τ nach $\mathbf{G}_{[0,1]}$

verteilt; setzt man — was bei Lebensdauerverteilungen natürlicher ist — $\tau =$ $= H_t(\tau) = \tau(t)$, dann ist τ nach $\mathbf{Ex_1}$ verteilt. In beiden Fällen besitzt τ, die transformierte Ausfallzeit, eine feste Verteilung.

Das trifft allerdings nicht auf die transformierte Zensurzeit $\gamma = F_t(c)$ bzw. $\gamma =_t (c)$ zu. Deren Verteilung und damit auch die Verteilung von $(\min\{\tau, \gamma\}$, $\delta = \mathbf{1}(\tau \leq \gamma))$ hängt nach wie vor von der Zensurverteilung P_c ab. Aus diesem Grund hängen aber auch die Verteilungen der Statistiken $D_n^{\pm}, D_n$ von dem Paar (S_t, S_c) ab und besitzen für gegebenen Stichprobenumfang n keine feste Verteilung. Man kann daher auch nicht erwarten, daß der Streifen $(\hat{S}_t(t) \pm \Delta$: $t \geq 0)$ die Überlebensfunktion $S_t(t)$ mit einer allein von n und Δ abhängigen Sicherheit $S(n, \Delta)$ überdeckt.

In der Tat ist es nicht möglich, für festes n Konfidenzstreifen $(\overline{S}_t(t))$ zur exakten Sicherheit $S = 1 - \alpha$ zu konstruieren. Es ist allerdings doch möglich, und das auf mannigfache Weise, Konfidenzstreifen $(\overline{S}_t(t))$ anzugeben, deren Sicherheit S_n für $n \to \infty$ gegen $S = 1 - \alpha$ strebt.

Das von HALL und WELLNER (1980) angegebene Konfidenzband für S_t zur asymptotischen Sicherheit $S = 1 - \alpha$ auf der Grundlage einer Stichprobe vom Umfang n erhält man folgendermaßen:

- Man wählt zunächst einen Zeitpunkt $T \leq t_{\max}$, der größten Ausfallzeit (nicht Zensurzeit) in der Stichprobe.

- Man bestimmt:

$$g = \frac{\hat{C}(T)}{1 + \hat{C}(T)}, \text{ für } \hat{C}(t) \text{ vgl. } (2.9.27) \text{ und } (2.9.28).$$

- Man entnimmt Tabelle 2.9.2 den Wert $K_{1-\alpha}(g)$.

g	$K_{0,90}(g)$	$K_{0,95}(g)$		g	$K_{0,90}(g)$	$K_{0,95}(g)$
0,1	0,599	0,683		0,6	1,181	1,321
0,2	0,816	0,927		0,7	1,209	1,347
0,3	0,960	1,087		0,8	1,222	1,357
0,4	1,062	1,200		0,9	1,224	1,358
0,5	1,133	1,273		1,0	1,224	1,358

Tabelle 2.9.2: Koeffizienten $K_{1-\alpha}(g)$ zur Berechnung des $(1 - \alpha)$-Hall-Wellner-Bandes.

- Dann ist

$$\begin{matrix} \overline{S}_t(t) \\ \underline{S}_t(t) \end{matrix} = \hat{S}_t(t) \pm K_{1-\alpha}(g) \cdot \hat{S}_t(t)(1 + \hat{C}(t))/\sqrt{n} \quad \text{für} \quad 0 \leq t \leq T$$

ein Konfidenzstreifen für S_t auf dem Intervall $0 \leq t \leq T$ zur asymptotischen Sicherheit $S = 1 - \alpha$.

Beispiel 2.9.5 Wir übernehmen die Daten von Beispiel 2.9.3 und den dort berechneten Schätzer $\hat{S}_t$ und bestimmen $\hat{C}(t)$ gemäß (2.9.28):

$$\hat{C}(t) = \sum_{j:\ x_j \le t} \frac{n\,d_j}{n_j(n_j - d_j)}$$

j	x_j	d_j	c_j	n_j	$\hat{S}_t(x_j)$	$\frac{nd_j}{n_j(n_j-d_j)}$	$\hat{C}(x_j)$	$\underline{S}_t(x_j)$	$\overline{S}_t(x_j)$
1	5	3	0	28	0,8929	0,1200	0,1200	0,6678	1,0000
2	8	2	1	25	0,8214	0,0974	0,2174	0,5963	1,0000
3	13	0	2	22	0,8214	0,0000	0,2174	0,5963	1,0000
4	18	2	0	20	0,7393	0,1556	0,3729	0,5109	0,9677
5	25	1	2	18	0,6982	0,0915	0,4645	0,4681	0,9283
6	32	2	2	15	0,6051	0,2872	0,7516	0,3666	0,8436
7	40	3	1	11	0,4401	0,9545	1,7062	0,1720	0,7082
8	45	0	2	7	0,4401	0,0000	1,7062		
9	57	2	1	5	0,2641	3,7333	5,4395		
10	68	1	1	2	0,1320	14,000	19,4395		

Tabelle 2.9.3: Berechnung des Hall-Wellner-Bandes für die Daten von Beispiel 2.9.3 zur Sicherheit $S = 0,90$ für $0 \le t \le 40$.

Wir wählen $T = 40$ und haben:

$$g = \frac{\hat{C}(40)}{1 + \hat{C}(40)} = \frac{1,7062}{2,7062} \doteq 0,63$$

Zur Sicherheit $S = 0,90$ erhält man aus Tabelle 2.9.2 durch Interpolieren:

$$K_{0,90}(0,63) = 1,19.$$

Die letzten beiden Spalten von Tabelle 2.9.3. geben schließlich $\underline{S}_t$ und $\overline{S}_t$. Abbildung 2.9.9 zeigt den Verlauf von $\hat{S}_t, \underline{S}_t, \overline{S}_t$.

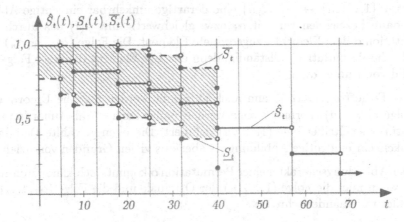

Abb. 2.9.9: Hall-Wellner-Band $[\underline{S}_t, \overline{S}_t]$ für $0 \le t \le 40$ und $S = 0,90$. Daten von Beispiel 2.9.3, $n = 28$.

Kapitel 3

Zweistichprobenprobleme

Wir beschäftigen uns in diesem Kapitel mit dem Vergleich zweier eindimensionaler, stetiger Verteilungen P_x und P_y. Im besonderen behandeln wir den Lagevergleich, den Skalenvergleich und den allgemeinen Test auf Gleichheit oder Ungleichheit von P_x und P_y. Hilfsmittel zur Behandlung dieser Fragen unter nichtparametrischer Modellbildung sind Rangstatistiken. Ihnen wenden wir uns zunächst zu.

3.1 Rangstatistiken

Wir beginnen mit einigen einfachen Tatsachen über Permutationen endlicher Mengen.

Definition 3.1.1   *Permutationen*

*Eine **Permutation** der Menge $\{1, \dots, n\}$ ist eine umkehrbar eindeutige Abbildung dieser Menge auf sich.*

Ist $\alpha\colon \{1,\dots,n\} \to \{1,\dots,n\}$ eine derartige umkehrbar eindeutige Abbildung, dann bezeichnen wir mit α_i bzw. gleichwertig mit $\alpha(i)$ das durch die Permutation α dem Element i zugeordnete Element. Die Folge $(\alpha_1,\dots,\alpha_n)$ beschreibt die Permutation vollständig, denn das i-te Element α_i dieser Folge ist das Bild von i unter α.

Die Folge $(\alpha_1,\dots,\alpha_n)$ kann auch aufgefaßt werden als eine Umordnung der Folge $(1,\dots,n)$. Permutationen werden daher auch oft als Umordnungen der natürlichen Reihenfolge $(1,\dots,n)$ definiert. Die oben gewählte Definition als umkehrbar eindeutige Abbildung ist aber aus vielen Gründen vorzuziehen.

Der Abbildungscharakter einer Permutation α kommt noch klarer zum Ausdruck, wenn man die Folge $(1,\dots,n)$ der Originale und die Folge $(\alpha_1,\dots,\alpha_n)$ der Bilder miteinander schreibt:

$$\alpha = \begin{pmatrix} 1 & 2 & \dots & i & \dots & n \\ \alpha_1 & \alpha_2 & \dots & \alpha_i & \dots & \alpha_n \end{pmatrix}.$$

Bei dieser Art der Darstellung ist es nicht notwendig, daß in der ersten Zeile die Zahlen $1, \ldots, n$ in der natürlichen Reihenfolge stehen. So sind etwa die Permutationen

$$\alpha = \begin{pmatrix} 1 & 2 & 3 & 4 & 5 \\ 3 & 1 & 4 & 5 & 2 \end{pmatrix} \qquad \beta = \begin{pmatrix} 3 & 5 & 2 & 1 & 4 \\ 4 & 2 & 1 & 3 & 5 \end{pmatrix}$$

gleich, denn für jedes i aus den ersten Zeilen sind die darunter stehenden Zahlen α_i und β_i gleich. Diese Art der Darstellung ist besonders für die Zusammensetzung von Permutationen zweckmäßig.

Wir bezeichnen die Menge aller Permutationen von $\{1, \ldots, n\}$ mit dem Symbol $\mathbf{S}_n$. Man zeigt — beispielsweise auf rekursivem Wege — ganz leicht, daß $\mathbf{S}_n$ genau $1 \cdot 2 \cdot 3 \cdots n = n!$ Elemente enthält.

Komposition von Permutationen

Da Permutationen Abbildungen sind, kann man sie hintereinander ausführen: man schreibt $\beta \circ \alpha$ für diejenige Abbildung, die das Element $i \in \{1, \ldots, n\}$ auf das Element $\beta(\alpha(i))$ abbildet. Da α und β 1-1-Abbildungen sind, trifft das auch auf $\beta \circ \alpha$ zu. $\beta \circ \alpha$ ist daher wieder eine Permutation. Man nennt die Verknüpfung $\beta \circ \alpha$ die **Zusammensetzung** oder **Komposition** der Permutationen α und β. Im allgemeinen gilt $\beta \circ \alpha \neq \alpha \circ \beta$.

Beispiel 3.1.1 Seien $\alpha, \beta \in \mathbf{S}_5$ die Permutationen:

$$\alpha = \begin{pmatrix} 1 & 2 & 3 & 4 & 5 \\ 4 & 3 & 2 & 1 & 5 \end{pmatrix} \qquad \beta = \begin{pmatrix} 1 & 2 & 3 & 4 & 5 \\ 2 & 1 & 5 & 3 & 4 \end{pmatrix}$$

dann ist

$$\beta \circ \alpha = \begin{pmatrix} 1 & 2 & 3 & 4 & 5 \\ 3 & 5 & 1 & 2 & 4 \end{pmatrix} \qquad \alpha \circ \beta = \begin{pmatrix} 1 & 2 & 3 & 4 & 5 \\ 3 & 4 & 5 & 2 & 1 \end{pmatrix}$$

und ersichtlich ist $\beta \circ \alpha \neq \alpha \circ \beta$.

Die Menge $\mathbf{S}_n$ bildet mit der Komposition als Verknüpfung eine nichtkommutative Gruppe, denn die Komposition ist assoziativ:

$$\gamma \circ (\beta \circ \alpha) = (\gamma \circ \beta) \circ \alpha,$$

sie besitzt ein neutrales Element, nämlich die identische Abbildung ϵ mit $\epsilon(i) = i$ für $i = 1, \ldots, n$ mit der Eigenschaft:

$$\epsilon \circ \alpha = \alpha \circ \epsilon \quad \text{für alle } \alpha \in \mathbf{S}_n,$$

und zu jedem $\alpha \in S_n$ existiert ein inverses Element $\alpha^{-1} \in S_n$ mit $\alpha^{-1} \circ \alpha = \alpha \circ \alpha^{-1} = \epsilon$. Offenbar ist α^{-1} die inverse Abbildung zu α.

Beispiel 3.1.2 Sei $\alpha = \begin{pmatrix} 1 & 2 & 3 & 4 & 5 \\ 3 & 5 & 4 & 2 & 1 \end{pmatrix}$, dann ist:

$$\alpha^{-1} = \begin{pmatrix} 3 & 5 & 4 & 2 & 1 \\ 1 & 2 & 3 & 4 & 5 \end{pmatrix} = \begin{pmatrix} 1 & 2 & 3 & 4 & 5 \\ 5 & 4 & 1 & 3 & 2 \end{pmatrix},$$

d.h., man vertauscht die beiden Zeilen von α und kann dann, wenn man will, die Spalten von α^{-1} so vertauschen, daß die Zahlen in der ersten Zeile in der natürlichen Reihenfolge stehen. Man verifiziert sofort:

$$\alpha^{-1} \circ \alpha = \alpha \circ \alpha^{-1} = \epsilon = \begin{pmatrix} 1 & 2 & 3 & 4 & 5 \\ 1 & 2 & 3 & 4 & 5 \end{pmatrix}.$$

Ränge

Sei $\mathbf{x} = (x_1, \ldots, x_n)$ eine beliebige Folge reeller Zahlen. Wir definieren:

Definition 3.1.2 *Rangreihe*

Der **Rang** *von x_j innerhalb der Folge $\mathbf{x} = (x_1, \ldots, x_n)$ ist die Anzahl derjenigen $x_i \in \mathbf{x}$ mit $x_i \leq x_j$. Wir schreiben dafür $r_j = r(x_j|\mathbf{x})$. Die Folge $\mathbf{r} = \mathbf{r}(\mathbf{x}) = (r_1, \ldots, r_n)$ heißt die* **Rangreihe** *von $\mathbf{x}$.*

Führt man die Indikatorfunktion

$$u(t) = \begin{cases} 1 & \ldots \text{ für } t \geq 0 \\ 0 & \ldots \text{ für } t < 0 \end{cases} \tag{3.1.1}$$

ein, dann gilt:

$$r_j = \sum_{i=1}^{n} u(x_j - x_i). \tag{3.1.2}$$

Sind die Zahlen x_i in $\mathbf{x}$ paarweise verschieden — man beachte, daß wir das nicht vorausgesetzt haben —, dann besteht ein einfacher Zusammenhang zwischen der Rangreihe $\mathbf{r}$ und der Ordnungsreihe $\mathbf{x}_{()}$ von $\mathbf{x}$, denn offensichtlich ist x_j das Element mit der Nummer r_j in der Ordnungsreihe:

$$x_j = x_{(r_j)} \quad \text{für } j = 1, \ldots, n.$$

Anders formuliert heißt das: steht x_j in der Ordnungsreihe an der Stelle k, dann gilt $r_j = k$.

Enthält die Folge $\mathbf{x}$ hingegen Bindungen, d.h. gleiche Elemente, dann gilt diese Aussage nicht mehr, sondern r_j ist dann die größte Nummer k von Elementen in der Ordnungsreihe mit $x_j = x_{(k)}$. Die Gleichung $x_j = x_{(r_j)}$ bleibt aber auch hier richtig.

Beispiel 3.1.3 Sei zunächst $x = (3,1; 4,2; 1,7; 1,3; 2,4)$, dann ist die Ordnungsreihe $x_{()} = (1,3; 1,7; 2,4; 3,1; 4,2)$ und die Rangreihe $r = (4, 5, 2, 1, 3)$.

Ist x eine Folge mit Bindungen: $x = (3,1; 4,2; 3,1; 1,7; 1,3; 1,7; 1,3; 2,4; 1,7)$ dann gilt: $x_{()} = (1,3; 1,3; 1,7; 1,7; 1,7; 2,4; 3,1; 3,1; 4,2)$ und $r = (8, 9, 8, 5, 2, 5, 2, 6, 5)$.

Man erkennt: die Rangreihe r ist eine Folge von natürlichen Zahlen aus $\{1, \ldots, n\}$ mit der gleichen Ordnungsstruktur wie die gegebene Folge x, d.h., gilt $x_i < x_j$, dann ist $r_i < r_j$ und umgekehrt, und ist $x_i = x_j$, dann ist $r_i = r_j$ und umgekehrt. Sind die Elemente x_i paarweise verschieden, dann ist r eine Permutation von $\{1, \ldots, n\}$.

Definition 3.1.3   *Antiränge*

Seien die Elemente der Folge $x = (x_1, \ldots, x_n)$ *paarweise verschieden, so daß* $r = (r_1, \ldots, r_n)$ *eine Permutation aus* S_n *ist. Man nennt dann die inverse Permutation von* r:

$$d = (d_1, \ldots, d_n) = r^{-1}$$

die Reihe der **Antiränge** *von* x.

Die anschauliche Bedeutung der Antiränge ist die folgende: Sei $x = (x_1, \ldots, x_n)$ die gegebene Folge paarweise verschiedener Zahlen und $x_{()} = (x_{(1)}, \ldots, x_{(n)})$ ihre Ordnungsreihe.

Gibt nun r_i an, an welcher Position der Ordnungsreihe das Element x_i steht, dann gibt d_i an, an welcher Position der ursprünglichen Reihe x das Element $x_{(i)}$ steht:

$$x_i = x_{(r_i)} \quad i = 1, \ldots, n; \qquad x_{(i)} = x_{d_i} \quad i = 1, \ldots, n \qquad (3.1.3)$$

Beispiel 3.1.4   Sei $x = (5,7; 3,2; 1,8; 4,3; 2,6)$ mit $x_{()} = (1,8; 2,6; 3,2; 4,3; 5,7)$. Wir erhalten $r = (5, 3, 1, 4, 2)$ und $d = (3, 5, 2, 4, 1)$, wenn wir die Positionen von x_i in $x_{()}$ und umgekehrt die Positionen von $x_{(i)}$ in x bestimmen. Offensichtlich gilt $d = r^{-1}$.

Die Verteilung der Ränge

Wir setzen jetzt voraus, daß die Größen x_i in $x = (x_1, \ldots, x_n)$ eindimensionale, stetige, unabhängige und identisch verteilte Zufallsvariable sind. Nach Satz 2.3.1 treten dann Bindungen mit Wahrscheinlichkeit 0 auf, so daß die Rangreihe $r(x)$ mit Wahrscheinlichkeit von 1 eine Permutation in S_n ist. Es gilt dann:

Satz 3.1.1   *Verteilung von* r *und* d

Unter den obigen Voraussetzungen sind $r = r(x)$ *und* $d = d(x)$ *auf* S_n *gleichverteilt.*

Beweis: Ist $\boldsymbol{\delta} = (\delta_1, \ldots, \delta_n)$ eine Permutation aus $\mathbf{S}_n$, dann gilt offenbar für $\mathbf{x} = (x_1, \ldots, x_n): x_{\delta_1} < x_{\delta_2} < \ldots < x_{\delta_n}$ genau für $\mathbf{d}(\mathbf{x}) = \boldsymbol{\delta}$. Wir haben daher:

$$P(\mathbf{d}(\mathbf{x}) = \boldsymbol{\delta}) = P(x_{\delta_1} < \ldots < x_{\delta_n})$$

für jedes $\boldsymbol{\delta} \in \mathbf{S}_n$. Da die Zufallsvariablen $(x_1, \ldots, x_n)$ unabhängig und identisch verteilt sind, gilt aber natürlich:

$$P(x_1 < x_2 < \ldots < x_n) = P(x_{\delta_1} < x_{\delta_2} < \ldots < x_{\delta_n}) \quad \text{für alle } \boldsymbol{\delta} \in \mathbf{S}_n,,$$

d.h., die $n!$ paarweise disjunkten Ereignisse $A_{\boldsymbol{\delta}} = \{\mathbf{x}: x_{\delta_1} < \ldots < x_{\delta_n}\}$ sind alle gleich wahrscheinlich. Wegen

$$\bigcup_{\boldsymbol{\delta} \in \mathbf{S}_n} A_{\boldsymbol{\delta}} = \{\mathbf{x} : \mathbf{x} \quad \text{enthält keine Bindungen}\}$$

folgt schließlich:

$$P(\mathbf{d}(\mathbf{x}) = \boldsymbol{\delta}) = 1/n! \quad \text{für alle } \boldsymbol{\delta} \in \mathbf{S}_n.$$

Damit ist aber auch die Behauptung für $\mathbf{r}(\mathbf{x}) = \mathbf{d}^{-1}(\mathbf{x})$ gezeigt, denn die Zuordnung $\mathbf{d} \to \mathbf{d}^{-1} = \mathbf{r}$ ist eine umkehrbar eindeutige Abbildung der endlichen Menge $\mathbf{S}_n$ auf sich. ♠

Bemerkung: Sowohl die Aussage als auch der Beweis von Satz 3.1.1 bleiben unverändert, wenn die Variablen $(x_1, \ldots, x_n)$ nicht mehr unabhängig, sondern nur vertauschbar sind, d.h., wenn die Verteilung von $(x_{\delta_1}, \ldots, x_{\delta_n})$ die gleiche ist wie diejenige von $(x_1, \ldots, x_n)$ für jedes $\boldsymbol{\delta} \in \mathbf{S}_n$.

Wir benötigen im folgenden noch die ein- und zweidimensionalen Randverteilungen von $\mathbf{r}$ und zeigen gleich allgemein den folgenden Satz.

Satz 3.1.2   *Randverteilungen von $\mathbf{r}$*

Ist $\mathbf{r}$ auf $\mathbf{S}_n$ gleichverteilt, dann ist $(r_{j_1}, \ldots, r_{j_k})$ gleichverteilt auf der Menge der $n(n-1)\ldots(n-k+1) =: (n)_k$ Folgen $(\rho_1, \ldots, \rho_k)$ mit $1 \leq \rho_i \leq n$ und $\rho_i \neq \rho_j$ für $i \neq j$. Es gilt somit:

$$P((r_{j_1}, \ldots, r_{j_k}) = (\rho_1, \ldots, \rho_k)) = \begin{cases} 1/(n)_k & \text{für } 1 \leq \rho_i \leq n \text{ und } \rho_i \neq \rho_j, \\ 0 & \text{sonst.} \end{cases}$$

$$(3.1.4)$$

Beweis: Ist die Folge $(\rho_1, \ldots, \rho_k)$ mit paarweise verschiedenen $\rho_i \in \{1, \ldots, n\}$ gewählt, dann gibt es offenbar $(n-k)!$ Permutationen $\mathbf{r} \in \mathbf{S}_n$ mit $(r_{j_1}, \ldots, r_{j_k}) = (\rho_1, \ldots, \rho_k)$. Somit haben wir:

$$P((r_{j_1}, \ldots, r_{j_k}) = (\rho_1, \ldots, \rho_k)) = \frac{(n-k)!}{n!} = \frac{1}{(n)_k}.$$

Erfüllt die Folge $(\rho_1, \ldots, \rho_k)$ nicht die obigen Bedingungen, dann gilt natürlich

$$P((r_{j_1}, \ldots, r_{j_k}) = (\rho_1, \ldots, \rho_k)) = 0. \quad \spadesuit$$

Lineare Rangstatistiken

In der klassischen parametrischen Statistik haben viele zum Schätzen und Testen benützte Statistiken die Form $S(x_1, \ldots, x_n) = \sum_{i=1}^{n} c_i a(x_i)$. Statistiken dieser Art sind für unabhängige Stichprobenvariable $(x_1, \ldots, x_n)$ asymptotisch normal-verteilt (zentraler Grenzverteilungssatz) und werden damit handhabbar, auch wenn man ihre exakte Verteilung nicht kennt.

Ersetzt man die Beobachtungen $(x_1, \ldots, x_n)$ durch ihre Ränge $(r_1, \ldots r_n)$ dann erhält man Statistiken der Form

$$S(x_1, \ldots, x_n) = \sum_{i=1}^{n} c_i a(r_i). \tag{3.1.5}$$

Nun sind die Ränge $(r_i, \ldots, r_n)$ zwar nicht unabhängig, aber für große n sehr schwach abhängig, so daß man hoffen kann, daß auch hier asymptotische Normalität gegeben ist — in der Tat trifft das unter sehr allgemeinen Voraussetzungen zu (siehe Satz 3.1.6).

Statistiken, die von den Daten $\mathbf{x}$ nur über ihre Rangreihe $\mathbf{r}(\mathbf{x})$ abhängen, heißen **Rangstatistiken**. Statistiken der speziellen Form (3.1.5) nennt man lineare Rangstatistiken.

Definition 3.1.4   *Lineare Rangstatistiken*

Sei $\mathbf{x} = (x_1, \ldots, x_n)$ *und* $\mathbf{r}(\mathbf{x}) = (r_1, \ldots, r_n)$ *die zugehörige Rangreihe. Man nennt eine Statistik der Form:*

$$S = \sum_{i=1}^{n} c(i) a(r_i) \tag{3.1.6}$$

eine **lineare Rangstatistik** *von* $\mathbf{x}$. *Die Konstanten* $a(1), \ldots, a(n)$ *heißen* **Gewichte**, *die Konstanten* $c(1), \ldots, c(n)$ **Regressionskonstanten** *der Statistik.*

Beispiel 3.1.5   Das Zweistichproben-Lageproblem

Um zu zeigen, in welcher Weise sich Rangstatistiken dazu eignen, zwei oder mehrere Verteilungen miteinander zu vergleichen, betrachten wir das Zweistichproben-
Lageproblem. Gegeben sind zwei Zufallsgrößen $x \sim P_x$ und $y \sim P_y$, wobei angenommen wird, daß die Verteilung P_x und P_y zu ein und derselben Lagefamilie gehören,
d.h., es gilt für die zugehörigen Verteilungsfunktionen:

$$F_y(t) = F_x(t - \Delta) \quad \text{für alle } t \in \mathbf{R}.$$

Der Verschiebungsparameter Δ ist frei und unbekannt, ebenso wie die Verteilungsfunktion $F_x(.)$, die die Lagefamilie erzeugt; das Modell ist somit nichtparametrisch.
Für $\Delta = 0$ sind x und y identisch verteilt, für $\Delta > 0$ ist F_y nach rechts, für $\Delta < 0$
nach links um $|\Delta|$ verschoben (siehe Abb. 3.1.1).

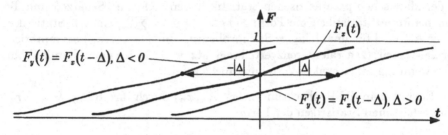

Abb. 3.1.1: Von F_x erzeugte Lagefamilie

Man möchte nun Δ schätzen und Hypothesen über Δ testen. Wir betrachten das
Testproblem:

$$\mathbf{H_0}\colon \Delta = 0 \quad \text{gegen} \quad \mathbf{H_1}\colon \Delta \neq 0.$$

An Daten stehen zwei Stichproben $\mathbf{x} = (x_1, \dots, x_m)$ aus F_x und $\mathbf{y} = (y_1, \dots, y_n)$
aus F_y zur Verfügung.

Ist $\Delta = 0$, dann ist $F_x = F_y$ und die $m+n$ Variablen $(x_1, \dots, x_m; y_1, \dots, y_n) =$
$= (\mathbf{x}, \mathbf{y})$ sind unabhängig und identisch verteilt. Ist hingegen $\Delta > 0$, dann werden
die y-Beobachtungen in der Reihe $(\mathbf{x}, \mathbf{y})$ eher die großen Werte, für $\Delta < 0$ eher die
kleinen Werte sein (siehe Abb. 3.1.2).

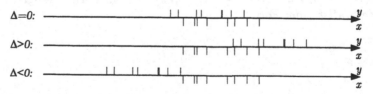

Abb. 3.1.2:   Relative Lage typischer Stichproben $\mathbf{x} = (x_1, \dots, x_m)$ und
$\mathbf{y} = (y_1, \dots, y_n)$ für $\Delta = 0, > 0, < 0$

Dieser Sachverhalt drückt sich auch in den Rängen aus. Bezeichnet $\mathbf{r} = = (r_1,\ldots,r_m;r_{m+1},\ldots,r_{m+n})$ die Rangreihe der sogenannten *gepoolten* Stichprobe $(x_1,\ldots,x_m;y_1,\ldots,y_n)$, dann werden die y-Ränge, das sind die Ränge $(r_{m+1},\ldots,r_{m+n})$ für $\Delta > 0$ eher die großen und für $\Delta < 0$ eher die kleinen Werte aus $\{1,\ldots,m+n\}$ annehmen, während sie für $\Delta = 0$ keine derartige Tendenz zeigen. Betrachtet man daher etwa die Statistik

$$S = S(\mathbf{x},\mathbf{y}) = \sum_{i=m+1}^{m+n} r_i,$$

d.h. die Summe der y-Ränge, dann tendiert S für $\Delta > 0$ zu großen und für $\Delta < 0$ zu kleinen Werten. S ist eine lineare Rangstatistik, denn mit $a(i) = i$ und $c(i) = 0$ für $i = 1,\ldots,m$ und $c(i) = 1$ für $i = m+1,\ldots,m+n$ gilt $S = \sum_{i=1}^{m+n} c(i)a(r_i)$. Diese Statistik wurde von WILCOXON (1945) zur Behandlung des Zweistichproben-Lageproblems vorgeschlagen — wir nennen sie in Zukunft die **Wilcoxon-Statistik**. Für $\Delta = 0$, aber beliebiges F_x — das ist der entscheidende Punkt—, ist $\mathbf{r}$ auf $\mathbf{S}_{m+n}$ gleichverteilt und S besitzt daher eine feste, von F_x unabhängige und somit tabellierbare Verteilung — die *Nullverteilung* von S, wie wir sie nennen wollen. Bezeichnen $s_{\alpha/2}$ und $s_{1-\alpha/2}$ das $\alpha/2$- bzw. das $(1-\alpha/2)$-Fraktil dieser Nullverteilung, dann ist

$$\varphi(\mathbf{x},\mathbf{y}) = \begin{cases} 1 \\ 0 \end{cases} \iff S(\mathbf{x},\mathbf{y}) \begin{smallmatrix} \notin \\ \in \end{smallmatrix} (s_{\alpha/2}, s_{1-\alpha/2}]$$

ein Test zum Niveau α für das betrachtete Testproblem $\mathbf{H}_0$: $\Delta = 0$, $\mathbf{H}_1$: $\Delta \neq 0$. Mehr noch, der Test entscheidet für jede Verteilungssituation aus $\mathbf{H}_0$, d.h. für beliebiges $F_x(= F_y)$ exakt mit Wahrscheinlichkeit α auf $\mathbf{H}_1$, mit anderen Worten: er ist auf $\mathbf{H}_0$ *ähnlich*.

Für von 0 wachsendes Δ wird die Entscheidung auf $\mathbf{H}_1$ — das leuchtet intuitiv ein, bedarf aber natürlich eines Beweises — mit ebenfalls wachsender Wahrscheinlichkeit ausfallen. Das gleiche gilt für von 0 fallendes Δ, so daß die Gütefunktion dieses Tests den in Abb. 3.1.3 gezeigten qualitativen Verlauf hat.

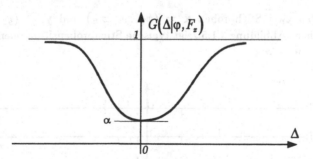

Abb. 3.1.3: Qualitativer Verlauf der Gütefunktion des Tests φ bei festem F_x

Die Steilheit der Gütefunktion hängt allerdings nicht nur von den Stichprobenumfängen (m,n), sondern auch von der Datenverteilung F_x ab.

Beispiel 3.1.6   Das Zweistichproben-Skalenproblem

Als zweites Beispiel für die Anwendung linearer Rangstatistiken betrachten wir eine spezielle Variante des Zweistichproben-Skalenproblems. Gegeben sind wieder zwei eindimensionale, stetige Zufallsgrößen $x \sim P_x$ und $y \sim P_y$. Von den Verteilungen P_x und P_y wird jetzt angenommen, daß sie zu ein und derselben Skalenfamilie gehören. Außerdem setzen wir voraus, daß alle Verteilungen dieser Skalenfamilie den Nullpunkt zum Median haben sollen. Das heißt, für die Verteilungsfunktionen F_x und F_y gilt:

$$F_y(t) = F_x\left(\frac{t}{\gamma}\right) \quad \text{für ein } \gamma > 0; \quad F_y(0) = F_x(0) = 0{,}5.$$

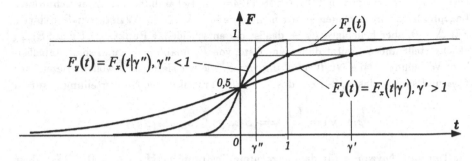

Abb. 3.1.4: Von F_x, mit $F_x(0) = 0{,}5$, erzeugte Skalenfamilie

Abbildung 3.1.4 veranschaulicht diese Modellsituation. Das Modell enthält den freien Skalenparameter $\gamma > 0$ und die freie Verteilungsfunktion F_x mit der einschränkenden Bedingung $F_x(0) = 0{,}5$ und ist somit nichtparametrisch. Wir betrachten das Testproblem:

$$\mathbf{H_0}: \ \gamma = 1 \qquad \mathbf{H_1}: \ \gamma \neq 1,$$

wobei an Daten zwei Stichproben $\mathbf{x} = (x_1, \ldots, x_m)$ und $\mathbf{y} = (y_1, \ldots, y_n)$ zur Verfügung stehen. Abbildung 3.1.5 zeigt typische Stichprobensituationen für die Fälle $\gamma = 1$, $\gamma < 1$ und $\gamma > 1$.

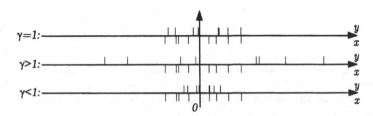

Abb. 3.1.5:   Relative Lage typischer Stichproben $\mathbf{x} = (x_1, \ldots, x_m)$ und
$\mathbf{y} = (y_1, \ldots, y_n)$ für $\gamma = 1$, > 1 und < 1.

Man erkennt: innerhalb der gepoolten Stichprobe $(\mathbf{x}, \mathbf{y}) = (x_1, \ldots, x_m; y_1, \ldots, y_n)$ liegen die y-Beobachtungen für $\gamma < 1$ eher in der Mitte des Variationsintervalls der Daten, während die Randwerte, unten und oben, meistens x-Beobachtungen sind. Für $\gamma > 1$ ist es gerade umgekehrt. Außerdem scheint klar, daß diese Entmischung der x- und y-Werte für $\gamma \downarrow 0$ und $\gamma \uparrow \infty$ immer ausgeprägter ausfallen wird.

Ganz analog verhält sich die Rangreihe $\mathbf{r} = (r_1, \ldots, r_{m+n})$ der gepoolten Stichprobe $(\mathbf{x}, \mathbf{y})$. Für $\gamma < 1$ besetzen die x-Ränge $(r_1, \ldots, r_m)$ die meisten der Zahlen an den Rändern der Folge $(1, 2, \ldots, m+n)$, die y-Ränge $(r_{m+1}, \ldots, r_{m+n})$ dagegen Werte im Mittelbereich; für $\gamma > 1$ ist es umgekehrt. Man gewinnt daher eine Teststatistik $T = T(\mathbf{x}, \mathbf{y})$, die geeignet ist, die Situationen $\gamma < 1$ und $\gamma > 1$ zu trennen, wenn man

1. einen Rang r_i in $\mathbf{r}$ umso höher gewichtet, je näher er am Rand des Intervalls $(1, 2, \ldots, m+n)$ liegt, beispielsweise kann man setzen:

$$a(i) = |i - \frac{m+n+1}{2}|,$$

2. T in der Form

$$T(\mathbf{x}, \mathbf{y}) = \sum_{j=m+1}^{m+n} a(r_j),$$

als Summe der gewichteten y-Ränge ansetzt. Mit den Regressionskonstanten $c(i) = 0$ für $i = 1, \ldots, m$ und $c(i) = 1$ für $i = m+1, \ldots, m+n$ gilt dann $T = \sum_{i=1}^{m+n} c(i)a(r_i)$.

Die Statistik T wird tendenziell (präziser gesprochen: im Sinne der stochastischen Ordnung) mit wachsendem γ wachsen. Für $\gamma = 1$ aber sind die Zufallsgrößen $(x_1, \ldots, x_m; y_1, \ldots, y_n)$ unabhängig und identisch verteilt, so daß $\mathbf{r}$ auf $\mathbf{S}_{m+n}$ gleichverteilt ist und zwar für jede Verteilung F_x. Als Rangstatistik besitzt daher T für $\gamma = 1$ eine feste, von F_x unabhängige und damit tabellierbare Verteilung — die Nullverteilung von T, wie wir sie wieder nennen wollen.

Bezeichnen $t_{\alpha/2}$ und $t_{1-\alpha/2}$ die entsprechenden Fraktile dieser Nullverteilung, dann ist

$$\varphi(\mathbf{x}, \mathbf{y}) = \begin{cases} 1 \\ 0 \end{cases} \Longleftrightarrow T(\mathbf{x}, \mathbf{y}) \genfrac{}{}{0pt}{}{\notin}{\in} (t_{\alpha/2}, t_{1-\alpha/2}]$$

ein auf $\mathbf{H}_0$: $\gamma = 1$ ähnlicher Niveau-α-Test für das obige Testproblem $\mathbf{H}_0$: $\gamma = 1$ gegen $\mathbf{H}_1$: $\gamma \neq 1$. Die Gütefunktion dieses Tests hat für festgehaltenes F_x den in Abb. 3.1.6 gezeigten Verlauf.

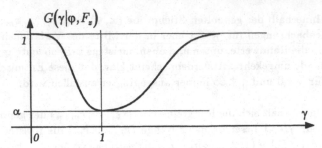

Abb. 3.1.6: Qualitativer Verlauf der Gütefunktion des Tests φ bei festem F_x

Die Steilheit der Gütefunktion hängt von den Stichprobenumfängen m, n von der Verteilung F_x und von der Wahl der Teststatistik T, d.h. letztlich von den Gewichten $a(i)$ ab.

Die Nullverteilung linearer Rangstatistiken

Sei $\mathbf{x} = (x_1, \ldots, x_n)$ eine n-dimensionale Zufallsvariable, $\mathbf{r} = (r_1, \ldots, r_n)$ die zugehörige Rangreihe und $S = \sum_{i=1}^{n} c(i)a(r_i)$ eine lineare Rangstatistik. Ist $\mathbf{r}$ auf $\mathbf{S}_n$ gleichverteilt, was insbesondere dann zutrifft, wenn die Variablen $x_1, \ldots, x_n$ stetig, unabhängig und identisch verteilt sind, dann heißt die zugehörige Verteilung von S die **Nullverteilung** von S. Diese Nullverteilung spielt, wie wir in den Beispielen 3.1.5 und 3.1.6 gesehen haben, bei Zweistichprobenproblemen eine wichtige Rolle. Sie kann für kleine n tabelliert werden — im Prinzip muß man die empirische Verteilung von $S(\mathbf{r})$ bestimmen, wobei $\mathbf{r}$ alle Permutationen aus $\mathbf{S}_n$ durchläuft. Für große n hat man in regulären Fällen die asymptotische Verteilung von S zur Verfügung. Wir zeigen zunächst einen Satz über die Momente der Nullverteilung von S.

Satz 3.1.3   *Momente der Nullverteilung von S*

Ist $\mathbf{r} = (r_1, \ldots, r_n)$ auf $\mathbf{S}_n$ gleichverteilt und $S = \sum_{i=1}^{n} c(i)a(r_i)$, dann gilt:

$$E(S) = \frac{1}{n} \sum_{i=1}^{n} c(i) \cdot \sum_{i=1}^{n} a(i) = n\bar{c}\,\bar{a}, \qquad (3.1.7)$$

mit den Abkürzungen $\bar{c} = 1/n \cdot \sum_{i=1}^{n} c(i)$, $\bar{a} = 1/n \cdot \sum_{i=1}^{n} a(i)$ und

$$V(S) = \frac{1}{n-1} \sum_{i=1}^{n} (c(i) - \bar{c})^2 \cdot \sum_{i=1}^{n} (a(i) - \bar{a})^2 = (n-1)s_c^2 s_a^2, \qquad (3.1.8)$$

mit den Abkürzungen $s_c^2 = 1/(n-1) \cdot \sum_{i=1}^{n} (c(i) - \bar{c})^2$ und $s_a^2 = 1/(n-1) \cdot \sum_{i=1}^{n} (a(i) - \bar{a})^2$.

Beweis: Nach Satz 3.1.2 ist r_i auf $\{1, \ldots, n\}$ gleichverteilt. Folglich gilt:

$$E(a(r_i)) = \sum_{i=1}^{n} a(i) \cdot \frac{1}{n} = \bar{a}$$

und somit

$$E(S) = \sum_{i=1}^{n} c(i) \cdot E(a(r_i)) = \sum_{i=1}^{n} c(i) \cdot \bar{a} = n\bar{c}\,\bar{a}.$$

Zur Berechnung der Varianz $V(S)$ schreiben wir zunächst:

$$S - E(S) = \sum_{i=1}^{n} c(i) \cdot (a(r_i) - \bar{a}) = \sum_{i=1}^{n} (c(i) - \bar{c})(a(r_i) - \bar{a}) = \sum_{i=1}^{n} \gamma(i)\alpha(r_i), \quad (3.1.9)$$

mit den Abkürzungen:

$$\gamma(i) = c(i) - \bar{c} \quad \text{und} \quad \alpha(i) = a(i) - \bar{a}.$$

Natürlich gilt: $\bar{\gamma} = \bar{\alpha} = 0$. Damit folgt zunächst:

$$V(S) = E\left(\left(\sum_{i=1}^{n} \gamma(i)\alpha(r_i)\right)^2\right) = \sum_{i,j=1}^{n} \gamma(i)\gamma(j)E(\alpha(r_i)\alpha(r_j)). \quad (3.1.10)$$

Wieder unter Benützung von Satz 3.1.2, diesmal für die Randverteilung von (r_i, r_j), haben wir:

$$\text{für } i = j: \quad E(\alpha(r_i)\alpha(r_j)) = E(\alpha^2(r_i)) = \frac{1}{n} \sum_{i=1}^{n} \alpha^2(i),$$

$$\text{für } i \neq j: \quad E(\alpha(r_i)\alpha(r_j)) = \frac{1}{n(n-1)} \sum_{\substack{i,j=1 \\ i \neq j}}^{n} \alpha(i)\alpha(j) =$$

$$= \frac{1}{n(n-1)}\left(\underbrace{\left(\sum_{i=1}^{n} \alpha(i)\right)^2}_{=0} - \sum_{i=1}^{n} \alpha^2(i)\right) =$$

$$= \frac{-1}{n(n-1)} \sum_{i=1}^{n} \alpha^2(i).$$

In (3.1.10) eingesetzt folgt abschließend:

$$V(S) = \sum_{i=1}^{n} \gamma^2(i) \cdot \frac{1}{n} \sum_{i=1}^{n} \alpha^2(i) - \underbrace{\sum_{\substack{i,j=1 \\ i \neq j}}^{n} \gamma(i)\gamma(j)}_{-\sum_{i=1}^{n} \gamma^2(i)} \cdot \frac{1}{n(n-1)} \sum_{i=1}^{n} \alpha^2(i) =$$

$$= \frac{1}{n-1} \sum_{i=1}^{n} \gamma^2(i) \cdot \sum_{i=1}^{n} \alpha^2(i) = \frac{1}{n-1} \sum_{i=1}^{n} (c(i) - \bar{c})^2 \cdot \sum_{i=1}^{n} (a(i) - \bar{a})^2.$$

also die Formel (3.1.8).   ♠

In vielen Fällen ist die Nullverteilung von S symmetrisch um den Mittelwert $E(S)$ — ein Umstand, der sowohl bei der Tabellierung als auch beim praktischen Arbeiten angenehm ist. Wir zeigen zunächst den

Satz 3.1.4   *Invarianz der Nullverteilung bei Permutationen von* **c** *und* **a**.

Ist $(c'(1), \ldots, c'(n))$ *eine Permutation von* $(c(1), \ldots, c(n))$ *und* $(a'(1), \ldots, a'(n))$ *eine Permutation von* $(a(1), \ldots, a(n))$, *dann besitzen die linearen Rangstatistiken* $S(\mathbf{r}) = \sum_{i=1}^{n} c(i)a(r_i)$ *und* $S'(\mathbf{r}) = \sum_{i=1}^{n} c'(i)a'(r_i)$ *die gleiche Nullverteilung*.

Beweis: Zunächst gilt für zwei geeignete Permutationen α und γ aus $\mathbf{S}_n$:

$$c'(i) = c(\gamma(i)) \quad \text{und} \quad a'(i) = a(\alpha(i)).$$

Somit ist

$$S'(\mathbf{r}) = \sum_{i=1}^{n} c'(i)a'(r_i) = \sum_{i=1}^{n} c(\gamma(i))a(\alpha(r_i)).$$

Summiert man statt über i über $j = \gamma(i)$, dann folgt:

$$S'(\mathbf{r}) = \sum_{j=1}^{n} c(j)a(\underbrace{\alpha(r(\gamma^{-1}(j)))}_{=:r'(j)}).$$

Die Transformation $\mathbf{r} \to \mathbf{r}' := \alpha \circ \mathbf{r} \circ \gamma^{-1}$ ist eine umkehrbar eindeutige Abbildung von $\mathbf{S}_n$ auf sich (offenbar ist $\mathbf{r} = \alpha^{-1} \circ \mathbf{r}' \circ \gamma$). Folglich ist mit $\mathbf{r}$ auch $\mathbf{r}'$ auf $\mathbf{S}_n$ gleichverteilt und S' besitzt ersichtlich die gleiche Nullverteilung wie S.
♠

Satz 3.1.5   *Symmetrie der Nullverteilung von* S

Gilt $a(i) + a(n+1-i) = \text{konst.}$ *für* $i = 1, \ldots, n$ *oder* $c(i) + c(n+1-i) = \text{konst.}$ *für* $i = 1, \ldots, n$, *dann ist die Nullverteilung von* $S = \sum_{i=1}^{n} c(i)a(r_i)$ *um* $E(S)$ *symmetrisch*.

Beweis: Addiert man die n Gleichungen $a(i) + a(n+1-i) = K$, dann erkennt man: $K = 2\bar{a}$. Folglich ist die erste Bedingung gleichwertig mit:

$$-(a(i) - \bar{a}) = a(n+1-i) - \bar{a} \qquad i = 1, \ldots, n \qquad (3.1.11)$$

und die zweite mit:

$$-(c(i) - \bar{c}) = c(n+1-i) - \bar{c} \qquad i = 1, \ldots, n. \qquad (3.1.12)$$

Abbildung 3.1.7 veranschaulicht die Bedingung (3.1.11).

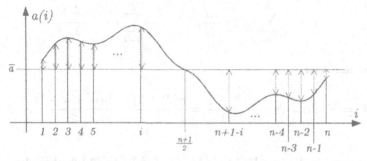

Abb. 3.1.7: Veranschaulichung der Bedingung $-(a(i) - \bar{a}) = a(n + 1 - i) - \bar{a}$

Die zentrierte Statistik $T = S - E(S)$ kann nach (3.1.10) folgendermaßen geschrieben werden:

$$T = S - E(S) = \sum_{i=1}^{n}(c(i) - \bar{c}) \cdot (a(r_i) - \bar{a}).$$

Es genügt nun zu zeigen, daß die Verteilungen von T und $-T$ übereinstimmen. Ist zum Beispiel die Bedingung (3.1.11) erfüllt, dann folgt:

$$-T = \sum_{i=1}^{n}(c(i) - \bar{c}) \cdot [-(a(r_i) - \bar{a})] = \sum_{i=1}^{n}(c(i) - \bar{c})(a(n + 1 - r_i) - \bar{a}).$$

Nun ist aber die Gewichtsfolge $(a'(1), \ldots, a'(n)) = (a(n + 1 - 1), \ldots \ldots, a(n + 1 - n)) = (a(n), \ldots, a(1))$ eine Permutation von $(a(1), \ldots, a(n))$, so daß nach Satz 3.1.4 die Nullverteilungen von T und $-T$ übereinstimmen. Analog schließt man, falls (3.1.12) erfüllt ist. ♠

Beispiel 3.1.7   Mittel, Varianz und Symmetrie der Wilcoxon-Statistik

Sei $S = \sum_{i=1}^{m+n} c(i)a(r_i)$ die in Beispiel 3.1.5 zur Behandlung des Zweistichproben-Lageproblems eingeführte Wilcoxon-Statistik mit:

$$c(1) = \ldots = c(m) = 0; \quad c(m + 1) = \ldots = c(m + n) = 1,$$
$$a(i) = i \qquad \text{für } i = 1, \ldots, m + n.$$

Es gilt, mit der Abkürzung $m + n = N$:

$$\bar{c} = \frac{1}{N}\sum_{i=1}^{N} c(i) = \frac{n}{N}, \quad \bar{a} = \frac{1}{N}\sum_{i=1}^{N} i = \frac{N+1}{2},$$

und daher nach Satz 3.1.3:

$$E(S) = N \cdot \bar{c}\,\bar{a} = N \cdot \frac{n}{N}\frac{N+1}{2} = \frac{n(N+1)}{2} = \frac{n(m+n+1)}{2}. \qquad (3.1.13)$$

Zur Berechnung der Varianz $V(S) = (N-1)s_c^2 s_a^2$ (siehe (3.1.8)) berechnen wir:

$$(N-1)s_c^2 = \sum_{i=1}^{N}(c(i) - \bar{c})^2 = \sum_{i=1}^{N} c^2(i) - N\bar{c}^2 = n - N\left(\frac{n}{N}\right)^2 = \frac{mn}{N}$$

und

$$(N-1)s_a^2 = \sum_{i=1}^{N}(a(i) - \bar{a})^2 = \sum_{i=1}^{N} a^2(i) - N\bar{a}^2 = \sum_{i=1}^{N} i^2 - N\left(\frac{N+1}{2}\right)^2 =$$

$$= \sum_{i=1}^{N}\left(2\binom{i}{2} + i\right) - N\left(\frac{N+1}{2}\right)^2 =$$

$$= 2\binom{N+1}{3} + \binom{N+1}{2} - N\left(\frac{N+1}{2}\right)^2 = \ldots = \frac{(N+1)N(N-1)}{12}.$$

In $V(S) = (N-1)s_c^2 s_a^2$ eingesetzt folgt abschließend:

$$V(S) = \frac{mn(m+n+1)}{12} \qquad (3.1.14)$$

Symmetrie der Verteilung von S

Wegen $a(i) + a(N+1-i) = i + (N+1-i) = N+1$ ist nach Satz 3.1.5 S um $E(S) = n(m+n+1)/2$ symmetrisch verteilt.

Abbildung 3.1.8 zeigt die Dichte f_S und die Verteilungsfunktion F_S für $m = n = 8$. Es gilt $s_{\min} = \sum_{i=1}^{n} i = n(n+1)/2 = 36$; $s_{\max} = s_{\min} + mn = 100$ und $E(S) = n(m+n+1)/2 = 68$, $V(S) = 272/3 \approx 9{,}52^2$. Außerdem sind Dichte und Verteilungsfunktion der approximierenden Normalverteilung $N(E(S), V(S))$ eingezeichnet.

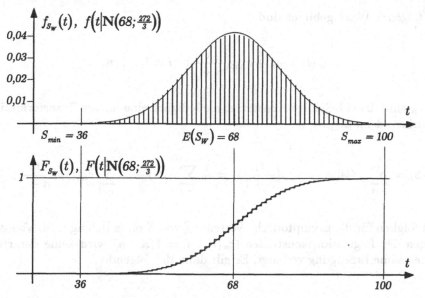

Abb. 3.1.8: Dichte und Verteilungsfunktion der Wilcoxon-Statistik für $m = n = 8$.

Asymptotische Verteilung linearer Rangstatistiken

Die exakte Verteilung linearer Rangstatistiken kann, von wenigen Ausnahmen abgesehen, nur auf numerischem Wege bestimmt werden und ist, selbst mit Hochleistungsrechnern (der Rechenaufwand wächst wie $n!$), nur für relativ kleine Stichprobenumfänge möglich. Man ist daher an asymptotischen Resultaten interessiert.

Die lineare Struktur von $S = \sum_{i=1}^{n} c(i)a(r_i)$ und die für $n \to \infty$ immer schwächer werdende Abhängigkeit der Ränge $(r_1, \ldots, r_n)$ lassen vermuten, daß S asymptotisch normal verteilt ist. Diese Frage wurde eingehend von HÁJEK und ŠIDÁK (1967) untersucht und unter relativ allgemeinen Voraussetzungen positiv beantwortet. Für die Frage, wie gut die asymptotische die exakte Verteilung für praxisrelevante Stichprobenumfänge n approximiert, gibt es allerdings kaum theoretische Resultate und man ist auf Monte-Carlo-Studien angewiesen. Der folgende Satz, den wir ohne Beweis zitieren, gibt eine Vorstellung vom Charakter der Ergebnisse von Hájek und Šidák. Gegeben sei eine Folge linearer Rangstatistiken:

$$S_n = \sum_{i=1}^{n} c_n(i)a_n(r_i) \qquad \text{für } n = 1, 2, \ldots$$

vom *gleichen Typ*, d.h., es wird verlangt, daß alle Gewichtsfolgen $(a_n(i) : i = 1, \ldots, n)$ vermittels einer festen erzeugenden Funktion $\varphi(t)$, für $0 \leq t \leq 1$, auf folgende Weise gebildet sind:

$$a_n(i) = u_n + v_n \varphi(\frac{i}{n+1}) \quad i = 1, \ldots, n,$$

u_n, v_n sind dabei beliebige Konstante, die lediglich eine lineare Transformation bewirken, denn es gilt:

$$S_n = \sum_{i=1}^{n} c_n(i)(u_n + v_n \varphi(\frac{r_i}{n+1})) = u_n \sum_{i=1}^{n} c_n(i) + v_n \sum_{i=1}^{n} c_n(i)\varphi(\frac{r_i}{n+1}),$$

und folglich für die asymptotische Verteilung von S ohne Belang sind. Von den Folgen der Regressionskonstanten $(c_n(i) : i = 1, \ldots, n)$ wird keine derartige gemeinsame Erzeugung verlangt. Es gilt dann der folgende

Satz 3.1.6 *Asymptotische Normalität linearer Rangstatistiken*

Sei $S_n = \sum_{i=1}^{n} c_n(i)(u_n + v_n\varphi(\frac{r_i}{n+1}))$ für $n = 1, 2, \ldots$. Die erzeugende Funktion $\varphi(t)$ sei auf $0 < t < a$ monoton steigend und auf $a < t < 1$ monoton fallend für ein $a \in [0, 1]$ und erfülle die Bedingung:

$$0 < \int_0^1 (\varphi(t) - \bar{\varphi})^2 dt < \infty \quad mit \quad \bar{\varphi} = \int_0^1 \varphi(t)dt. \qquad (3.1.15)$$

Erfüllt die Doppelfolge der Regressionskonstanten $(c_n(i) : i = 1, \ldots, n; n = 1, 2, \ldots)$ die Bedingung:

$$\lim_{n \to \infty} \frac{\max_{1 \leq i \leq n}(c_n(i) - \bar{c}_n)^2}{\sum_{i=1}^{n}(c_n(i) - \bar{c}_n)^2} = 0, \qquad (3.1.16)$$

dann gilt:

$$\lim_{n \to \infty} (\sup_{-\infty < s < \infty} |P(S_n \leq s) - \Phi(\frac{s - E(S_n)}{\sqrt{V(S_n)}})|) = 0 \qquad (3.1.17)$$

Beweis: Siehe HÁJEK und ŠIDÁK (1967: Theorem V.1.6.a).

Bemerkung: Von besonderem Interesse für das Zweistichprobenproblem sind Statistiken S_N mit Regressionskonstanten $c_N(1) = \ldots = c_N(m_N) = 0$ und $c_N(m_N + 1) = \ldots = c_N(m_N + n_N = N) = 1$. In diesem Fall ist:

$$\sum_{i=1}^{N}(c_N(i) - \bar{c}_N)^2 = \frac{m_N \cdot n_N}{N}$$

$$\max_{i \leq 1 \leq N}(c_N(i) - \bar{c}_N)^2 = \left(\frac{\max\{m_N, n_N\}}{N}\right)^2$$

und die Bedingung (3.1.16) wird zu:

$$\lim_{N \to \infty} \min\{m_N, n_N\} = \infty \qquad\qquad (3.1.18)$$

Diese asymptotischen Ergebnisse erlauben natürlich keinen Schluß auf die Genauigkeit der Approximation von $P(S_N \leq s)$ durch $\Phi((s - E(S_N))/\sqrt{V(S_N)})$ für endliche N. Man ist dafür auf Simulationsstudien oder auf Tabellen angewiesen.

Beispiel 3.1.8   Genauigkeit der Normalapproximation bei der Wilcoxon-Statistik. Die Abbildung 3.1.9 zeigt für $m = n$ die maximale Abweichung: $\Delta(n) = \sup_t |F_{S_W}(t) - \Phi((t - E(S_W))/\sqrt{V(S_W)})|$.

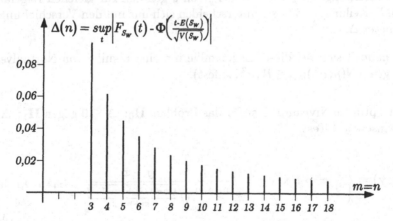

Abb. 3.1.9: Genauigkeit der Normalapproximation der Wilcoxon-Verteilung

3.2 Der Lagevergleich zweier Verteilungen

Eines der Grundprobleme der klassischen parametrischen Statistik ist der Vergleich der Mittelwerte zweier Normalverteilungen mit gleicher, aber unbekannter Varianz, d.h., man studiert das folgende parametrische

Modell: $x \sim N(\mu, \sigma^2) \quad y \sim N(\mu + \Delta, \sigma^2)$,

$\mu, \Delta, \sigma^2 \ldots$ sind freie Modellparameter. $\hspace{4cm}$ (3.2.1)

Auf der Grundlage zweier Stichproben $\mathbf{x} = (x_1, \ldots, x_m)$ und $\mathbf{y} = (y_1, \ldots, y_n)$ sollen die Hypothesen

$$\mathbf{H_0:} \ \Delta \begin{array}{c} \geq \\ = \\ \leq \end{array} 0 \quad \text{gegen} \quad \mathbf{H_1:} \ \Delta \begin{array}{c} < \\ \neq \\ > \end{array} 0 \hspace{2cm} (3.2.2)$$

getestet sowie Punkt- und Bereichschätzer für den Verschiebungsparameter Δ bestimmt werden.

In der statistischen Praxis sind häufig die Wirkungen zweier *Behandlungen* (z.B. zweier Medikamente, zweier Lehrmethoden, zweier Fütterungspläne) auf zwei Kollektive von Versuchseinheiten (Pflanzen, Tiere, Menschen) zu vergleichen. Bezeichnet x_i, für $i = 1, \ldots, m$, die Wirkung der ersten Behandlungsart auf die Versuchseinheit i eines ersten Kollektivs und y_j, für $j = 1, \ldots, n$, die Wirkung der zweiten Behandlungsart auf die Versuchseinheit j eines zweiten Kollektivs, dann ist in vielen Anwendungssituationen das Modell (3.2.1), wenigstens als erste Näherung, naheliegend. Die wesentlichen Annahmen dieses Modells sind:

a. Die Verteilungen P_x von x und P_y von y gehören zur gleichen Lagefamilie von Verteilungen, d.h. sie unterscheiden sich nur um den Verschiebungsparameter Δ.

b. Es handelt sich bei dieser Lagefamilie um eine Familie von Normalverteilungen: $(N(\mu, \sigma^2): \ \mu \in \mathbf{R}, \sigma^2 \ldots \text{fest})$.

Der optimale Niveau-α-Test für das Problem $\mathbf{H_0:} \ \Delta \leq 0$ gegen $\mathbf{H_1:} \ \Delta > 0$ ist der einseitige t-Test:

$$\varphi(\mathbf{x}, \mathbf{y}) = \begin{cases} 1 \\ 0 \end{cases} \Longleftrightarrow t(\mathbf{x}, \mathbf{y}) = \sqrt{\frac{mn}{m+n}} \frac{\bar{y} - \bar{x}}{\sqrt{\frac{(m-1)s_x^2 + (n-1)s_y^2}{m+n-2}}} \begin{array}{c} > \\ \leq \end{array} t_{m+n-2, 1-\alpha}$$

$$\hspace{10cm} (3.2.3)$$

(siehe LEHMANN 1959: S. 168ff, HAFNER 1989: S. 424ff).

Eine untere Konfidenzschranke für Δ zur Sicherheit $S = 1-\alpha$ auf der Grundlage dieses Tests (duale Konfidenzschranke) ist:

$$\underline{\Delta} = (\bar{y} - \bar{x}) - \sqrt{\frac{m+n}{mn}} \sqrt{\frac{(m-1)s_x^2 + (n-1)s_y^2}{m+n-2}} \cdot t_{m+n-2,1-\alpha} \qquad (3.2.4)$$

Voraussetzung für die Optimalität der Teststrategie (3.2.3) bzw. der Konfidenzschranke (3.2.4) ist die Normalitätsannahme b. im Modell (3.2.1). Läßt man sie fallen, dann erhält man das folgende nichtparametrische

Modell: $x \sim F_x, \quad y \sim F_y$, dabei ist $F_y(t) = F_x(t - \Delta)$.
Freie Modellparameter sind: F_x, Δ,
F_x ist eine stetige Verteilungsfunktion. $\qquad$ (3.2.5)

Auch hier gehören die Verteilungen von x und y zur gleichen Lagefamilie, deren Erzeuger F_x aber frei und unbekannt ist. Dieses Modell ist natürlich viel allgemeiner als (3.2.1) und besser zur Modellierung realer Gegebenheiten geeignet. Es ist nichtparametrisch, denn es enthält die freie Verteilungsfunktion F_x. Die Aufgaben der statistischen Untersuchung bleiben die gleichen wie beim Modell (3.2.1):

- Testen der Hypothesen $\mathbf{H_0}: \Delta \begin{array}{c} \geq \\ = \\ \leq \end{array} 0$ gegen $\mathbf{H_1}: \Delta \begin{array}{c} < \\ \neq \\ > \end{array} 0,$

- Punkt- und Bereichschätzen des Verschiebungsparameters Δ.

Die Schätzung der die Lagefamilie erzeugenden Verteilungsfunktion F_x ist in der Regel nicht von Interesse.

Dieses sogenannte *Zweistichproben-Lageproblem* war für die Entwicklung der nichtparametrischen statistischen Verfahren fundamental. Seine Lösung durch WILCOXON (1945) und MANN und WHITNEY (1947) markiert den Beginn der systematischen Entwicklung dieser Verfahren (interessant ist der Aufsatz von KRUSKAL [1957] über die Geschichte des Wilcoxon-Tests).

Wir wenden uns dem Testproblem

$$\mathbf{H_0}: \Delta = 0 \quad \text{gegen} \quad \mathbf{H_1}: \Delta \neq 0 \qquad (3.2.6)$$

unter dem Modell (3.2.5) zu. An Daten stehen zwei Stichproben $\mathbf{x} = (x_1, \ldots, x_m)$ und $\mathbf{y} = (y_1, \ldots, y_n)$ zur Verfügung. Wir bilden daraus die *gepoolte* Stichprobe $\mathbf{z} = (z_1, \ldots, z_N) = (x_1, \ldots, x_m; y_1, \ldots, y_n)$ für $N = m+n$. Mit $\mathbf{r} = (r_1, \ldots, r_N)$ sei die Rangreihe von $\mathbf{z}$ bezeichnet. Die Ränge $\mathbf{r_x} = (r_1, \ldots, r_m)$ heißen x-Ränge, die Ränge $\mathbf{r_y} = (r_{m+1}, \ldots, r_N)$ entsprechend y-Ränge der gepoolten Stichprobe.

Für $\Delta = 0$, also unter $\mathbf{H_0}$, sind die Variablen $(z_1, \ldots, z_N)$ unabhängig, stetig und identisch verteilt — somit ist nach Satz 3.1.1 $\mathbf{r}$ auf $\mathbf{S}_N$ gleichverteilt, und auch die Folgen $\mathbf{r_x}$ und $\mathbf{r_y}$ sind auf ihren jeweiligen Stichprobenräumen gleichverteilt.

Anders verhält es sich für $\Delta > 0$ oder $\Delta < 0$. Abbildung 3.2.1 zeigt eine typische Stichprobensituation für $\Delta > 0$ ($m = n = 8$) und die zugehörige Rangreihe $\mathbf{r}$.

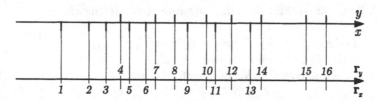

Abb. 3.2.1: Typische Stichprobensituation für $\Delta > 0$

Die x- und y-Beobachtungen sind entmischt: die x-Werte sind tendenziell die kleineren, die y-Werte die größeren der Zahlen in $\mathbf{z}$. Das zieht eine Entmischung der x- und y-Ränge nach sich: die x-Ränge $\mathbf{r_x}$ tendieren zu den kleinen, die y-Ränge $\mathbf{r_y}$ zu den großen Zahlen aus $(1, \ldots, N)$. Für $\Delta < 0$ verhält es sich umgekehrt.

Bildet man daher, dem Vorschlag Wilcoxons folgend, die Summe der y-Ränge:

$$W = \sum_{i=m+1}^{N} r_i,$$

dann tendiert diese Statistik für $\Delta > 0$ zu großen und für $\Delta < 0$ zu kleinen Werten innerhalb des Wertebereiches $[W_{\min}, W_{\max}] = [\sum_{i=1}^{n} i = n(n + 1)/2, \sum_{i=m+1}^{m+n} i = mn + n(n+1)/2]$ — das wenigstens wird man aus der Anschauung vermuten. Da W für $\Delta = 0$ eine von F_x unabhängige Nullverteilung besitzt, wird man einen Test für $\mathbf{H_0}$: $\Delta = 0$ gegen $\mathbf{H_1}$: $\Delta \neq 0$ folglich in der Form

$$\varphi_W(\mathbf{x}, \mathbf{y}) = \begin{cases} 1 \\ 0 \end{cases} \Longleftrightarrow W \begin{array}{c} \notin \\ \in \end{array} (w_{\alpha/2}, w_{1-\alpha/2}]$$

ansetzen, wobei $w_{\alpha/2}, w_{1-\alpha/2}$ das $\alpha/2$ bzw. $(1-\alpha/2)$-Fraktil der Nullverteilung von W bezeichnen. Der Test hat offenbar das Niveau α, ja er ist auf $\mathbf{H_0}$ ähnlich, das heißt, er entscheidet für jedes F_x bei $\Delta = 0$ mit Wahrscheinlichkeit α auf $\mathbf{H_1}$, denn die Nullverteilung der Teststatistik W hängt nicht von F_x ab, sie ist verteilungsunabhängig.

Man erkennt auch sofort, daß sich an der Argumentation nichts ändert, wenn man statt W eine Statistik der Form

$$S = \sum_{i=m+1}^{N} a_N(r_i) \tag{3.2.7}$$

mit monoton wachsender Gewichtsfolge $a_N(1) \leq a_N(2) \leq \ldots \leq a_N(N)$ wählt. Auch diese Statistik besitzt für $\Delta = 0$ eine feste, von F_x unabhängige Nullverteilung und tendiert, so ist zu vermuten, für $\Delta > 0$ zu großen und für $\Delta < 0$ zu kleinen Werten, so daß der Test

$$\varphi_S(\mathbf{x}, \mathbf{y}) = \begin{cases} 1 \\ 0 \end{cases} \Longleftrightarrow S \begin{array}{c} \notin \\ \in \end{array} (s_{\alpha/2}, s_{1-\alpha/2}] \tag{3.2.8}$$

das Niveau α besitzt und auf $\mathbf{H}_0$: $\Delta = 0$ ähnlich ist — $s_{\alpha/2}$ und $s_{1-\alpha/2}$ bezeichnen natürlich wieder das $\alpha/2$- bzw. das $(1-\alpha/2)$-Fraktil der Nullverteilung von S. Wir geben einige Beispiele für monoton wachsende Gewichtsfolgen und die Namen der zugehörigen Statistiken $S = \sum_{i=m+1}^{N} a(r_i)$.

- Wilcoxon-Statistik: $a_N(i) = i, \quad i = 1, \ldots, N$,

- Van-der-Waerden-Statistik: $a_N(i) = \Phi^{-1}(i/(N+1)), \quad i = 1, \ldots, N$,

- Terry-Hoeffding-Statistik: $a_N(i) = E(z_{(i)}), \quad i = 1, \ldots, N$, wobei $z_{(i)}$ die i-te Ordnungsstatistik von N unabhängig nach $\mathbf{N}(0,1)$ verteilten Zufallsvariablen ist,

- Median-Statistik: $a_N(i) = \begin{cases} 0 & \text{für } 1 \leq i \leq N/2 \\ 1 & \text{für } N/2 < i \leq N. \end{cases}$

Eigenschaften der Verteilung von S

Die Statistik $S = \sum_{i=m+1}^{N} a_N(i)$ kann in der Form

$$S = \sum_{i=1}^{N} c_N(i)a_N(r_i) \quad \text{mit} \quad c_N(i) = \begin{cases} 0 \\ 1 \end{cases} \quad \text{für} \quad i = \begin{array}{c} 1, \ldots, m, \\ m+1, \ldots, N \end{array} \tag{3.2.9}$$

geschrieben werden und ist daher eine lineare Rangstatistik. Nach Satz 3.1.3 gilt für die Nullverteilung von S:

$$E(S) = N \cdot \bar{c}_N \bar{a}_N = N \frac{n}{N} \bar{a}_N = n\bar{a}_N,$$
$$V(S) = (N-1)s_c^2 s_a^2 = (N-1) \cdot \frac{mn}{(N-1)N} \cdot s_a^2 = \frac{mn}{N} s_a^2. \tag{3.2.10}$$

Sind die Gewichtsfolgen $(a_N(i) : i = 1, \ldots, N)$ von der in Satz 3.1.6 angenommenen Bauart:

$$a_N(i) = u_N + v_N \cdot \varphi(\frac{i}{N+1}),$$

und das ist in den oben angegebenen Beispielen sämtlich der Fall, dann ist S für $\min\{m, n\} \to \infty$ asymptotisch nach $N(E(S), V(S))$ verteilt (siehe (3.1.18)).

Für $\Delta \neq 0$ ist die Verteilung von S nicht mehr von F_x unabhängig. Um den qualitativen Verlauf der Gütefunktionen der auf S beruhenden Teststrategien zu erkennen, zeigen wir, daß S mit wachsendem Δ im Sinne der stochastischen Ordnung wächst.

Definition 3.2.1 *Stochastische Ordnung*

Seien x und y zwei eindimensionale Zufallsgrößen mit den Verteilungen P_x bzw. P_y. Gilt

$$F_x(t) = P_x(x \leq t) \geq P_y(y \leq t) = F_y(t) \quad \text{für alle } t \in \mathbf{R}, \qquad (3.2.11)$$

*dann nennt man x **stochastisch kleiner** als y. In Zeichen: $x \overset{stoch}{<} y$.*

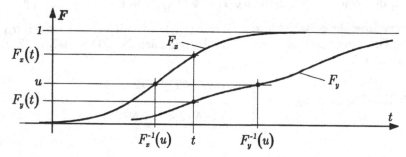

Abb. 3.2.2: Relative Lage der Verteilungsfunktionen F_x, F_y für $x \overset{stoch}{<} y$

Abbildung 3.2.2 veranschaulicht die durch (3.2.11) ausgedrückte Bedingung. Wir zeigen zunächst einen Hilfssatz.

Satz 3.2.1 *Monotone Transformation stochastisch geordneter Größen*

Ist $h(t_1, \ldots, t_n)$ eine in allen Variablen monoton wachsende Funktion, sind die stetigen Zufallsvariablen $(x_1, \ldots, x_n)$ unabhängig, ebenso wie die stetigen Variablen $(y_1, \ldots, y_n)$ und gilt $x_j \overset{stoch}{<} y_j$ für $j = 1, \ldots, n$, dann ist

$$S_x = h(x_1, \ldots, x_n) \overset{stoch}{<} S_y = h(y_1, \ldots, y_n). \qquad (3.2.12)$$

Beweis: Sei $x_j \sim F_j$ und $y_j \sim G_j$ für $j = 1, \ldots, n$. Nach Voraussetzung ist $F_j(t) \geq G_j(t)$ für alle $t \in \mathbf{R}$ und somit gilt (siehe Abb. 3.2.2):

$$F_j^{-1}(u) \leq G_j^{-1}(u) \quad \text{für alle } u \in [0,1] \tag{3.2.13}$$

(Man beachte: $F^{-1}(u) = \inf\{t : F(t) \geq u\}$).

Sind nun $(u_1, \ldots, u_n)$ unabhängige, auf $[0,1]$ gleichverteilte Zufallsvariable, dann bilden nach Satz 2.3.6 die Variablen $\mathbf{x}' = (x_1', \ldots, x_n') = (F_1^{-1}(u_1), \ldots, F_n^{-1}(u_n))$ eine **Darstellung** der Variablen $\mathbf{x} = (x_1, \ldots, x_n)$, d.h., sie besitzen die gleiche Verteilung wie $(x_1, \ldots, x_n)$. Analog ist $\mathbf{y}' = (y_1', \ldots, y_n') = (G_1^{-1}(u_1), \ldots, G_n^{-1}(u_n))$ eine Darstellung von $\mathbf{y} = (y_1, \ldots, y_n)$. Damit ist aber auch $S_x' = h(x_1', \ldots, x_n')$ eine Darstellung von $S_x = h(x_1, \ldots, x_n)$ und $S_y' = h(y_1', \ldots, y_n')$ eine Darstellung von $S_y = h(y_1, \ldots, y_n)$.

Darüber hinaus sind aber die Realisierungen von $\mathbf{x}'$ und $\mathbf{y}'$ über $(u_1, \ldots, u_n)$ miteinander verkoppelt, denn ist $(\mathring{u}_1, \ldots, \mathring{u}_n)$ eine Realisierung von $(u_1, \ldots, u_n)$, dann folgt aus (3.2.13):

$$\mathring{x}_j' = F_j^{-1}(\mathring{u}_j) \leq \mathring{y}_j' = G_j^{-1}(\mathring{u}_j) \quad \text{für } j = 1, \ldots, n.$$

Hieraus wieder folgt, wegen der Monotonie von $h(t_1, \ldots, t_n)$ in allen seinen Variablen, eine analoge Verkoppelung der Variablen S_x' und S_y':

$$\mathring{S}_x' = h(\mathring{x}_1', \ldots, \mathring{x}_n') \leq \mathring{S}_y' = h(\mathring{y}_1', \ldots, \mathring{y}_n').$$

Daraus ergibt sich aber sofort:

$$P(S_x' \leq t) \geq P(S_y' \leq t) \quad \text{für alle } t$$

und somit $S_x' \overset{\text{stoch}}{<} S_y'$ ebenso wie $S_x \overset{\text{stoch}}{<} S_y$. ♠

Wir wenden dieses Ergebnis auf die Statistik $S = \sum_{i=m+1}^{N} a(r_i)$ an.

Satz 3.2.2 *Stochastische Ordnungseigenschaften von* $S = \sum_{i=m+1}^{N} a(r_i)$.

Seien x, y, y' Zufallsvariable mit $y \overset{\text{stoch}}{<} y'$ und $(x_1, \ldots, x_m)$, $(y_1, \ldots, y_n)$ sowie $(y_1', \ldots, y_n')$ unabhängige Realisierungen von x, y bzw. y'. Sind weiters $(r_1, \ldots, r_N)$ und $(r_1', \ldots, r_N')$ die Rangreihen der gepoolten Stichproben $(x_1, \ldots, x_m; y_1, \ldots, y_n)$ bzw. $(x_1, \ldots, x_m; y_1', \ldots, y_n')$ und sind die Statistiken S, S' gegeben durch:

$$S = \sum_{i=m+1}^{N} a(r_i) \quad \text{bzw.} \quad S' = \sum_{i=m+1}^{N} a(r_i'),$$

dann ist $S \overset{\text{stoch}}{<} S'$, soferne die Gewichtsfolge $a(i)$ monoton wachsend ist: $a(1) \leq \ldots \leq a(N)$.

Beweis: Wir zeigen zunächst, daß die Funktion $S = S(x_1, \ldots, x_m; y_1, \ldots, y_n)$, bei festen Werten $x_1, \ldots, x_m$, in den Variablen $y_1, \ldots, y_n$ monoton wachsend ist. Seien dazu die Stichproben $(x_1, \ldots, x_m)$, $(y_1, \ldots, y_n)$ und $(y_1', \ldots, y_n')$ mit $y_i \leq y_i'$ für $i = 1, \ldots, n$ gewählt. Für die Rangreihen $\mathbf{r}$ und $\mathbf{r}'$ von $(x_1, \ldots, x_m; y_1, \ldots, y_n)$ bzw. $(x_1, \ldots, x_m; y_1', \ldots, y_n')$ gilt dann offenbar für $i = 1, \ldots, m$:

$$r_i = \sum_{j=1}^{m} u(x_i - x_j) + \sum_{j=1}^{n} u(x_i - y_j) \geq \sum_{j=1}^{m} u(x_i - x_j) + \sum_{j=1}^{n} u(x_i - y_j') = r_i'. \quad (3.2.14)$$

Betrachten wir daher die Statistik $T(\mathbf{x}, \mathbf{y}) = \sum_{i=1}^{m} a(r_i)$, dann folgt wegen der Monotonie der Gewichtsfolge $(a(i))$:

$$T(\mathbf{x}, \mathbf{y}) \geq T(\mathbf{x}, \mathbf{y}')$$

und daher, wegen $S(\mathbf{x}, \mathbf{y}) = \sum_{i=1}^{N} a(i) - T(\mathbf{x}, \mathbf{y})$:

$$S(\mathbf{x}, \mathbf{y}) \leq S(\mathbf{x}, \mathbf{y}').$$

Auf Grund von Satz 3.2.1 ist daher bei festem $\mathbf{x}$ die Variable $S(\mathbf{x}, \mathbf{y}')$ stochastisch größer als $S(\mathbf{x}, \mathbf{y})$. Betrachten wir aber $\mathbf{x}$ als variabel, dann folgt für jedes $t \in \mathbf{R}$:

$$\begin{aligned} P(S(\mathbf{x}, \mathbf{y}) \leq t) = E_{\mathbf{x}}(P(S(\mathbf{x}, \mathbf{y}) \leq t | \mathbf{x})) &\geq \\ \geq E_{\mathbf{x}}(P(S(\mathbf{x}, \mathbf{y}') \leq t | \mathbf{x})) &= \\ = P(S(\mathbf{x}, \mathbf{y}') \leq t) \end{aligned}$$

und damit, wie behauptet $S = S(\mathbf{x}, \mathbf{y}) \overset{stoch}{<} S' = S(\mathbf{x}, \mathbf{y}')$. ♠

Wir wenden Satz 3.2.2. auf die Situation an, wo x eine feste Verteilung F_x besitzt und y_Δ nach $F_y(t) = F_x(t - \Delta)$ verteilt ist. Die Familie $(y_\Delta : \Delta \in \mathbf{R})$ ist als Lagefamilie stochastisch geordnet: $y_\Delta \overset{stoch}{<} y_{\Delta'}$ für $\Delta \leq \Delta'$. Folglich ist nach Satz 3.2.2 auch die Familie der Teststatistiken $S(\mathbf{x}, \mathbf{y}_\Delta) = \sum_{i=m+1}^{N} a(r_i)$ mit Δ monoton wachsend im Sinne der stochastischen Ordnung:

$$\Delta \leq \Delta' \to S(\mathbf{x}, \mathbf{y}_\Delta) \overset{stoch}{<} S(\mathbf{x}, \mathbf{y}_{\Delta'}), \qquad (3.2.15)$$

soferne die Gewichtsfolge $(a(i))$ monoton wächst.

Die Gütefunktion

Betrachten wir das einseitige Testproblem

$$\mathbf{H_0}: \Delta \leq 0 \quad \text{gegen } \mathbf{H_1}: \Delta > 0 \tag{3.2.16}$$

und den Test

$$\varphi(\mathbf{x}, \mathbf{y}) = \begin{cases} 1 \\ 0 \end{cases} \Longleftrightarrow S(\mathbf{x}, \mathbf{y}) = \sum_{i=m+1}^{N} a(r_i) \begin{array}{c} > \\ \leq \end{array} s_{1-\alpha}, \tag{3.2.17}$$

$s_{1-\alpha}$ bezeichnet wieder das $(1-\alpha)$-Fraktil der Nullverteilung von S.

Die Gütefunktion gibt die Wahrscheinlichkeit einer Entscheidung auf $\mathbf{H_1}$ in Abhängigkeit von den Modellparametern F_x und Δ an:

$$G(\Delta, F_x | \varphi) = P(S(\mathbf{x}, \mathbf{y}) > s_{1-\alpha} \mid x \sim F_x(t), y \sim F_x(t-\Delta)). \tag{3.2.18}$$

Halten wir F_x fest, dann ist G als Funktion von Δ monoton wachsend, denn die Statistik S wächst mit Δ im Sinne der stochastischen Ordnung. Wir erhalten somit für jedes F_x, d.h. für jede Lagefamilie von Verteilungen, einen *Profilschnitt* durch die Gütefunktion, dessen qualitativer Verlauf in Abb. 3.2.3 dargestellt ist.

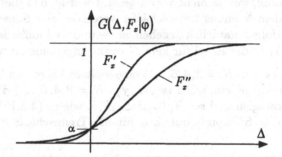

Abb. 3.2.3: Profilschnitte der Gütefunktion für verschiedene F_x

Die Gestalt, insbesondere die Steilheit dieses Profilschnittes hängt von einer Reihe von Einflußgrößen ab, nämlich:

- vom gewählten Niveau α,

- von der Verteilung F_x, die die Lagefamilie erzeugt,

- von der Gewichtsfolge $a(1), \ldots, a(N)$, die die Teststatistik S definiert,

- von den Stichprobenumfängen m, n.

Es ist daher keineswegs einfach, zwei verschiedene Teststrategien hinsichtlich ihrer Trennschärfe miteinander zu vergleichen.

Effizienzmaße von Bahadur, Hodges–Lehmann und Pitman

Von den vielen in der Literatur vorgeschlagenen Methoden zum Effizienzvergleich von Teststrategien stammen die wichtigsten von BAHADUR (1960a,b, 1967, 1971), von HODGES und LEHMANN (1956) und von PITMAN (1949). Wir diskutieren diese Dinge an unserem Zweistichproben-Lageproblem.

Wir halten F_x fest, setzen zur Vereinfachung $m = n = N/2$ und betrachten eine Folge von Teststatistiken $(S_N(\mathbf{x}, \mathbf{y}): N = 2, 4, 6, \ldots)$ mit den zugehörigen Niveau-α-Teststrategien

$$(\varphi_N(\mathbf{x}, \mathbf{y}): N = 2, 4, 6, \ldots) \text{ mit } \varphi_N(\mathbf{x}, \mathbf{y}) = \begin{cases} 1 \\ 0 \end{cases} \Longleftrightarrow S_N(\mathbf{x}, \mathbf{y}) \overset{>}{\underset{\leq}{}} s_{N;1-\alpha}$$

für das Testproblem H_0: $\Delta \leq 0, H_1$: $\Delta > 0$. Wir fixieren einen Wert β nahe 1 und ein $\Delta_1 > 0$ und wählen schließlich N so groß, daß die Gütefunktion $G(F_x, \Delta | \varphi_N)$ des Tests $\varphi_N(\mathbf{x}, \mathbf{y})$ an der Stelle Δ_1 den Wert β besitzt. Präziser sei:

$$N_\varphi(\alpha, \beta, \Delta_1 | F_x) = \min\{N: \ G(F_x, \Delta_1 | \varphi_M) \geq \beta \quad \text{für alle } M \geq N\}. \quad (3.2.19)$$

Diese etwas umständlich wirkende Definition des Mindeststichprobenumfanges ist notwendig, weil ja nicht vorausgesetzt wurde, daß die Teststrategien φ_N mit wachsendem N immer trennschärfer werden — eine Eigenschaft, die bei realistischen Testfolgen natürlich gegeben ist — und weil außerdem das Niveau β an der Stelle Δ_1 in der Regel für kein N exakt angenommen wird.

Sei nun $(T_N(\mathbf{x}, \mathbf{y}): N = 2, 4, 6, \ldots)$ eine weitere Folge von Teststatistiken für das gleiche Testproblem, seien $(\psi_N(\mathbf{x}, \mathbf{y}): N = 2, 4, 6, \ldots)$ die zugehörigen Niveau-α-Teststrategien und sei $N_\psi(\alpha, \beta, \Delta_1 | F_x)$, wie in (3.2.19) definiert, der minimal notwendige Stichprobenumfang für die Trennschärfe β an der Stelle Δ_1.

Es liegt nun nahe, die **relative Effizienz** der Testfolge (ψ_N) in bezug auf die Testfolge (φ_N) folgendermaßen zu definieren:

$$\text{Eff}(\psi : \varphi | \alpha, \beta, \Delta_1; F_x) := \frac{N_\varphi(\alpha, \beta, \Delta_1 | F_x)}{N_\psi(\alpha, \beta, \Delta_1 | F_x)}. \quad (3.2.20)$$

Ist etwa $\text{Eff}(\psi : \varphi | \ldots) = 2$, dann benötigt man für den Test ψ nur den halben Stichprobenumfang wie für φ, wobei sowohl ψ als auch φ das Niveau α und an der Stelle Δ_1 die Trennschärfe β besitzen. Ist $\text{Eff}(\psi : \varphi | \ldots) = 0{,}5$, dann ist es gerade umgekehrt.

Dieser Effizienzbegriff, so einfach und überzeugend er ist, hat entscheidende Nachteile: er hängt von den drei Parametern α, β, Δ_1 ab und, was wesentlich schwerer wiegt, seine Berechnung ist, von Ausnahmen abgesehen, nicht möglich.

Man erhält asymptotische Effizienzbegriffe, die praktisch besser handhabbar sind, wenn man den Limes von $\text{Eff}(\psi : \varphi|\alpha, \beta, \Delta_1; F_x)$ für $\alpha \to 0$, $\beta \to 1$ oder $\Delta_1 \to 0$ betrachtet, wobei immer die übrigen beiden Parameter festgehalten sind. Im einzelnen gewinnt man folgende Effizienzbegriffe:

$$\text{Eff}_p(\psi : \varphi|\alpha, \beta; F_x) = \lim_{\substack{\Delta_1 \to 0 \\ \alpha, \beta \ldots \text{fest}}} \text{Eff}(\psi : \varphi|\alpha, \beta, \Delta_1; F_x), \qquad (3.2.21)$$

die asymptotische relative Pitman-Effizienz (Pitman-ARE),

$$\text{Eff}_B(\psi : \varphi|\beta, \Delta_1; F_x) = \lim_{\substack{\alpha \to 0 \\ \beta, \Delta_1 \ldots \text{fest}}} \text{Eff}(\psi : \varphi|\alpha, \beta, \Delta_1; F_x), \qquad (3.2.22)$$

die asymptotische relative Bahadur-Effizienz (Bahadur-ARE),

$$\text{Eff}_{HL}(\psi : \varphi|\alpha, \Delta_1; F_x) = \lim_{\substack{\beta \to 1 \\ \alpha, \Delta_1 \ldots \text{fest}}} \text{Eff}(\psi : \varphi|\alpha, \beta, \Delta_1; F_x), \qquad (3.2.23)$$

die asymptotische relative Hodges-Lehmann-Effizienz (Hodges-Lehmann-ARE).

Diese asymptotischen Effizienzen sind zwar immer noch schwierig genug, aber doch schon viel einfacher zu bestimmen und haben überdies den Vorteil, daß in der Regel die Pitman-ARE nicht von α, β, die Bahadur-ARE nicht von β und die Hodges-Lehmann-ARE nicht von α abhängt. Nicht zuletzt aus diesem Grund wird die Pitman-ARE den anderen Effizienzmaßen meistens vorgezogen, denn sie ist eine feste Zahl. Wir werden daher in Zukunft bei konkreten Teststrategien immer deren Pitman-Effizienz angeben.

Abhängigkeit der Effizienz von F_x

Die Effizienzmaße von Pitman, Bahadur und Hodges–Lehmann beziehen sich auf einparametrische Verteilungsfamilien, über deren Scharparameter Hypothesen zu testen sind. Im Falle des Zweistichproben-Lageproblems ist es die von einer festen Verteilung F_x erzeugte Lagefamilie mit dem Verschiebungs- und Scharparameter Δ. Die obigen asymptotischen relativen Effizienzmaße hängen daher noch von F_x ab, sie beziehen sich auf die Profilschnitte der Gütefunktionen $G(F_x, \Delta|\varphi_N)$ und $G(F_x, \Delta|\psi_N)$ für festes F_x.

Aus diesem Grunde ist es nicht möglich, eine Testfolge (ψ_N) anzugeben, die gleichmäßig für beliebige F_x etwa maximale Pitman-Effizienz besitzt. Man beachte, daß die Wahl der Referenz-Testfolge (φ_N) wegen

$$\text{Eff}(\psi : \varphi'|\alpha, \beta, \Delta; F_x) = \text{Eff}(\psi : \varphi| \sim) \cdot \text{Eff}(\varphi : \varphi'| \sim)$$

(siehe 3.2.20) dabei unwesentlich ist. Allenfalls kann man hoffen, daß es zu jedem F_x innerhalb einer betrachteten Familie Ψ zulässiger Teststrategien eine optimale gibt.

Bezeichne Ψ die Familie linearer Rangtests für das Zweistichprobenproblem auf der Grundlage der linearen Rangstatistiken $S_N(\mathbf{x}, \mathbf{y}) = \sum_{i=m+1}^{N} a_N(r_i)$, wo die Gewichtsfolgen $(a_N(i) : i = 1, \ldots, N)$ durch eine gewichtserzeugende Funktion $\varphi(t)$ für $t \in (0, 1)$ definiert sind:

$$a_N(i) = u_N + v_N \varphi(\frac{i}{N+1}) \quad i = 1, \ldots, N,$$

(die Konstanten u_N, v_N bewirken lediglich eine Lage- und Skalentransformation von S_N und sind daher für die Gütefunktion der zugehörigen Teststrategie belanglos). Es gilt dann der folgende Satz (für den Beweis siehe HÁJEK und SIDÁK 1967: S. 63ff):

Satz 3.2.3   *Rangtest mit maximaler Pitman-Effizienz*

Die Testfolge

$$\varphi_N(\mathbf{x}, \mathbf{y}) = \begin{Bmatrix} 1 \\ 0 \end{Bmatrix} \Longleftrightarrow S_N(\mathbf{x}, \mathbf{y}) \underset{\leq}{\overset{>}{}} s_{N,1-\alpha}$$

besitzt maximale Pitman-ARE, wenn die gewichtserzeugende Funktion φ definiert ist durch:

$$\varphi(t) = -\frac{f_x'(F_x^{-1}(t))}{f_x(F_x^{-1}(t))} = -\frac{d}{dx} \ln f_x(x) \bigg/_{x = F_x^{-1}(t)} \ldots t \in (0,1). \qquad (3.2.24)$$

Beispiel 3.2.1   Optimale Rangtests bei verschiedenen Lagefamilien

Wir betrachten die durch die Standardnormalverteilung, durch die doppelte Exponentialverteilung und durch die logistische Verteilung erzeugten Lagefamilien und bestimmen die gewichtserzeugenden Funktionen $\varphi(t)$ für die linearen Rangtests mit maximaler Pitman-ARE nach der Formel (3.2.24).

Standardnormalverteilung: Es gilt $f_x(x) = 1/\sqrt{2\pi} \cdot \exp(-x^2/2)$, $\ln f_x(x) = -\ln\sqrt{2\pi} - x^2/2$ und somit

$$-\frac{d}{dx} \ln f_x(x) = x.$$

Die gewichtserzeugende Funktion ist daher nach (3.2.24):

$$\varphi(t) = \Phi^{-1}(t) \qquad t \in (0,1),$$

und die Gewichte (siehe Abb. 3.2.4),

$$a_N(i) = \Phi^{-1}(\frac{i}{N+1}) \quad \ldots i = 1, \ldots, N$$

ergeben die van-der-Waerden-Statistik.

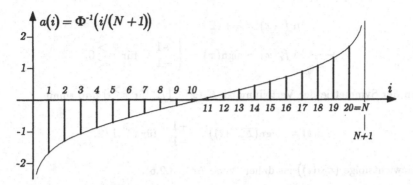

Abb. 3.2.4: Gewichtsfolge der van-der-Waerden-Statistik für $m + n = N = 20$

Logistische Verteilung: Die logistische Verteilung besitzt die Verteilungsfunktion $F_x(x) = 1/(1 + e^{-x})$ und die Dichte $f_x(x) = e^{-x}/(1 + e^{-x})^2$. Somit ist

$$\ln f_x(x) = -x - 2\ln(1 + e^{-x}),$$

$$-\frac{d}{dx}\ln f_x(x) = 1 - 2\frac{e^{-x}}{1 + e^{-x}} = 2\frac{1}{1 + e^{-x}} - 1.$$

Setzt man $F_x(x) = 1/(1 + e^{-x}) = t$, dann ergibt sich nach (3.2.24) die gewichtserzeugende Funktion:

$$\varphi(t) = 2t - 1 \quad \ldots t \in (0, 1).$$

Die zugehörigen Gewichte (siehe Abb. 3.2.5)

$$a_N(i) = \frac{2i}{N + 1} - 1 \quad i = 1, \ldots, N$$

sind, bis auf lineare Transformation, die Wilcoxon-Gewichte (vgl. (3.2.8)).

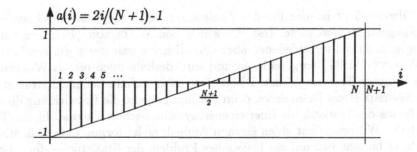

Abb. 3.2.5: Linear-transformierte Gewichte der Wilcoxon-Statistik

Doppelte Exponentialverteilung: Die Dichte dieser Verteilung hat die Gestalt: $f_x(x) = 1/2 \cdot \exp(-|x|)$. Es gilt somit

$$\ln f_x(x) = -\ln 2 - |x|,$$

$$-\frac{d}{dx} \ln f_x(x) = \text{sign}(x) = \begin{cases} +1 \\ -1 \end{cases} \quad \text{für } x \gtrless 0.$$

Wegen der Symmetrie der Verteilung ist $F_x(x) \gtrless 1/2$ für $x \gtrless 0$ und somit

$$\varphi(t) = \text{sign}(F_x^{-1}(t)) = \begin{matrix} +1 \\ -1 \end{matrix} \quad \text{für } t \gtrless 1/2.$$

Die Gewichtsfolge $(a_N(i))$ ist daher (siehe Abb. 3.2.6):

$$a_N(i) = \varphi(\frac{i}{N+1}) = \begin{cases} +1 \\ -1 \end{cases} \quad \text{für } \frac{i}{N+1} \gtrless 1/2$$

und dieses ist die Gewichtsfolge der Median-Statistik.

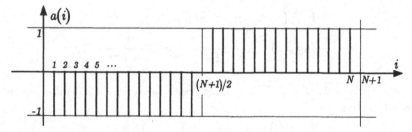

Abb. 3.2.6: Gewichtsfolge der Median-Statistik

Wir besprechen im folgenden die drei wichtigsten Rangtests für das Zweistichproben-Lageproblem, den Wilcoxon-Test, den van-der-Waerden-Test und den Median-Test.

Der Wilcoxon-Test

Der Wilcoxon-Test ist der für das Zweistichproben-Lageproblem bei weitem am häufigsten angewendete Test. Er wurde von WILCOXON (1945) und unabhängig, in formal verschiedener, aber inhaltlich äquivalenter Form von MANN und WHITNEY (1947) vorgeschlagen und wird deshalb auch oft als Wilcoxon-Mann-Whitney-Test bezeichnet. Dieser Test ist innerhalb der nichtparametrischen Statistik etwas Besonderes, denn mit ihm beginnt die Entwicklung dieses Teilgebietes der Statistik als einer eigenen systematischen Theorie. In der Tat besitzt der Wilcoxon-Test einen eigenen Appeal: er ist formal außerordentlich einfach, er bezieht sich auf ein klassisches Problem der Statistik — den Lagevergleich zweier zueinander verschobener Verteilungen ohne Kenntnis des Typs dieser Verteilungen —, er löst dieses Problem in einer unglaublich effizienten Weise — die Pitman-Effizienz relativ zum t-Test, bei normal-verteilten Daten, ist 0,955 —, und, und das ist das Wesentliche, er enthält in der von Wilcoxon vorgeschlagenen Form als Rangtest einen Gedanken von grundsätzlicher Art, der verallgemeinerungsfähig ist. In der von Mann und Whitney gewählten Gestalt — wir werden sie weiter unten besprechen — wird dieser Gedanke nicht deutlich, und der Test erscheint wie so manches andere, schon früher bekannte nichtparametrische Verfahren, mehr als ein glücklicher Trick, denn als eine Idee von grundsätzlicher Bedeutung mit dem Potential zu einer allgemeinen Theorie.

Nach unseren allgemeinen Betrachtungen über Rangstatistiken und Rangtests können wir uns jetzt bei der Besprechung spezieller Teststrategien kurz fassen. Wir stellen die wichtigsten Fakten, beginnend mit dem Modell, das den Daten zugrunde liegt, kurz zusammen.

Modell: $x \sim F_x, \quad y \sim F_y$, mit $F_y(t) = F_x(t - \Delta)$.
F_x, Δ sind freie Modellparameter.

Daten: $\mathbf{x} = (x_1, \ldots, x_m), \mathbf{y} = (y_1, \ldots, y_n); \quad N = m + n$,
die x_i und y_i sind unabhängig nach F_x bzw. F_y verteilt.
$\mathbf{z} = (z_1, \ldots, z_N) = (x_1, \ldots, x_m; y_1, \ldots, y_n)$ ist die gepoolte Stichprobe,
$\mathbf{r} = (r_1, \ldots, r_N)$ ist die Rangreihe der gepoolten Stichprobe.

Testaufgaben:
   A. H_0: $\Delta \leq 0$ H_1: $\Delta > 0$,
        H_0: $\Delta \geq 0$ H_1: $\Delta < 0$.

   B. H_0: $\Delta = 0$ H_1: $\Delta \neq 0$.

Die Wilcoxon-Statistik und ihre Eigenschaften

• **Definition:** Man nennt die Statistik $W = \sum_{i=m+1}^{N} r_i$, d.i. die Summe der y-Ränge in der gepoolten Stichprobe, die Rangsummenstatistik von Wilcoxon.

Führt man die Indikatorvariablen $(\xi_i: i = 1, \ldots, N)$ ein:

$$\xi_i = \begin{cases} 1 \\ 0 \end{cases} \Longleftrightarrow z_{(i)} \quad \text{ist eine} \quad \begin{matrix} y\text{-} \\ x\text{-} \end{matrix} \quad \text{Beobachtung,}$$

dann kann man W auch in der folgenden Form schreiben:

$$W = \sum_{i=1}^{N} i \cdot \xi_i$$

• Die Wilcoxon-Statistik ist eine lineare Rangstatistik im Sinne der Definition 3.1.4. Es gilt:

$$W = \sum_{i=1}^{N} c(i) a(r_i) \quad \text{mit } c(i) = \begin{cases} 1 \\ 0 \end{cases} \quad \text{für } i = \begin{matrix} m+1, \dots, N \\ 1, \dots, m \end{matrix} \quad \text{und } a(i) = i.$$

• W nimmt Werte an zwischen:

$$w_{\min} = 1 + \dots + n = \frac{n(n+1)}{2},$$
$$w_{\max} = (m+1) + \dots + (m+n) = w_{\min} + nm.$$

• **Momente:** Auf Grund von Satz 3.1.3 über die Momente linearer Rangstatistiken (siehe Beispiel 3.1.7) gilt:

$$E(W) = n(N+1)/2 = (w_{\min} + w_{\max})/2,$$
$$V(W) = mn(N+1)/12.$$

• **Symmetrie:** Nach Satz 3.1.5 ist W um $E(W)$ symmetrisch verteilt (siehe ebenfalls Beispiel 3.1.7).

• **Asymptotische Verteilung:** W ist für Min$\{m,n\} \to \infty$ asymptotisch normal-verteilt mit den oben angegebenen Werten für $E(W)$ und $V(W)$. Die Grundlage für diese Aussage bildet Satz 3.1.6.

• **Mann-Whitney-Statistik:** Die von Mann und Whitney angegebene U-Statistik lautet:

$$U = \sum_{i=1}^{m} \sum_{j=1}^{n} u(y_j - x_i) \quad \text{mit } u(t) = \begin{cases} 1 \\ 0 \end{cases} \quad \text{für } t \begin{matrix} \geq \\ < \end{matrix} 0. \qquad (3.2.25)$$

U zählt die Anzahl der Paare (x_i, y_j) mit $x_i \leq y_j$. Der Zusammenhang zwischen den Statistiken U und W ist der folgende:

$$U = \sum_{j=1}^{n} \sum_{i=1}^{m} u(z_{m+j} - z_i) =$$

$$= \sum_{j=1}^{n} \underbrace{\left(\sum_{i=1}^{N} u(z_{m+j} - z_i) \right)}_{=r_{m+j}} - \sum_{j=1}^{n} \underbrace{\left(\sum_{i=m+1}^{N} u(z_{m+j} - z_i) \right)}_{\text{Rang von } y_j \text{ in } (y_1, \dots, y_n)} = \qquad (3.2.26)$$

$$= \sum_{j=1}^{n} r_{m+j} - (1 + \dots + n) = W - \frac{n(n+1)}{2} = W - w_{\min}.$$

Die Statistik U variiert in dem Intervall $[u_{\min}, u_{\max}] = [0, mn]$. Sie ist symmetrisch um $E(U) = mn/2$ verteilt und besitzt die Varianz $V(U) = V(W) = mn(N+1)/12$.

Wegen $u_{\min} = 0$ ist die Verteilung von U angenehmer zu tabellieren als diejenige von W. Außerdem stimmen die Verteilungen von U für die Stichprobenumfänge (m, n) und (n, m) überein, denn nach der Definition von U als der Anzahl der Paare (x_i, y_j) mit $x_i \leq y_j$ ist $mn - U$ die Anzahl der Paare (x_i, y_j) mit $x_i > y_j$. Folglich gilt für die Verteilungsgesetze $\mathcal{L}(U_{m,n})$ und $\mathcal{L}(U_{n,m})$:

$$\mathcal{L}(U_{n,m}) = \mathcal{L}(mn - U_{m,n}) = \mathcal{L}(U_{m,n}),$$

letzteres gilt wegen der Symmetrie der Verteilung von U.

• **Tabellierung der Verteilungen von W und U:** Wegen $U = W - w_{\min} = W - n(n+1)/2$ und wegen $u_{\min} = 0$, tabelliert man meistens die Verteilung von U, wobei man für Testzwecke nur die Fraktile von U im unteren und oberen Fraktilbereich benötigt. Wir benützen die Bezeichnung:

$$u(p|m, n) \ldots \quad \text{für das } p\text{-Fraktil der Verteilung von } U$$
$$\text{bei den Stichprobenumfängen } (m, n).$$

Wegen der Symmetrie der Verteilung von U im Intervall $[0, mn]$ gilt

$$u(1 - \alpha|m, n) = mn - 1 - u(\alpha|m, n), \tag{3.2.27}$$

Es genügt daher, die unteren Fraktile zu tabellieren, wobei man sich wegen $u(\alpha|m, n) = u(\alpha|n, m)$ auf Stichprobenumfänge $m \leq n$ beschränken kann. Tabelle III im Anhang gibt das Fraktil $u(\alpha = 0{,}025|m, n)$ für $11 \leq m \leq n \leq 20$. Dabei bedeutet z.B. $u(0{,}025|13, 15) = 54{,}6$:

$$P(U_{13,15} \leq 54) + 0{,}6P(U_{13,15} = 55) = 0{,}025,$$

so daß es möglich wird, mit Hilfe von randomisierten Teststrategien das exakte Niveau $\alpha = 0{,}025$ zu erreichen.

Für $m, n > 20$ arbeitet man mit Normalapproximation:

$$\begin{matrix} u(1 - \alpha|m, n) \\ u(\alpha|m, n) \end{matrix} \approx \frac{mn}{2} \pm u_{1-\alpha} \cdot \sqrt{\frac{mn(N+1)}{12}}, \tag{3.2.28}$$

dabei bezeichnet $u_{1-\alpha}$ das $(1 - \alpha)$-Fraktil der Standardnormalverteilung.

• **Graphische Bestimmung von** U: Wie man in Abb. 3.2.7 unmittelbar erkennt, ist $U = U(x_1, \ldots, x_m; y_1, \ldots, y_n)$ die Anzahl der Gitterpunkte (x_i, y_j) oberhalb oder auf der Geraden $y = x$.

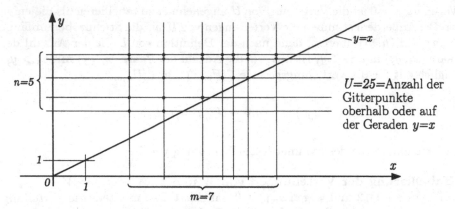

Abb. 3.2.7: Graphische Bestimmung von U

• **Der Wilcoxon-Test:** Wir stellen die Testaufgaben und die zugehörigen Teststrategien in einer Tabelle zusammen:

$\mathbf{H_0}$	$\mathbf{H_1}$	Niveau-α-Test
$\Delta \le 0$	$\Delta > 0$	$U(\mathbf{x}, \mathbf{y}) \gtrless u(1 - \alpha \vert m, n) \Longrightarrow \frac{\mathbf{H_1}}{\mathbf{H_0}}$
$\Delta \ge 0$	$\Delta < 0$	$U(\mathbf{x}, \mathbf{y}) \lessgtr u(\alpha \vert m, n) \Longrightarrow \frac{\mathbf{H_1}}{\mathbf{H_0}}$
$\Delta = 0$	$\Delta \ne 0$	$U(\mathbf{x}, \mathbf{y}) \notin (u(\alpha/2 \vert m, n), u(1 - \alpha/2 \vert m, n)] \Longrightarrow \frac{\mathbf{H_1}}{\mathbf{H_0}}$

$$(3.2.29)$$

Beispiel 3.2.2   Gegeben seien die Stichproben $\mathbf{x} = (x_1, \ldots, x_{12})$ und $\mathbf{y} = (y_1, \ldots, y_{12})$:

i	x_i	y_i
1	2,7	4,1
2	4,6	4,7
3	3,7	2,4
4	6,6	5,2
5	4,2	6,5
6	5,3	6,8
7	3,4	1,9
8	6,2	4,4
9	2,9	5,7
10	1,8	7,4
11	2,3	5,9
12	1,1	7,5

Wir bestimmen die Rangreihe $\mathbf{r}$ auf graphischem Weg und erhalten: $W = \sum_{j=13}^{24} r_j =$
$= \sum(3, 5, 10, 12, 14, 15, 17, 18, 20, 22, 23, 24) = 183$ und damit: $U = W - w_{\min} =$
$= 183 - 12 \cdot 13/2 = 105$. Wir testen $\mathbf{H_0}$: $\Delta \leq 0$ gegen $\mathbf{H_1}$: $\Delta > 0$.

Das Grenzniveau, zu dem $\mathbf{H_1}$ signifikant ist, beträgt:

$$P(U \geq 105) = P(U \leq U_{\max} - 105 = 144 - 105 = 39)$$

Aus Tabelle III im Anhang entnimmt man $u(0{,}025|12, 12) = 37{,}7$, d.h. $\mathbf{H_1}$ ist knapp
zum Niveau $\alpha = 0{,}025$ signifikant. Die asymptotische Rechnung ergibt:

$$P(U \leq 39) = P(\frac{U - E(U)}{\sqrt{V(U)}} \leq \frac{39 - 72}{\sqrt{300}} = -1{,}905) \approx \Phi(-1{,}905) = 0{,}028,$$

in ausgezeichneter Übereinstimmung mit dem Tabellenwert.

Bemerkung: Ist in der Tabelle etwa $u(0{,}025|13, 15) = 54{,}6$ angegeben, dann besitzt der Test $U \leq u(0{,}025|13, 15) \Longrightarrow \mathbf{H_1}$ das genaue Niveau $0{,}025$, falls für $U = 55$ randomisiert und mit Wahrscheinlichkeit von $0{,}6$ auf $\mathbf{H_1}$ entschieden wird.

• **Effizienz:** Die folgende Tabelle gibt die asymptotische relative Pitman-Effizienz des Wilcoxon-Tests relativ zum t-Test für verschiedene Lagefamilien. Bemerkenswert ist die hohe Effizienz gegenüber dem t-Test für normal-verteilte Daten. Der Wilcoxon-Test ist unter allen linearen Rangtests optimal, falls F die logistische Verteilung ist (vgl. Beispiel 3.2.1). Die grundlegenden Untersuchungen zu diesen Fragen stammen von HODGES und LEHMANN (1956).

F	$\mathrm{Eff}_p(W\text{-Test: } t\text{-Test})$
Normal	0,955
Uniform	1,000
Logistisch	1,096
Dopp.Exp.	1,500
Beliebig	$\geq 0{,}864$

Die Effizienz des Wilcoxon-Tests bei kleinen Stichprobenumfängen wurde von MILTON (1964), HAYNAM und GOVINDARAJULU (1966) und RAMSEY (1971) untersucht.

• **Konsistenz:** Der Wilcoxon-Test ist nicht nur für Lagealternativen konsistent, sondern auch für die folgenden erheblich allgemeineren Testprobleme:

$$\mathbf{H_0}: F_y \overset{stoch}{<} F_x \quad \text{gegen} \quad \mathbf{H_1}: F_x \overset{stoch}{<} F_y,$$
$$\mathbf{H_0}: F_x = F_y \quad \text{gegen} \quad \mathbf{H_1}: F_y \overset{stoch}{<} F_x \text{ oder } F_x \overset{stoch}{<} F_y.$$

Nähere Details dazu findet man in MANN und WHITNEY (1947) und VAN DANTZIG (1951).

Bereichschätzung von Δ

Zwischen dem Testen von Hypothesen über einen allgemeinen Verteilungsparameter Δ und dem Bereichschätzen von Δ besteht ein enger Zusammenhang auf
den wir zunächst kurz eingehen. (Für eine ausführliche Darstellung des dualen
Zusammenhanges zwischen Testen und Bereichschätzen siehe LEHMANN [1959]
und HAFNER [1989].) Wir betrachten zunächst das Testproblem:

$$\mathbf{H_0}:\ \Delta = \Delta_0 \quad \mathbf{H_1}:\ \Delta \neq \Delta_0, \quad \Delta_0 \in \mathbf{R}. \tag{3.2.30}$$

Unter $\mathbf{H_0}$ sind die Variablen $(x_1, \ldots, x_m; y_1 - \Delta_0, \ldots, y_n - \Delta_0) = (\mathbf{x}, \mathbf{y} - \Delta_0)$
identisch verteilt und somit besitzt die Statistik $W(\mathbf{x}, \mathbf{y} - \Delta_0)$ die Wilcoxon-
Nullverteilung. Das gleiche trifft natürlich auf $U(\mathbf{x}, \mathbf{y} - \Delta_0)$ zu. Wir erhalten
daher sofort den Niveau-α-Wilcoxon-Test für das Testproblem (3.2.30) in der
U-Form:

$$\varphi_W(\mathbf{x}, \mathbf{y}|\Delta_0, \alpha) = \begin{cases} 1 \\ 0 \end{cases} \Longleftrightarrow U(\mathbf{x}, \mathbf{y} - \Delta_0) \begin{array}{c} \notin \\ \in \end{array} (u(\alpha/2|m,n), u(1 - \alpha/2|m,n)]$$

$$\tag{3.2.31}$$

Wir besitzen daher eine mit Δ_0 parametrisierte Schar von Niveau-α-Tests,
nämlich $(\varphi_W(\mathbf{x}, \mathbf{y}|\Delta_0, \alpha):\ \Delta_0 \in \mathbf{R})$, für die ebenfalls mit Δ_0 parametrisierte
Schar von Testproblemen (3.2.30). Daraus läßt sich ein Bereichschätzer für Δ
zur Sicherheit $S = 1 - \alpha$ konstruieren, denn es gilt der

Satz 3.2.4 *Dualisierung einer Testfamilie*

Unter den obigen Bedingungen ist

$$\underline{\Delta}(\mathbf{x}, \mathbf{y}):\ = \{\Delta_0:\ \varphi_W(\mathbf{x}, \mathbf{y}|\Delta_0, \alpha) = 0\} \tag{3.2.32}$$

ein Bereichschätzer für Δ zur Sicherheit $S = 1 - \alpha$.

Bemerkung: $\underline{\Delta}(\mathbf{x}, \mathbf{y})$ besteht somit aus allen Δ_0-Werten, für die die Teststrategien
$\varphi_W(., .|\Delta_0, \alpha)$ bei den gegebenen Daten $\mathbf{x}, \mathbf{y}$ auf $\mathbf{H_0}$ entscheiden. In unserem Fall ist
das die Menge aller Δ_0, für die $u(\alpha/2|m,n) < U(\mathbf{x}, \mathbf{y} - \Delta_0) \leq u(1 - \alpha/2|m,n)$
gilt. Wir gehen darauf nach dem Beweis des Satzes ein.

Beweis: Wir veranschaulichen die Testfamilie $(\varphi_W(\mathbf{x}, \mathbf{y}|\Delta_0, \alpha):\ \Delta_0 \in \mathbf{R})$ in
einem $(\mathbf{z}, \Delta_0)$- Koordinationssystem, mit $\mathbf{z} = (\mathbf{x}, \mathbf{y})$, wie in Abb. 3.2.8. Mit A_{Δ_0}
sei der Annahmebereich des Tests $\varphi_W(\mathbf{x}, \mathbf{y}|\Delta_0, \alpha)$ bezeichnet:

$$A_{\Delta_0}:\ = \{\mathbf{z} = (\mathbf{x}, \mathbf{y}):\ \varphi_W(\mathbf{x}, \mathbf{y}|\Delta_0, \alpha) = 0\} \tag{3.2.33}$$

Unter $\mathbf{H_0}$: $\Delta = \Delta_0$ gilt: $P(A_{\Delta_0}|\Delta = \Delta_0) = 1 - \alpha$.

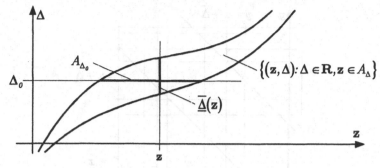

Abb. 3.2.8: Zur Konstruktion von $\underline{\overline{\Delta}}(\mathbf{z})$.

Ist dann $\underline{\overline{\Delta}}(\mathbf{z})$ folgendermaßen definiert (siehe Abb. 3.2.8):

$$\underline{\overline{\Delta}}(\mathbf{z}) = \{\Delta_0:\ \mathbf{z} \in A_{\Delta_0}\},$$

dann gilt die Äquivalenz:

$$\Delta_0 \in \underline{\overline{\Delta}}(\mathbf{z}) \iff \mathbf{z} \in A_{\Delta_0}$$

und somit

$$P(\underline{\overline{\Delta}}(\mathbf{z}) \ni \Delta_0 | \Delta = \Delta_0) = P(\mathbf{z} \in A_{\Delta_0} | \Delta = \Delta_0) = 1 - \alpha,$$

d.h., $\underline{\overline{\Delta}}(\mathbf{z})$ ist ein Konfidenzbereich für Δ zur Sicherheit $S = 1 - \alpha$, wie behauptet. Man beachte, daß $\underline{\overline{\Delta}}(\mathbf{z})$ i.allg. natürlich kein Intervall ist. ♠

Wie oben bemerkt, gilt in unserem Fall:

$$\underline{\overline{\Delta}}(\mathbf{x}, \mathbf{y}) = \{\Delta_0:\ u(\alpha/2|m, n) < U(\mathbf{x}, \mathbf{y} - \Delta_0) \le u(1 - \alpha/2|m, n)\}$$

Die Statistik $U(\mathbf{x}, \mathbf{y} - \Delta_0)$ gibt die Anzahl der Paare (x_i, y_j) mit $y_j - \Delta_0 \ge$ $\ge x_i$ an. $U(\mathbf{x}, \mathbf{y} - \Delta_0)$ ist somit die Anzahl der Gitterpunkte (x_i, y_j) in Abb. 3.2.9, die über oder auf der Geraden $y = x + \Delta_0$ liegen. Ist daher etwa $u(\alpha/2|m, n) = k$ und somit $u(1 - \alpha/2|m, n) = m \cdot n - 1 - k$, dann ist $\underline{\overline{\Delta}}(\mathbf{x}, \mathbf{y})$ das Intervall $[\underline{\Delta}, \overline{\Delta}]$, wo die Geraden $y = x + \overline{\Delta}$ und $y = x + \underline{\Delta}$ durch den $(k + 1)$-ten Gitterpunkt von oben bzw. den $(k + 1)$-ten Gitterpunkt von unten hindurchgehen (siehe Abb. 3.2.9).

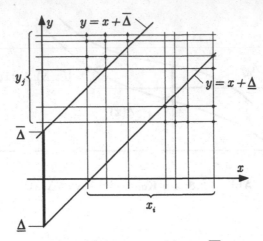

Abb. 3.2.9: Zur Bestimmung von $\overline{\Delta}(\mathbf{x}, \mathbf{y})$.

Gleichwertig mit diesem graphischen Verfahren ist offenbar der folgende analytische Algorithmus: Man bilde die mn Differenzen $\Delta_{ij} = y_j - x_i$ und ordne sie nach wachsender Größe: $(\Delta_{(1)}, \dots, \Delta_{(mn)})$, dann gilt:

$$\underline{\Delta}(\mathbf{x}, \mathbf{y}) = [\Delta_{(k+1)}, \Delta_{(mn-k)}] \quad \text{für } u(\alpha/2|m, n) = k. \tag{3.2.34}$$

Beispiel 3.2.3 (Fortsetzung von Beispiel 3.2.2)

Wir bestimmen auf graphischem Wege ein Konfidenzintervall zur Sicherheit $S = 0{,}95$ für Δ. Wegen $u(0{,}025|12, 12) = 37{,}7$ (siehe Tabelle) legen wir die Geraden $y = x + \overline{\Delta}$ und $y = x + \underline{\Delta}$ durch den 38. Punkt von oben bzw. von unten. Es ergibt sich: $\underline{\Delta} = [-0{,}1; 3{,}2]$ (vgl. Abb. 3.2.10).

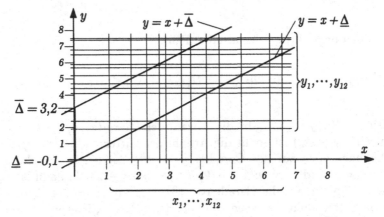

Abb. 3.2.10: Graphische Bestimmung von $\underline{\Delta}$ und $\overline{\Delta}$.

Der van-der-Waerden-Test

Wir stellen das Modell und die Datensituation kurz in Evidenz:

Modell: $x \sim F_x$, $\quad y \sim F_y$, mit $F_y(t) = F_x(t - \Delta)$.
F_x, Δ sind freie Modellparameter.

Daten: $\mathbf{x} = (x_1, \ldots, x_m)$, $\mathbf{y} = (y_1, \ldots, y_n)$; $\quad N = m + n$,
$\mathbf{z} = (x_1, \ldots, x_m; y_1, \ldots, y_n)$ ... gepoolte Stichprobe,
$\mathbf{r} = (r_1, \ldots, r_N)$ ... Rangreihe der gepoolten Stichprobe.

Die von VAN DER WAERDEN (1952/53, 1953) vorgeschlagene und nach ihm benannte Teststatistik ist:

$$S = \sum_{i=m+1}^{N} \Phi^{-1}\left(\frac{r_i}{N+1}\right). \tag{3.2.35}$$

Dabei bezeichnet $\Phi(t)$ die Verteilungsfunktion der Standardnormalverteilung. Abbildung 3.2.11 zeigt den Verlauf der Gewichtsfolge $a(i) = \Phi^{-1}(i/(N+1))$.

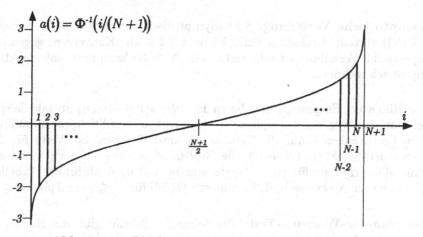

Abb. 3.2.11: Die Gewichte der van-der-Waerden-Statistik

Eigenschaften der van-der-Waerden-Statistik

• Die van-der-Waerden-Statistik ist eine lineare Rangstatistik im Sinne der Definition 3.1.4 mit

$$a(i) = \Phi^{-1}\left(\tfrac{i}{N+1}\right) \quad \text{für } i = 1, \ldots, N, \qquad \text{als Gewichtsfolge und}$$

$$c(1) = \ldots = c(m) = 0; \quad c(m+1) = \ldots = c(N) = 1, \text{ als Regressionskonstanten}$$

• Für Mittelwert und Varianz von S gilt:

$$E(S) = 0, \quad V(S) = \frac{mn}{N} \cdot \frac{1}{N-1} \sum_{i=1}^{N} (\Phi^{-1}(\frac{i}{N+1}))^2.$$

Beweis: Nach Satz 3.1.3 ist:

$$E(S) = N\bar{c}\bar{a} \quad \text{und} \quad V(S) = (N-1)s_c^2 s_a^2 \quad \text{mit} \quad \bar{a} = \frac{1}{N}\sum_{i=1}^{N} a(i),$$

$$\bar{c} = \frac{1}{N}\sum_{i=1}^{N} c(i), \quad s_a^2 = \frac{1}{N-1}\sum_{i=1}^{N}(a(i)-\bar{a})^2, \quad s_c^2 = \frac{1}{N-1}\sum_{i=1}^{N}(c(i)-\bar{c})^2.$$

$E(S) = 0$ ergibt sich sofort aus $\bar{a} = 0$, denn es gilt $a(i) = -a(N+1-i)$ (siehe Abb. 3.2.11). Die Formel für $V(S)$ folgt aus: $(N-1)s_c^2 = mn/N$. ♠

• **Symmetrie:** Nach Satz 3.1.5 ist S symmetrisch um $E(S) = 0$ verteilt, denn es gilt: $a(i) + a(N+1-i) = 0$.

• **Asymptotische Verteilung:** S ist asymptotisch, für $\min\{m,n\} \to \infty$ nach $N(0, V(S))$ verteilt. Grundlage dafür ist Satz 3.1.6. Die Konvergenz gegen die asymptotische Verteilung ist sehr rasch. Für $N > 30$ kann man unbedenklich asymptotisch rechnen.

• **Tabellierung:** Es genügt, die oberen Fraktile $s(1-\alpha|m,n)$ zu tabellieren, wobei man sich wegen $s(1-\alpha|m,n) = s(1-\alpha|n,m)$ auf Stichprobenumfänge $m \leq n$ beschränken kann. Die Tabellen IV und V geben die Werte für die Gewichte $a(i) = \Phi^{-1}(i/(N+1))$, die Größen $s_a^2 = \frac{1}{N-1}\sum_{i=1}^{n} a^2(i)$ und die Fraktile $s(1-\alpha|m,n)$ für einige Werte von m und n. Ausführliche Tabellen enthält VAN DER WAERDEN und NIEVERGELT (1956) für $N \leq 50$ und $|m-n| \leq 5$.

• **Der van-der-Waerden-Test:** Die folgende Tabelle gibt die Niveau-α-Teststrategien für die einseitigen und zweiseitigen Testprobleme.

H_0	H_1	Niveau-α-Test
$\Delta \leq 0$	$\Delta > 0$	$S(\mathbf{x},\mathbf{y}) \gtrless s(1-\alpha|m,n) \Longrightarrow \frac{H_1}{H_0}$
$\Delta \geq 0$	$\Delta < 0$	$S(\mathbf{x},\mathbf{y}) \lessgtr s(\alpha|m,n) \Longrightarrow \frac{H_1}{H_0}$
$\Delta = 0$	$\Delta \neq 0$	$S(\mathbf{x},\mathbf{y}) \notin\in (s(\alpha/2|m,n), s(1-\alpha/2|m,n)] \Longrightarrow \frac{H_1}{H_0}$

Beispiel 3.2.4 Wir übernehmen die Daten $\mathbf{x} = (x_1, \ldots, x_{12})$, $\mathbf{y} = (y_1, \ldots, y_{12})$ von Beispiel 3.2.2 und testen $\mathbf{H_0}$: $\Delta \leq 0$ gegen $\mathbf{H_1}$: $\Delta > 0$ mit dem van-der-Waerden-Test. Die y-Ränge in der gepoolten Stichprobe, der Größe nach geordnet, waren: $(3, 5, 10, 12, 14, 15, 17, 18, 20, 22, 23, 24)$.

i	$\Phi^{-1}(i/25)$
3	$-1{,}17$
5	$-0{,}84$
10	$-0{,}25$
12	$-0{,}05$
14	$0{,}15$
15	$0{,}25$
17	$0{,}47$
18	$0{,}58$
20	$0{,}84$
22	$1{,}17$
23	$1{,}41$
24	$1{,}75$
$\sum$	$4{,}31$

Die nebenstehende Tabelle gibt die zugehörigen Gewichte $a(i) = \Phi^{-1}(i/(N+1))$. Der beobachtete Wert der van-der-Waerden-Statistik S ist somit: $S = 4{,}31$. Aus Tabelle V im Anhang entnimmt man:

$$s(0{,}975 | 12, 12) = 4{,}29.$$

Das Grenzniveau α_g, zu dem $\mathbf{H_0}$: $\Delta \leq 0$ verworfen werden kann, ist somit etwas unter $0{,}025$.

Wir führen zum Vergleich auch noch die asymptotische Rechnung durch. Es ist (siehe Tabelle IV im Anhang):

$$E(S) = 0,$$

$$V(S) = \frac{m \cdot n}{N} \frac{1}{N-1} \sum_{i=1}^{N} (\Phi^{-1}(\frac{i}{N+1}))^2 = \frac{12 \cdot 12}{24} 0{,}817 = 2{,}214^2.$$

Somit ist:

$$1 - \alpha_g = P(S \leq 4{,}31) = P(\frac{S}{\sqrt{V(S)}} \leq \frac{4{,}31}{2{,}214} = 1{,}9467) \approx$$

$$\approx \Phi(1{,}9467) = 0{,}9742$$

und daher $\alpha_g = 0{,}0258$, in guter Übereinstimmung mit dem exakten Resultat.

• **Effizienz:** Die folgende Tabelle enthält die asymptotischen relativen Pitman-Effizienzen des van-der-Waerden-Tests relativ zum t-Test und relativ zum Wilcoxon-Test für verschiedene Lagefamilien.

F	$\text{Eff}_p(\text{v.d.W.:}t)$	$\text{Eff}_p(\text{v.d.W.:Wil.})$
Normal	$1{,}000$	$1{,}047$
Uniform	∞	∞
Logistisch	$1{,}047$	$0{,}955$
Dopp.Exp.	$1{,}273$	$0{,}849$
Beliebig	$\geq 1{,}000$	$\geq 0{,}524$

Der van-der-Waerden-Test ist unter allen linearen Rangtests optimal, falls die Daten normal-verteilt sind (vgl. Beispiel 3.2.1). Er ist, wenigstens asymptotisch, dem t-Test mindestens gleichwertig, aber für Verteilungen mit diffusen (long-tailed) Rändern dem Wilcoxon-Test unterlegen.

Bereichschätzung von Δ

Analog wie beim Wilcoxon-Test gewinnt man ein Konfidenzintervall für Δ durch Dualisieren der Familie der Niveau-α-Tests für die Familie der Testprobleme:

$$\mathbf{H_0}: \Delta = \Delta_0 \quad \text{gegen} \quad \mathbf{H_1}: \Delta \neq \Delta_0 \quad \text{für } \Delta_0 \in \mathbf{R}. \tag{3.2.36}$$

Die Niveau-α-Teststrategien lauten (vgl. (3.2.31)):

$$\varphi(\mathbf{x}, \mathbf{y}|\Delta_0) = \begin{cases} 1 \\ 0 \end{cases} \Longleftrightarrow S(\mathbf{x}, \mathbf{y} - \Delta_0) \begin{matrix} \notin \\ \in \end{matrix} (s_{\alpha/2}, s_{1-\alpha/2}] \tag{3.2.37}$$

Dabei ist $S(\mathbf{x}, \mathbf{y})$ die van-der-Waerden-Statistik (3.2.35). Der duale Bereich-schätzer zur Sicherheit $S = 1 - \alpha$ ist daher nach Satz 3.2.4 gegeben durch

$$\begin{aligned} \underline{\Delta}(\mathbf{x}, \mathbf{y}) &= \{\Delta_0 \colon \varphi(\mathbf{x}, \mathbf{y}|\Delta_0) = 0\} = \\ &= \{\Delta_0 \colon s_{\alpha/2} < S(\mathbf{x}, \mathbf{y} - \Delta_0) \leq s_{1-\alpha/2}\}. \end{aligned} \tag{3.2.38}$$

Da $S(\mathbf{x}, \mathbf{y} - \Delta)$ offensichtlich eine in Δ monoton fallende Treppenfunktion ist, erhalten wir ein Konfidenzintervall $[\underline{\Delta}(\mathbf{x}, \mathbf{y}), \overline{\Delta}(\mathbf{x}, \mathbf{y})]$. (Es ist im übrigen leicht zu sehen, daß $S(\mathbf{x}, \mathbf{y} - \Delta)$ an den $m \cdot n$ Stellen $y_j - x_i$: $i = 1, \ldots, m; j = 1, \ldots, n$ springt.) Eine einfache graphische oder rechnerische Methode zur Bestimmung von $[\underline{\Delta}, \overline{\Delta}]$ gibt es allerdings hier nicht — man ist auf numerische Berechnung angewiesen. Wir zeigen das im folgenden Beispiel.

Beispiel 3.2.5   Bereichschätzung von Δ

Wir nehmen die Daten $\mathbf{x} = (x_1, \ldots, x_{12})$, $\mathbf{y} = (y_1, \ldots, y_{12})$ von Beispiel 3.2.2 und bestimmen $S(\mathbf{x}, \mathbf{y} - \Delta)$ als Funktion von Δ. Abbildung 3.2.12 zeigt den Graphen dieser Funktion mit den Werten $s(\alpha/2 = 0{,}025|12, 12) = -4{,}29$, $s(1 - \alpha/2 = 0{,}975|12, 12) = 4{,}29$. Wir erhalten somit:

$$[\underline{\Delta}, \overline{\Delta}] \Big/_{S=0{,}95} = [0{,}1; 3{,}0].$$

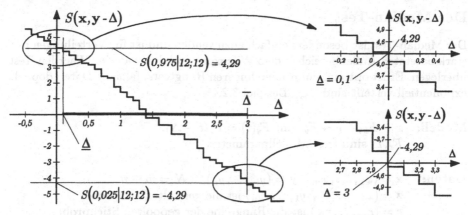

Abb. 3.2.12: Numerische Bestimmung von $[\underline{\Delta}, \overline{\Delta}]$

Zum Abschluß dieses Abschnittes sei noch kurz der Test von Fisher-Yates-Terry-Hoeffding erwähnt. Er ist aufs engste mit dem van-der-Waerden-Test verwandt und asymptotisch mit ihm äquivalent. Sind nämlich $(u_1, \ldots, u_N)$ unabhängige, auf $[0, 1]$ gleichverteilte Zufallsvariable und ist $(u_{(1)}, \ldots, u_{(N)})$ ihre Ordnungsreihe, dann sind

$$a(i) = \Phi^{-1}(E(u_{(i)})) = \Phi^{-1}(\frac{i}{N+1}) \quad \text{für } i = 1, \ldots, N$$

die Gewichte der van-der-Waerden-Statistik $S(\mathbf{x}, \mathbf{y}) = \sum_{i=m+1}^{N} a(r_i)$ und

$$a'(i) = E(\Phi^{-1}(u_{(i)})) \quad \text{für } i = 1, \ldots, N$$

die Gewichte der F-Y-T-H-Statistik $S'(\mathbf{x}, \mathbf{y}) = \sum_{i=m+1}^{N} a'(r_i)$. Setzt man $z_i = = \Phi^{-1}(u_i)$, dann sind die Größen $(z_1, \ldots, z_N)$ unabhängig nach $N(0, 1)$ verteilt und somit ist $a'(i)$ die Erwartung der i-ten Ordnungsstatistik $z_{(i)}$ der Reihe $(z_1, \ldots, z_N)$. Natürlich gilt:

$$\lim_{\substack{i, N \to \infty \\ i/N = p}} a'(i) = \Phi^{-1}(p)$$

und darauf beruht auch die asymptotische Äquivalenz der Statistiken.

Für die praktische Anwendung des F-Y-T-H-Tests benötigt man zunächst Tabellen für die Gewichte $a'(i)$ — man findet sie z.B. in PEARSON and HARTLEY (1972: Bd. II) — und Tabellen mit kritischen Werten der F-Y-T-H-Statistik S'. TERRY (1952) und KLOTZ (1964) haben solche Tabellen zusammengestellt.

Der Median-Test

Der Median-Test ist besonders einfach anzuwenden und ist für Verteilungen mit stark besetzten Außenbereichen dem Wilcoxon- und dem van-der-Waerden-Test überlegen. Er ist optimal unter allen linearen Rangtests, falls die Daten doppelt exponentiell verteilt sind (vgl. Beispiel 3.2.1).

Modell: $x \sim F_x$, $y \sim F_y$, mit $F_y(t) = F_x(t - \Delta)$.
F_x, Δ sind freie Modellparameter.

Daten: $\mathbf{x} = (x_1, \ldots, x_m)$, $\mathbf{y} = (y_1, \ldots, y_n)$; $N = m + n$,
$\mathbf{z} = (x_1, \ldots, x_m; y_1, \ldots, y_n)$ ist die gepoolte Stichprobe,
$\mathbf{r} = (r_1, \ldots, r_N)$ ist die Rangreihe der gepoolten Stichprobe.

Die Median-Statistik lautet:

$$S(\mathbf{x}, \mathbf{y}) = \sum_{i=m+1}^{N} a(r_i) \quad \text{mit} \quad a(i) = \begin{cases} 1 \\ 0 \end{cases} \text{für } i \gtrless (N+1)/2, \qquad (3.2.39)$$

d.h., $S(\mathbf{x}, \mathbf{y})$ zählt die Anzahl der y-Beobachtungen, die über dem Median der gepoolten Stichprobe liegen.

Beispiel 3.2.6   Sei etwa $m = 5, n = 7$, somit $N = 12 \ldots$ gerade, und sei die gepoolte Stichprobe von folgender Ordnungsstruktur:

$$\text{Median}$$
$$\downarrow$$
$$\mathbf{z}_{()} = (xyxyyx\, yxxyyy).$$

In diesem Fall ist $S = 4$. Ist hingegen $m = 6, n = 7$, also $N = 13 \ldots$ ungerade, und ist

$$\text{Median}$$
$$\downarrow$$
$$\mathbf{z}_{()} = (xyxyyx\, yxxyxyy),$$

dann ist $S = 3$.

Eigenschaften der Median-Statistik

• **Verteilung:** Die Median-Statistik ist hypergeometrisch verteilt, falls die Daten $(x_1, \ldots, x_m; y_1 \ldots, y_n)$ identisch verteilt sind, d.h. für $\Delta = 0$. Im einzelnen gilt:

$$S(\mathbf{x}, \mathbf{y}) \sim \mathbf{H}_{N,A,n} \text{ mit } A = [N/2] \qquad (3.2.40)$$

Beweis: Es gibt offenbar genau A Zahlen i mit $(N+1)/2 < i \leq N$. Eine Permutation $\mathbf{r} = (r_1, \ldots, r_m; r_{m+1}, \ldots, r_N)$ mit $S = s$ erhält man, wenn man

1. aus diesen A Zahlen s auswählt: $\binom{A}{s}$ Möglichkeiten,

2. aus den restlichen $N - A$ Zahlen $n - s$ auswählt: $\binom{N-A}{n-s}$ Möglichkeiten,

3. diese n Zahlen auf die Plätze $(r_{m+1}, \ldots, r_N)$ setzt: $n!$ Möglichkeiten,

4. die restlichen m Zahlen auf die Plätze $(r_1, \ldots, r_m)$ setzt: $m!$ Möglichkeiten.

Da jede Permutation $\mathbf{r}$ die Wahrscheinlichkeit $1/N!$ besitzt, gilt somit:

$$P(S(\mathbf{x}, \mathbf{y}) = s) = \frac{\binom{A}{s}\binom{N-A}{n-s} m! n!}{N!} = \frac{\binom{A}{s}\binom{N-A}{n-s}}{\binom{N}{n}},$$

und dieses ist die Dichte der hypergeometrischen Verteilung $\mathbf{H}_{N,A,n}$. ♠

• **Mittel und Varianz:** Aus den Formeln für Mittel und Varianz der hypergeometrischen Verteilung:

$$\mu(\mathbf{H}_{N,A,n}) = n\frac{A}{N}, \quad \sigma^2(\mathbf{H}_{N,A,n}) = n\frac{A}{N}(1 - \frac{A}{N})(1 - \frac{n-1}{N-1}),$$

ergibt sich für die Median-Statistik:

$$E(S) = \begin{cases} \dfrac{n}{2} & \text{für } N \ldots \text{ gerade,} \\[2mm] \dfrac{n}{2}\dfrac{N-1}{N} & \text{für } N \ldots \text{ ungerade,} \end{cases}$$

$$V(S) = \begin{cases} \dfrac{mn}{4}\dfrac{1}{N-1} & \text{für } N \ldots \text{ gerade,} \\[2mm] \dfrac{mn}{4}\dfrac{N+1}{N^2} & \text{für } N \ldots \text{ ungerade.} \end{cases} \qquad (3.2.41)$$

• **Asymptotische Verteilung:** Für min $= \{m, n\} \to \infty$ ist S asymptotisch nach $\mathbf{N}(n/2, mn/4N)$ verteilt.

• **Der Median-Test:** Die folgende Tabelle gibt die Niveau-α-Teststrategien für die einseitigen und zweiseitigen Testprobleme.

$\mathbf{H_0}$	$\mathbf{H_1}$	Niveau-α-Test
$\Delta \leq 0$	$\Delta > 0$	$S(\mathbf{x}, \mathbf{y}) \gtrless s(1 - \alpha \| m, n) \Longrightarrow \begin{smallmatrix} \mathbf{H_1} \\ \mathbf{H_0} \end{smallmatrix}$
$\Delta \geq 0$	$\Delta < 0$	$S(\mathbf{x}, \mathbf{y}) \lessgtr s(\alpha \| m, n) \Longrightarrow \begin{smallmatrix} \mathbf{H_1} \\ \mathbf{H_0} \end{smallmatrix}$
$\Delta = 0$	$\Delta \neq 0$	$S(\mathbf{x}, \mathbf{y}) \overset{\notin}{\in} (s(\alpha/2 \| m, n), s(1 - \alpha/2 \| m, n)] \Longrightarrow \begin{smallmatrix} \mathbf{H_1} \\ \mathbf{H_0} \end{smallmatrix}$

Beispiel 3.2.7   Wir testen H_0: $\Delta \leq 0$ gegen H_1: $\Delta > 0$ mit dem Median-Test auf der Grundlage der Daten $\mathbf{x} = (x_1, \ldots, x_{12})$, $\mathbf{y} = (y_1, \ldots, y_{12})$ von Beispiel 3.2.2. Die y-Ränge der gepoolten Stichprobe waren: $(3, 5, 10, 12, 14, 15, 17, 18, 20, 22, 23, 24)$. S zählt die y-Ränge, die größer sind als $(N+1)/2 = 12{,}5$. Folglich ist $S = 8$.

Unter H_0 ist S nach $H_{24,12,12}$ verteilt. Das Grenzniveau, zu dem H_0 verworfen werden kann, ist somit:

$$\alpha_g = P(S \geq 8) = 0{,}1102.$$

• **Tabellen:** Tabellen für die hypergeometrische Verteilung findet man in LIEBERMAN and OWEN (1961) und OWEN (1962).

• **Bereichschätzung von Δ:** Wie beim Wilcoxon- und beim van-der-Waerden-Test betrachten wir die Familie der zweiseitigen Testprobleme:

$$H_0: \; \Delta = \Delta_0 \quad \text{gegen} \quad H_1: \; \Delta \neq \Delta_0 \quad \text{für } \Delta_0 \in \mathbf{R},$$

mit der zugehörigen Familie von Niveau-α-Median-Tests:

$$\varphi(\mathbf{x}, \mathbf{y} | \Delta_0) = \begin{cases} 1 \\ 0 \end{cases} \iff S(\mathbf{x}, \mathbf{y} - \Delta_0) \overset{\notin}{\underset{\in}{}} (s(\alpha/2|m,n), s(1 - \alpha/2|m,n)]$$

und erhalten durch Dualisieren den zugehörigen Bereichschätzer zur Sicherheit $S = 1 - \alpha$ für Δ:

$$\begin{aligned} \overline{\underline{\Delta}}(\mathbf{x}, \mathbf{y}) &= \{\Delta_0: \; \varphi(\mathbf{x}, \mathbf{y} | \Delta_0) = 0\} = \\ &= \{\Delta_0: \; s(\alpha/2|m,n) < S(\mathbf{x}, \mathbf{y} - \Delta_0) \leq s(1 - \alpha/2|m,n)\}. \end{aligned} \tag{3.2.42}$$

Da $S(\mathbf{x}, \mathbf{y} - \Delta)$ in Δ monoton fällt, ist $\overline{\underline{\Delta}}(\mathbf{x}, \mathbf{y})$ ein Intervall $[\underline{\Delta}, \overline{\Delta}]$. Die praktische Bestimmung von $[\underline{\Delta}, \overline{\Delta}]$ ist hier besonders einfach. Wir zeigen dazu zunächst den folgenden Hilfssatz.

Satz 3.2.5 *Sind* $\mathbf{x}_{()} = (x_{(1)}, \ldots, x_{(m)})$ *und* $\mathbf{y}_{()} = (y_{(1)}, \ldots, y_{(m)})$ *die zu* $\mathbf{x}$ *und* $\mathbf{y}$ *gehörigen Ordnungsreihen, dann gilt für*

$$\Delta \overset{<}{\underset{>}{}} y_{(n-s)} - x_{(\frac{N+2}{2} - (n-s))} \Longrightarrow S(\mathbf{x}, \mathbf{y} - \Delta) \overset{>}{\underset{<}{}} s \quad \text{für } N \ldots \text{ gerade,} \tag{3.2.43}$$

$$\Delta \overset{<}{\underset{>}{}} y_{(n-s)} - x_{(\frac{N+3}{2} - (n-s))} \Longrightarrow S(\mathbf{x}, \mathbf{y} - \Delta) \overset{>}{\underset{<}{}} s \quad \text{für } N \ldots \text{ ungerade.} \tag{3.2.44}$$

Beweis: Sei zunächst $N = m + n$ gerade und s so gewählt, daß $1 \leq n - s \leq n$ und $1 \leq (N+2)/2 - (n-s) \leq m$ gilt, d.h., es muß sein:

$$\max\{0, \frac{n-m}{2}\} \leq s \leq \min\{n-1, \frac{N-2}{2}\}.$$

Wir setzen zur Abkürzung:

$$l = n - s, \quad k = (N+2)/2 - (n-s) \tag{3.2.45}$$

und betrachten $S(\mathbf{x}, \mathbf{y} - \Delta)$ in der Umgebung von $\Delta_0 = y_{(l)} - x_{(k)}$, d.h. für $y_{(l)} - \Delta_0 = x_{(k)}$.

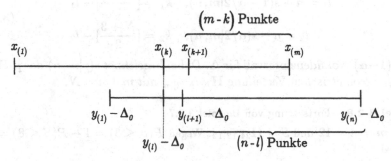

Abb. 3.2.13: Relative Lage von $\mathbf{x}$ und $\mathbf{y} - \Delta_0$ für $\Delta_0 = y_{(l)} - x_{(k)}$

Wie man Abb. 3.2.13 entnimmt, liegen rechts von $x_{(k)} = y_{(l)} - \Delta_0$ genau

$$(m-k) + (n-l) = [m - (\frac{N+2}{2} - (n-s))] + (n - (n-s)) = \frac{N}{2} - 1$$

Punkte der gepoolten Stichprobe $\mathbf{z} = (\mathbf{x}, \mathbf{y})$. Ebenso viele Punkte liegen links von $x_{(k)} = y_{(l)} - \Delta_0$. In der Umgebung von Δ_0, d.h. für $\Delta \in (\Delta_0 - \epsilon, \Delta_0 + \epsilon)$ und hinreichend kleines ϵ, ist daher der Median der gepoolten Stichprobe gegeben durch:

$$z_{0,5}(\Delta) = \frac{x_{(k)} + (y_{(l)} - \Delta)}{2}.$$

Für $\Delta \in (\Delta_0 - \epsilon, \Delta_0)$ liegen somit $n - l + 1 = s + 1$ y-Werte rechts vom Median $z_{0,5}(\Delta)$ und für $\Delta \in [\Delta_0, \Delta_0 + \epsilon)$ sind es $n - l = s$ y-Werte. Da $S(\mathbf{x}, \mathbf{y} - \Delta)$ in Δ global monoton fallend ist, gilt folglich:

$$\Delta \underset{\geq}{\overset{<}{}} \Delta_0 = y_{(l)} - x_{(k)} = y_{(n-s)} - x_{(\frac{N+2}{2} - (n-s))} \implies S(\mathbf{x}, \mathbf{y} - \Delta) \underset{\leq}{\overset{>}{}} s,$$

also die Behauptung (3.2.43). Für ungerades N schließt man analog. ♠

Bemerkung: Die Aussagen (3.2.43) und (3.2.44) lassen sich zusammenfassen in der Form:

$$\Delta \underset{\geq}{<} y_{(n-s)} - x_{([\frac{N+3}{2}]-(n-s))} \Longrightarrow S(\mathbf{x}, \mathbf{y} - \Delta) \underset{\leq}{>} s, \qquad (3.2.46)$$

wobei $[a]$ die größte ganze Zahl $\leq a$ bezeichnet.

Wir kehren zurück zur Bestimmung von $\overline{\Delta}(\mathbf{x}, \mathbf{y})$ mittels der Beziehung (3.2.42). Aus (3.2.46) erhalten wir das

Ergebnis:

$$\overline{\Delta}(\mathbf{x}, \mathbf{y}) = [y_{(l_1)} - x_{(k_1)}, y_{(l_2)} - x_{(k_2)}]$$

mit

$$l_1 = n - s(1 - \alpha/2|m, n), \quad k_1 = [\frac{N+3}{2}] - l_1$$
$$l_2 = n - s(\alpha/2|m, n), \quad k_2 = [\frac{N+3}{2}] - l_2 \qquad (3.2.47)$$

ist ein $(1-\alpha)$-Konfidenzintervall für Δ. Dabei bezeichnet $s(p|m, n)$ das p-Fraktil der hypergeometrischen Verteilung $\mathbf{H}_{N,[N/2],n}$ mit $m + n = N$.

Beispiel 3.2.8 Fortsetzung von Beispiel 3.2.7

Es war $m = n = 12$ und $S \sim \mathbf{H}_{24,12,12}$. Wegen $P(S \leq 3) = 1 - P(S \leq 8) = 0{,}02$ haben wir:

$$s(\alpha/2|12, 12) = 3, \quad s(1 - \alpha/2|12, 12) = 8 \quad \text{für } \alpha = 0{,}04.$$

Aus (3.2.47) folgt dann:

$$l_1 = 12 - 8 = 4, \quad k_1 = 13 - 4 = 9,$$
$$l_2 = 12 - 3 = 9, \quad k_2 = 13 - 9 = 4$$

und daher ist $[\underline{\Delta}, \overline{\Delta}] = [y_{(4)} - x_{(9)}, y_{(9)} - x_{(4)}]$ ein 0,96-Konfidenzintervall für Δ. Mit den Daten von Beispiel 3.2.2 ergibt sich abschließend:

$$[\underline{\Delta}, \overline{\Delta}] = [4{,}4 - 4{,}6; 6{,}5 - 2{,}7] = [-0{,}2; 3{,}8], \quad S = 0{,}96.$$

• **Effizienz:** Der Median-Test ist optimal unter allen linearen Rangtests, falls die Daten doppelt-exponentiell verteilt sind (vgl. Beispiel 3.2.1). Seine Pitman-ARE gegenüber dem t-Test bei normal-verteilten Daten beträgt aber nur $\frac{2}{\pi} \approx$ $\approx 0{,}637$ (MOOD 1954).

Allgemein kann man sagen, daß der Median-Test bei Datenverteilungen mit schwach besetzten Außenbereichen (Normalverteilung, Gleichverteilung) dem Wilcoxon-Test unterlegen, diesem aber bei Verteilungen mit stark besetzten Außenbereichen (Exponentialverteilung, Cauchy-Verteilung) überlegen ist.

3.3 Der Skalenvergleich zweier Verteilungen

Wie beim Lagevergleich zweier Verteilungen im vorigen Abschnitt gehen wir
auch hier aus von dem klassischen Skalenproblem der parametrischen Statistik,
dem Varianzvergleich zweier Normalverteilungen. Den Daten $\mathbf{x} = (x_1, \ldots, x_m)$
und $\mathbf{y} = (y_1, \ldots, y_n)$ wird dabei das folgende Modell unterlegt:

Modell: $x \sim \mathrm{N}(\mu_x, \sigma_x^2), \quad y \sim \mathrm{N}(\mu_y, \sigma_y^2),$

$\mu_x, \mu_y; \sigma_x^2, \sigma_y^2 \ldots$ sind freie Modellparameter. $\hspace{3cm}$ (3.3.1)

Statistische Aufgaben sind die Bestimmung von Punkt- und Bereichschätzern
für den Varianzquotienten $\gamma^2 = \sigma_y^2/\sigma_x^2$, bzw. für den Skalenparameter $\gamma = \sigma_y/\sigma_x$, und die Entwicklung von Teststrategien für die Testaufgaben:

$$\mathbf{H_0}:\ \gamma^2 \begin{array}{c} \geq \\ = \\ \leq \end{array} \gamma_0^2 \quad \text{gegen} \quad \mathbf{H_1}:\ \gamma^2 \begin{array}{c} < \\ \neq \\ > \end{array} \gamma_0^2. \hspace{2cm} (3.3.2)$$

Die optimale Lösung dieser Aufgaben erfolgt bekanntlich auf der Grundlage der
F-Statistik:

$$F(\mathbf{x},\mathbf{y}) = \frac{s_y^2}{\sigma_y^2}\bigg/\frac{s_x^2}{\sigma_x^2} = \frac{s_y^2}{s_x^2}\cdot\frac{1}{\gamma^2}, \hspace{2cm} (3.3.3)$$

mit:

$$s_x^2 = \frac{1}{m-1}\sum_{j=1}^{m}(x_j - \bar{x})^2, \quad s_y^2 = \frac{1}{n-1}\sum_{j=1}^{n}(y_j - \bar{y})^2,$$

die unter dem Modell (3.3.1) die Snedecorsche F-Verteilung mit $(m-1, n-1)$
Freiheitsgraden besitzt. Man erhält:

- $\hat{\gamma}^2 = s_y^2/s_x^2 \ldots$ als Punktschätzer für γ^2,

- $[\underline{\gamma}^2, \overline{\gamma}^2] = [\hat{\gamma}^2/F(1-\alpha/2|m-1, n-1), \hat{\gamma}^2/F(\alpha/2|m-1, n-1)] \ldots$ als
  Bereichschätzer für γ^2 zur Sicherheit $S = 1 - \alpha$,

- $\varphi(\mathbf{x},\mathbf{y}) = {1 \atop 0} \Longleftrightarrow [\underline{\gamma}^2, \overline{\gamma}^2] \begin{array}{c} \not\ni \\ \ni \end{array} \gamma_0^2 \ldots$ als F-Test zum Niveau α für das zweiseitige Testproblem (3.3.2).

Das Modell (3.3.1) postuliert, daß die Verteilungen von x und y zu der
Lage- und Skalenfamilie der Normalverteilungen gehören. Die natürliche nichtparametrische Verallgemeinerung ist daher die Forderung, daß die Verteilungen
von x und y in einer gemeinsamen, nicht näher bestimmten Lage- und Skalenfamilie liegen sollen. Diese Situation läßt sich auf verschiedene Weise formal beschreiben. Da eine Lage- und Skalenfamilie von Verteilungen von jedem

ihrer Elemente erzeugt wird, kann man etwa die Verteilung von x als Erzeuger wählen und die Verteilung von y durch sie ausdrücken. In Verteilungsfunktionen geschrieben hätten wir dann das

Modell: $x \sim F_x, \quad y \sim F_y,$
$\qquad F_y(t) = F_x(\frac{t-\Delta}{\gamma}) \quad \dots \Delta \in \mathbf{R}, \gamma > 0,$
$\qquad F_x; \Delta, \gamma \quad$ sind freie Modellparameter. $\hfill (3.3.4)$

Abbildung 3.3.1 zeigt die Bedeutung der Modellparameter F_x, Δ, γ.

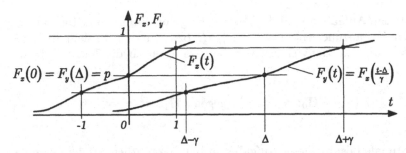

Abb. 3.3.1: Bedeutung der Parameter des Modells (3.3.4)

Man erkennt: jedes Zufallsintervall $[a, b]$ unter F_x wird unter F_y auf das γ-fache seiner Länge gestreckt. Der Verschiebungsparameter Δ ist der Abstand zwischen den p-Fraktilen von F_x und F_y für $p = F_x(0)$ und besitzt unter dieser Parametrisierung keine den Praktiker besonders ansprechende Interpretation. Symmetrischer und in Analogie zu (3.3.1) kann man aber das Modell auch folgendermaßen beschreiben:

Modell: $x \sim F_x, \quad y \sim F_y,$
$\qquad F_x(t) = F(\frac{t-a_x}{b_x}), F_y(t) = F(\frac{t-a_y}{b_y}), \hfill (3.3.5)$
$\qquad F; a_x, a_y; b_x, b_y \quad$ sind freie Modellparameter.

Diese Parametrisierung des Modells ist natürlich redundant. Sie wird aber eindeutig, wenn man etwa verlangt:

$$F(0) = \Phi(0) = 0{,}5 \quad \text{und} \quad F(1) - F(-1) = \Phi(1) - \Phi(-1) \approx 0{,}6872. \quad (3.3.6)$$

Die Parameter a_x, a_y und b_x, b_y werden dann identifizierbar und haben eine einfache und ansprechende Bedeutung (siehe Abb. 3.3.2):

- a_x, a_y sind die Mediane von F_x bzw. F_y,

- die Intervalle $[a_x - b_x, a_x + b_x]$ und $[a_y - b_y, a_y + b_y]$ besitzen unter F_x bzw. F_y die gleiche Wahrscheinlichkeit wie das Intervall $[\mu - \sigma, \mu + \sigma]$ unter der Verteilung $\mathrm{N}(\mu, \sigma^2)$, nämlich 0,6827.

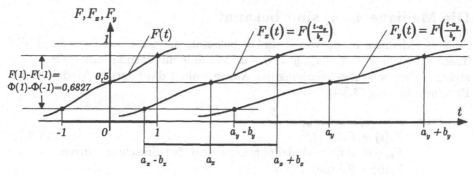

Abb. 3.3.2: Bedeutung der Parameter des Modells (3.3.5)

Die Parametrisierung des Modells (3.3.5) erfolgt daher durch Fraktile und nicht durch Mittelwert und Standardabweichung, die ja für F nicht existieren müssen, und geht für $F = \Phi$ in die Parametrisierung des Modells (3.3.1) über.

Der Zusammenhang zwischen den Parametern Δ, γ von (3.3.4) und den Parametern a_x, a_y, b_x, b_y von (3.3.5) ist gegeben durch:

$$\gamma = b_y/b_x,$$
$$\Delta = a_y - a_x \cdot b_y/b_x.$$

Daß der Ausdruck für Δ so kompliziert und wenig anschaulich ausfällt, hat seinen Grund darin, daß Δ der Abstand der p-Fraktilen von F_x und F_y für den durch nichts besonders ausgezeichneten Wert $p = F_x(0)$ ist (vgl. Abb. 3.3.1). Im Gegensatz dazu wird in der Parametrisierung (3.3.5) die Verschiebung von F_y relativ zu F_x in natürlicher Weise durch den Abstand der Mediane a_y von F_y und a_x von F_x gemessen.

Die statistischen Aufgaben beim Skalenvergleich der Verteilung F_x und F_y im Modell (3.3.5) sind die gleichen wie beim klassischen Modell (3.3.1):

- Punkt- und Bereichschätzung des Skalenparameters $\gamma = b_y/b_x$,

- Testen von Hypothesen über γ.

Da die Nuisance-Parameter a_x, a_y das Problem erheblich komplizieren, behandeln wir die Aufgabe in drei Stufen:

1. **Fall:** die Mediane a_x, a_y sind bekannt,

2. **Fall:** die Mediane a_x, a_y sind gleich: $a_x = a_y = a$, ihr gemeinsamer Wert a ist aber unbekannt,

3. **Fall:** a_x, a_y sind beide unbekannt.

Die Mediane a_x, a_y sind bekannt

Sind die Mediane a_x, a_y von x und y bekannt, dann erhalten wir durch die Transformation $x' = x - a_x$, $y' = y - a_y$ Variable mit Median null. Wir unterstellen daher ohne Beschränkung der Allgemeinheit das folgende Modell in der Parametrisierung (3.3.4):

Modell: $x \sim F_x$, $\quad y \sim F_y$,
$$F_y(t) = F_x(t/\gamma), \tag{3.3.7}$$
F_x, γ sind freie Modellparameter mit den Einschränkungen
$F_x(0) = 0{,}5$ und $\gamma > 0$.

Abbildung 3.3.3 veranschaulicht dieses Modell.

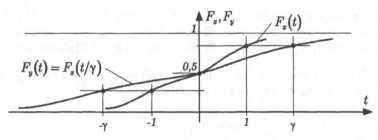

Abb. 3.3.3: Zum Modell (3.3.7)

Sind $\mathbf{x} = (x_1, \ldots, x_m)$ und $\mathbf{y} = (y_1, \ldots, y_n)$ zwei Stichproben aus F_x bzw. F_y, dann bilden wir:

- $\mathbf{z} = (z_1, \ldots, z_N) = (x_1, \ldots, x_m; y_1, \ldots, y_n)$ ... die gepoolte Stichprobe,
- $\mathbf{z}_{()} = (z_{(1)}, \ldots, z_{(N)})$ ... die Ordnungsreihe der gepoolten Stichprobe,
- $\mathbf{r} = (r_1, \ldots, r_N)$ ... die Rangreihe der gepoolten Stichprobe,
- $\boldsymbol{\xi} = (\xi_1, \ldots, \xi_N)$ ... die Rang-Indikatorreihe: $\xi_j = 1$ oder $= 0$, je nachdem ob j ein y- oder x-Rang ist.

Für $\gamma > 1$, wie in Abb. 3.3.3, ist die relative Lage zweier typischer Stichproben $\mathbf{x}$ und $\mathbf{y}$ in Abb. 3.3.4 gezeigt: die y-Werte liegen gehäuft am unteren und oberen Rand der gepoolten Stichprobe $\mathbf{z} = (\mathbf{x}, \mathbf{y})$, die y-Ränge sind überwiegend die kleinen und die großen unter den Zahlen $1, \ldots, N$ und die Indikatorfolge ξ trägt die Einsen am unteren und oberen Rand. Für $\gamma < 1$ ist die Situation genau umgekehrt.

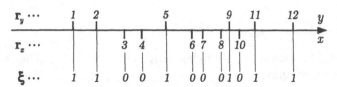

Abb. 3.3.4: Typische Stichproben $\mathbf{x}, \mathbf{y}$ für $\gamma > 1$

Wählt man daher eine lineare Rangstatistik

$$S = \sum_{i=m+1}^{N} a(r_i) = \sum_{i=1}^{N} \xi_i a(i),$$

deren Gewichtsfolge $a(i)$ den in Abb. 3.3.5 gezeigten qualitativen Verlauf hat, d.h., die für $i \leq (N+1)/2$ monoton fällt und für $i \geq (N+1)/2$ monoton steigt, dann tendiert S für $\gamma > 1$ zu großen und für $\gamma < 1$ zu kleinen Werten.

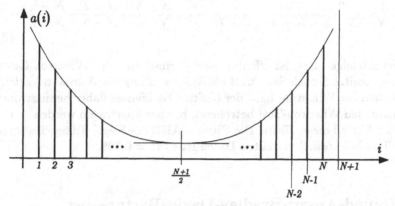

Abb. 3.3.5: Qualitativer Verlauf der Gewichtsfolge $a(i)$

Für $\gamma = 1$ sind die Verteilungen von x und y identisch, $\mathbf{r}$ ist somit auf $\mathbf{S}_n$ gleichverteilt und $S(\mathbf{x}, \mathbf{y})$ besitzt eine verteilungsunabhängige Nullverteilung. Die Niveau-α-Teststrategien für die Testaufgaben

$$\mathbf{H_0}\colon\ \gamma \overset{\leq}{\underset{\geq}{=}} 1 \quad \text{gegen} \quad \mathbf{H_1}\colon\ \gamma \overset{>}{\underset{<}{\neq}} 1$$

lauten daher:

$\mathbf{H_0}$	$\mathbf{H_1}$	Niveau-α-Test
$\gamma \leq 1$	$\gamma > 1$	$S \overset{\geq}{\underset{\leq}{}} s(1-\alpha\|m,n) \Longrightarrow \begin{smallmatrix}\mathbf{H_1}\\\mathbf{H_0}\end{smallmatrix}$
$\gamma \geq 1$	$\gamma < 1$	$S \overset{\leq}{\underset{>}{}} s(\alpha\|m,n) \Longrightarrow \begin{smallmatrix}\mathbf{H_1}\\\mathbf{H_0}\end{smallmatrix}$
$\gamma = 1$	$\gamma \neq 1$	$S \overset{\notin}{\underset{\in}{}} (s(\alpha/2\|m,n), s(1-\alpha/2\|m,n))] \Longrightarrow \begin{smallmatrix}\mathbf{H_1}\\\mathbf{H_0}\end{smallmatrix}$

$$(3.3.8)$$

Für die Wahl der Gewichtsfolge $(a(i))$ gibt es eine Reihe von Möglichkeiten. Wir stellen die wichtigsten Vorschläge kurz zusammen.

Der Siegel-Tukey-Test

Die folgende Tabelle zeigt die Zuordnung der Gewichte $a(i)$ nach dem Vorschlag von SIEGEL und TUKEY (1960):

i	1	2	3	4	$\cdots$	$N-3$	$N-2$	$N-1$	N
$a(i)$	N	$N-3$	$N-4$	$N-7$	$\cdots$	$N-6$	$N-5$	$N-2$	$N-1$

$$(3.3.9)$$

Die Gewichtsfolge $(a(i))$ ist offenbar eine Permutation der Wilcoxon-Gewichte und daher besitzt S nach Satz 3.1.4 als Nullverteilung die Wilcoxon-Verteilung. Die Tabellen der Wilcoxon- bzw. der U-Statistik können daher benützt und alle Ergebnisse, den Wilcoxon-Test betreffend, hierher übertragen werden — das ist ein großer Vorteil dieses Tests. Die Pitman-ARE des Siegel-Tukey-Tests relativ zum F-Test bei normal-verteilten Daten ist $6/\pi^2 = 0{,}608$.

Der Freund-Ansari-Bradley-David-Barton-Test

Dieser Test wurde in verschiedenen gleichwertigen Varianten von den obigen Autoren vorgeschlagen (FREUND und ANSARI 1957, ANSARI und BRADLEY 1960, DAVID und BARTON 1958). Gewichtsfolge $(a(i))$ ist:

$$a(i) = |i - \frac{N+1}{2}| \qquad i = 1, \ldots, N. \tag{3.3.10}$$

Für Mittelwert und Varianz der Nullverteilung der zugehörigen Statistik $S = \sum_{i=m+1}^{N} a(r_i)$ ergibt sich auf der Grundlage von Satz 3.1.3:

	$E(S)$	$V(S)$
N ... gerade	$\frac{nN}{4}$	$\frac{mn(N^2-4)}{48(N-1)}$
N ... ungerade	$\frac{n(N^2-1)}{4N}$	$\frac{mn(N+1)(N^2+3)}{48N^2}$

$$(3.3.11)$$

S ist asymptotisch normal-verteilt. Für $m = n \leq 8$ wurden Tabellen von DAVID und BARTON (1958) angegeben. Der Test ist asymptotisch zum Siegel-Tukey-Test äquivalent mit der Pitman-ARE von $6/\pi^2 = 0{,}608$ relativ zum F-Test bei normal-verteilten Daten.

Der Mood-Test

Die Gewichtsfolge $(a(i))$ für diesen von MOOD (1954) vorgeschlagenen Test lautet:

$$a(i) = (i - \frac{N+1}{2})^2 \qquad i = 1, \ldots, N. \tag{3.3.12}$$

Für Mittel und Varianz der zugehörigen Statistik $S = \sum_{i=m+1}^{N} a(r_i)$ ergibt sich nach Satz 3.1.3:

$$E(S) = \frac{n(N^2 - 1)}{12}, \quad V(S) = \frac{mn(N+1)(N^2 - 4)}{180}. \tag{3.3.13}$$

S ist asymptotisch normalverteilt. Die Pitman-ARE des Mood-Tests relativ zum F-Test für normal-verteilte Daten beträgt $15/2\pi^2 = 0,76$.

Der Klotz-Test

KLOTZ (1962) hat folgende Gewichtsfolge vorgeschlagen:

$$a(i) = [\Phi^{-1}(\frac{i}{N+1})]^2 \qquad i = 1, \ldots, N. \tag{3.3.14}$$

Mittel und Varianz der zugehörigen Statistik $S = \sum_{i=m+1}^{N} a(r_i)$ sind gegeben durch (siehe Satz 3.1.3):

$$E(S) = \frac{n}{N} \sum_{i=1}^{N} a(i); \quad V(S) = \frac{mn}{N(N-1)} \sum_{i=1}^{N} (a(i))^2 - \frac{m}{n(N-1)} (E(S))^2. \tag{3.3.15}$$

S ist asymptotisch normal-verteilt. Die Pitman-ARE relativ zum F-Test bei normal-verteilten Daten ist 1.

Tabelle 3.3.1 (siehe KLOTZ 1962) zeigt die Pitman-Effizienzen der obigen Teststrategien relativ zueinander bei verschiedenen Datenverteilungen. Dabei bedeutet S, M bzw. K: Siegel-Tukey- (asymptotisch äquivalent zu Freund-Ansari etc.), Mood- und Klotz-Test.

Verteilung	Eff(K : S)	Eff(K : M)	Eff(M : S)
Gleichverteilung	∞	∞	1,667
Normal	1,645	1,316	1,250
Logistisch	1,333	1,116	1,195
Dopp.Exp.	1,292	1,116	1,157
Cauchy	0,561	0,599	0,937

Tabelle 3.3.1: Pitman-Effizienzen von Siegel-Tukey-, Mood- und Klotz-Test relativ zueinander

Bereichschätzung von γ

Wir befinden uns nach wie vor im Rahmen des Modells (3.3.7). Das heißt, die Mediane a_x, a_y sind bekannt und wurden durch die Transformation $x' = x - a_x$ und $y' = y - a_y$ auf null transformiert. Um Bereichschätzer zur Sicherheit $S = 1 - \alpha$ für den Skalenparameter γ bestimmen zu können, benötigen wir Niveau-α-Teststrategien für die Testaufgaben:

$$\mathbf{H_0}:\ \gamma \overset{\leq}{\underset{\geq}{=}} \gamma_0 \quad \text{gegen} \quad \mathbf{H_1}:\ \gamma \overset{>}{\underset{<}{\neq}} \gamma_0 \qquad (3.3.16)$$

für beliebiges γ_0, während wir bisher in (3.3.8) nur den Fall $\gamma_0 = 1$ behandelt hatten. Durch die Transformation $y \to y/\gamma_0$ wird aber das Testproblem (3.3.16) auf den Fall $\gamma_0 = 1$ zurückgeführt. Ist $S = S(\mathbf{x}, \mathbf{y})$ eine der besprochenen Statistiken (Siegel-Tukey, Mood etc.), dann erhalten wir folgende Teststrategien in Analogie zu (3.3.8):

$\mathbf{H_0}$	$\mathbf{H_1}$	Niveau-α-Test
$\gamma \leq \gamma_0$	$\gamma > \gamma_0$	$S(\mathbf{x}, \mathbf{y}/\gamma_0) \overset{\geq}{\underset{<}{}} s(1 - \alpha | m, n) \Longrightarrow \begin{matrix} \mathbf{H_1} \\ \mathbf{H_0} \end{matrix}$
$\gamma \geq \gamma_0$	$\gamma < \gamma_0$	$S(\mathbf{x}, \mathbf{y}/\gamma_0) \overset{\leq}{\underset{>}{}} s(\alpha | m, n) \Longrightarrow \begin{matrix} \mathbf{H_1} \\ \mathbf{H_0} \end{matrix}$
$\gamma = \gamma_0$	$\gamma \neq \gamma_0$	$S(\mathbf{x}, \mathbf{y}/\gamma_0) \overset{\notin}{\underset{\in}{}} (s(\alpha/2 | m, n), s(1 - \alpha/2 | m, n)] \Longrightarrow \begin{matrix} \mathbf{H_1} \\ \mathbf{H_0} \end{matrix}$

$$(3.3.17)$$

Die Dualisierung dieser Testfamilien liefert Bereichschätzer für γ zur Sicherheit $S = 1 - \alpha$. Es genügt die Familie der zweiseitigen Niveau-α-Tests zu betrachten. Man erhält:

$$\overline{\gamma}(\mathbf{x}, \mathbf{y}) = \{\gamma_0:\ s(\alpha/2 | m, n) < S(\mathbf{x}, \mathbf{y}/\gamma_0) \leq s(1 - \alpha/2 | m, n)\}. \qquad (3.3.18)$$

Dieser Bereich ist, namentlich bei größeren Stichprobenumfängen m, n, praktisch immer ein Intervall. Er muß es aber nicht notwendig sein, denn die Funktion $\gamma_0 \to S(\mathbf{x}, \mathbf{y}/\gamma_0)$ ist bei den besprochenen linearen Rangstatistiken nicht für jede Datensituation $\mathbf{x}, \mathbf{y}$ in γ_0 monoton. Beispielsweise ist sie das nicht, wenn zufällig alle Beobachtungen $(x_1, \ldots, x_m)$ und $(y_1, \ldots, y_n)$ positiv ausfallen. In der Regel erhält man aber ein Intervall als Bereichschätzer. Die Bestimmung dieses Intervalls kann nur auf numerischem Wege erfolgen.

Beispiel 3.3.1   Bereichschätzung des Skalenfaktors γ

Seien $\mathbf{x} = (x_1, \ldots, x_{20})$ und $\mathbf{y} = (y_1, \ldots, y_{20})$ Stichproben von nach $N(0,1)$ bzw. $N(0,4)$ verteilten Variablen x und y, d.h., $\gamma = \sigma_y/\sigma_x = 2$. Abbildung 3.3.6 vermittelt einen Eindruck von den Daten.

i	x_i	i	x_i	i	y_i	i	y_i
1	0,15	11	0,60	1	−2,13	11	−1,79
2	−0,17	12	−0,77	2	−0,86	12	0,51
3	1,42	13	0,91	3	−1,76	13	−0,97
4	1,81	14	1,31	4	3,41	14	0,65
5	−0,26	15	−0,04	5	−1,03	15	3,32
6	1,03	16	−0,20	6	1,78	16	−0,18
7	0,42	17	0,42	7	−3,92	17	−0,70
8	0,80	18	1,50	8	2,59	18	−3,62
9	−1,02	19	−0,32	9	0,73	19	0,19
10	0,63	20	1,20	10	2,10	20	1,89

Abb. 3.3.6: Darstellung der Stichproben $\mathbf{x}$ und $\mathbf{y}$.

Weiters seien $S_F(\mathbf{x},\mathbf{y}), S_M(\mathbf{x},\mathbf{y}), S_K(\mathbf{x},\mathbf{y})$ die Freund-Ansari-, die Mood- und die Klotz-Statistik mit den Gewichtsfolgen (3.3.10), (3.3.12) und (3.3.14):

$$S_F: \quad a(i) = |i - \tfrac{N+1}{2}| \qquad \ldots i = 1, \ldots, N,$$

$$S_M: \quad a(i) = (i - \tfrac{N+1}{2})^2 \qquad \ldots i = 1, \ldots, N,$$

$$S_K: \quad a(i) = [\Phi^{-1}(\tfrac{i}{N+1})]^2 \quad \ldots i = 1, \ldots, N.$$

Wir rechnen asymptotisch. Die folgende Tabelle enthält Mittel, Standardabweichung, 0,05- und 0,95-Fraktile der Statistiken S_F, S_M, S_K, berechnet auf der Grundlage der Formeln (3.3.11), (3.3.13) und (3.3.15) für $m = n = 20$:

S	$E(S)$	$\sqrt{V(S)}$	$s(0{,}05)$	$s(0{,}95)$
S_F	200	18,47	169,62	230,38
S_M	2665	381,33	2037,71	3292,29
S_K	16,9523	3,2717	11,57	22,33

In Abb. 3.3.7 ist der Verlauf von $S_F(\mathbf{x}, \mathbf{y}/\gamma_0)$ dargestellt, Abb. 3.3.8 zeigt $S_M(\mathbf{x}, \mathbf{y}/\gamma_0)$ und Abb. 3.3.9 $S_K(\mathbf{x}, \mathbf{y}/\gamma_0)$ als Funktion von γ_0.

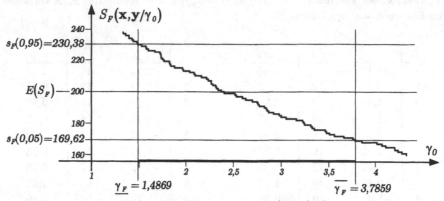

Abb. 3.3.7: Verlauf von $S_F(\mathbf{x}, \mathbf{y}/\gamma_0)$

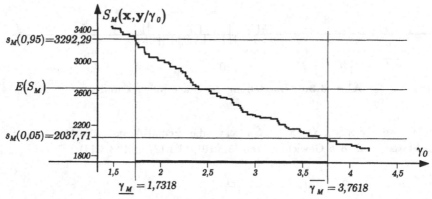

Abb. 3.3.8: Verlauf von $S_M(\mathbf{x}, \mathbf{y}/\gamma_0)$

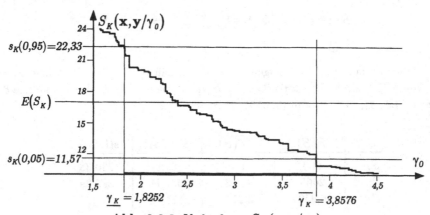

Abb. 3.3.9: Verlauf von $S_K(\mathbf{x}, \mathbf{y}/\gamma_0)$

Die Bereichschätzer $\overline{\gamma}(\mathbf{x}, \mathbf{y}) = \{\gamma_0 \colon s(\alpha/2) < S(\mathbf{x}, \mathbf{y}/\gamma_0) \leq s(1 - \alpha/2)\}$ ergeben sich zu:

	$\overline{\gamma}(\mathbf{x}, \mathbf{y})$	$q = \overline{\gamma}/\underline{\gamma}$
Freund	[1,4869; 3,7859]	2,54
Mood	[1,7318; 3,7618]	2,17
Klotz	[1,8252; 3,8576]	2,11
F-Vtlg.	[1,754; 3,725]	2,12

Wie bei normal-verteilten Daten zu erwarten, gilt: $q_K < q_M < q_F$ (man vergleiche die Effizienz-Tabelle 3.3.1). Zum Vergleich ist in der letzten Zeile der obigen Tabelle noch das auf der Grundlage der F-Verteilung und für Gauß-verteilte Daten mit bekanntem Mittelwert optimale Konfidenzintervall zur Sicherheit $S = 0,90$ eingetragen:

$$\overline{\gamma}(\mathbf{x}, \mathbf{y}) = [\hat{\gamma}/\sqrt{F_{0,95}(20, 20)}, \hat{\gamma} \cdot \sqrt{F_{0,95}(20, 20)}] \text{ mit } \hat{\gamma} = s_y/s_x = 2,556.$$

Insbesondere ist $\overline{\gamma}/\underline{\gamma} = F_{0,95}(20, 20) = 2,12$ und dieses Verhältnis ist sogar größer als bei dem auf der Grundlage der Klotz-Statistik bestimmten Schätzintervall.

Die Mediane a_x, a_y sind gleich, aber unbekannt

Den Daten $\mathbf{x} = (x_1, \ldots, x_m)$ und $\mathbf{y} = (y_1, \ldots, y_n)$ wird das folgende Modell zugrunde gelegt:

Modell: $x \sim F_x$, $y \sim F_y$,

$$F_y(a + t) = F_x(a + t/\gamma), \tag{3.3.19}$$

$F_x, \gamma > 0$ sind freie Modellparameter; a ist der Median von F_x.

Abbildung 3.3.10 veranschaulicht dieses Modell.

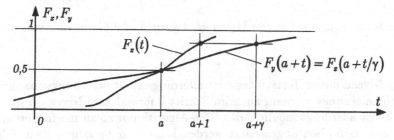

Abb. 3.3.10: Veranschaulichung des Modells (3.3.19)

Zum Testen der Hypothesen

$$\mathbf{H}_0: \gamma \begin{array}{c} \leq \\ = \\ \geq \end{array} 1 \quad \text{gegen} \quad \mathbf{H}_1: \gamma \begin{array}{c} > \\ \neq \\ < \end{array} 1$$

können die gleichen Teststrategien angewendet werden wie im Fall bekannter Mediane, also etwa der Siegel-Tukey-, der Mood- oder der Klotz-Test, denn für $\gamma = 1$ sind die Variablen der gepoolten Stichprobe $\mathbf{z} = (x_1, \ldots, x_m; y_1, \ldots, y_n)$ identisch verteilt, für $\gamma > 1$ liegen die y-Werte an den Rändern und für $\gamma < 1$ in der Mitte von $\mathbf{z}$, eine Verschiebung um den Median a, falls er bekannt wäre, würde daran nichts ändern. Anders ist die Situation, wenn man

$$\mathbf{H}_0: \gamma \begin{array}{c} \leq \\ = \\ \geq \end{array} \gamma_0 \quad \text{gegen} \quad \mathbf{H}_1: \begin{array}{c} > \\ \neq \\ < \end{array} \gamma_0 \qquad (3.3.20)$$

für $\gamma_0 \neq 1$ testen will. Man beachte, daß man die zu dieser Schar von Testproblemen gehörige Schar von Niveau-α-Tests benötigt, wenn man Bereichschätzer für γ durch Dualisierung gewinnen will.

Die Datentransformation $y_j \to y_j' = y_j/\gamma_0$ ist hier nicht zielführend, da sich dabei der y-Median mittransformiert und die Variablen x_i und y_j' für $a \neq 0$ keinen gemeinsamen Median mehr besitzen. Es liegt allerdings nahe, nach dem folgenden Algorithmus zu verfahren:

1. *Man schätzt den gemeinsamen Median a: Schätzer $\hat{a} = \hat{a}(\mathbf{x}, \mathbf{y})$,*

2. *Man transformiert die Daten:*

$$x_i \to x_i' = x_i - \hat{a}, \quad y_j \to y_j' = (y_j - \hat{a})/\gamma_0,$$

3. *Man bestimmt die Teststatistik $S = S(\mathbf{x}', \mathbf{y}')$ (Siegel-Tukey, Mood, Klotz) und testet $\mathbf{H}_0: \gamma \begin{array}{c} \leq \\ = \\ \geq \end{array} 1$ gegen $\mathbf{H}_1: \gamma \begin{array}{c} > \\ \neq \\ < \end{array} 1$ gemäß (3.3.8) zum Niveau α.*

Das Niveau dieser Teststrategie ist allerdings nicht verteilungsunabhängig und auch keineswegs α, wenn auch im Schritt 3 formal zum Niveau α getestet wurde. Es ist allerdings möglich, den Test-Algorithmus so zu modifizieren, daß sein Niveau nach oben abgeschätzt werden kann. Wir verfahren dazu folgendermaßen:

1. Man bestimmt einen Bereichschätzer $\overline{\underline{a}} = \overline{\underline{a}}(\mathbf{x}, \mathbf{y})$ für a zur Sicherheit $1 - \alpha'$.

2. Man bildet für festes γ_0 und die gewählte Teststatistik $S = S(\mathbf{x}, \mathbf{y})$ die Testmenge:

$$\overline{\underline{S}}(\mathbf{x}, \mathbf{y}; \gamma_0) := \{S((x_i - a), (y_j - a)/\gamma_0): \text{ für alle } a \in \overline{\underline{a}}(\mathbf{x}, \mathbf{y})\}. \quad (3.3.21)$$

3. Man entscheidet nach folgender Vorschrift, die mit ψ bezeichnet sei:

H_0	H_1	Test ψ	
$\gamma \leq \gamma_0$	$\gamma > \gamma_0$	$\overline{\underline{S}} \cap (-\infty, s(1 - \alpha''|m, n)] \stackrel{=}{\neq} \emptyset \Longrightarrow \begin{smallmatrix} H_1 \\ H_0 \end{smallmatrix}$	
$\gamma \geq \gamma_0$	$\gamma < \gamma_0$	$\overline{\underline{S}} \cap (s(\alpha''|m, n), \infty) \stackrel{=}{\neq} \emptyset \Longrightarrow \begin{smallmatrix} H_1 \\ H_0 \end{smallmatrix}$	$(3.3.22)$
$\gamma = \gamma_0$	$\gamma \neq \gamma_0$	$\overline{\underline{S}} \cap (s(\alpha''/2|m, n), s(1 - \alpha''/2|m, n)] \stackrel{=}{\neq} \emptyset \Longrightarrow \begin{smallmatrix} H_1 \\ H_0 \end{smallmatrix}$	

Das heißt der Test ψ entscheidet genau dann auf H_1, wenn der analoge Test aus (3.3.8) für jedes $a \in \overline{\underline{a}}(\mathbf{x}, \mathbf{y})$ zum Niveau α'' auf H_1 entscheiden würde. Das Niveau des Tests ψ ist durch $\alpha' + \alpha''$ begrenzt: $\alpha(\psi) \leq \alpha' + \alpha''$. Wir zeigen das für den ersten der in der Tabelle (3.3.22) aufgelisteten Fälle. Ist nämlich a der gemeinsame Median von x und y, dann gilt:

$$\alpha(\psi) = P(\psi = 1) = P(\psi = 1 \wedge \overline{\underline{a}}(\mathbf{x}, \mathbf{y}) \ni a) + P(\psi = 1 \wedge \overline{\underline{a}}(\mathbf{x}, \mathbf{y}) \not\ni a) \leq$$
$$\leq P(S((x_i - a), ((y_i - a)/\gamma_0)) > s(1 - \alpha''|m, n) \wedge \overline{\underline{a}}(\mathbf{x}, \mathbf{y}) \ni a) +$$
$$+ P(\overline{\underline{a}}(\mathbf{x}, \mathbf{y}) \not\ni a) \leq$$
$$\leq P(S((x_i - a), ((y_i - a)/\gamma_0)) > s(1 - \alpha''|m, n)) + \alpha' = \alpha'' + \alpha'.$$

Bleibt noch, die Bestimmung des α'-Konfidenzintervalls $\overline{\underline{a}}(\mathbf{x}, \mathbf{y})$ für den Median a zu besprechen. Obwohl die Daten $\mathbf{x}$ und $\mathbf{y}$ nicht identisch verteilt sind, kann dennoch $\overline{\underline{a}}(\mathbf{x}, \mathbf{y})$ so bestimmt werden, als ob die Daten $\mathbf{z} = (\mathbf{x}, \mathbf{y})$ der gepoolten Stichprobe identisch verteilt wären, d.h., man kann setzen:

$$[\underline{a}(\mathbf{x}, \mathbf{y}), \overline{a}(\mathbf{x}, \mathbf{y})]_{/S=1-\alpha'} = [z_{(k)}, z_{(N+1-k)}] \quad (3.3.23)$$

wobei k aus der Gleichung

$$1 - \alpha' = P(k \leq \xi < N + 1 - k|\xi \sim \mathbf{B}_{N;0,5}) \quad (3.3.24)$$

oder approximativ aus

$$k = N/2 + 1 - u_{1-\alpha'/2}\sqrt{N/4} \quad (3.3.25)$$

zu bestimmen ist (vgl. die Formeln (2.4.6) und (2.4.9)).

Denn ist a der gemeinsame Median der x- und y-Daten und bezeichnet ξ die Anzahl der z-Werte der gepoolten Stichprobe $\mathbf{z} = (\mathbf{x}, \mathbf{y})$, die kleiner als oder gleich a sind, dann ist ξ nach $\mathbf{B}_{N;0,5}$ verteilt ($N = m + n$), so daß wegen

$$k \leq \xi < N + 1 - k \Longleftrightarrow z_{(k)} \leq a < z_{(N+1-k)}$$

$[z_{(k)}, z_{(N+1-k)}]$ ein Konfidenzintervall für a ist, zur Sicherheit:

$$S = P(k \leq \xi < N + 1 - k | \xi \sim \mathbf{B}_{N;0,5}).$$

Bereichschätzung von γ

Die Dualisierung der in (3.3.22) angegebenen Testfamilien ψ liefert Bereichschätzer für γ zur Sicherheit $S \geq 1 - (\alpha' + \alpha'')$. Es genügt, den zweiseitigen Fall zu diskutieren. Man verfährt nach folgendem Algorithmus:

1. *Man bestimmt ein Konfidenzintervall $\overline{\underline{a}}(\mathbf{x}, \mathbf{y})$ für den gemeinsamen Median a zur Sicherheit $S = 1 - \alpha'$ gemäß (3.3.23), (3.3.24), (3.3.25).*

2. *Für festes γ_0 und die gewählte Teststatistik S bestimmt man die Testmenge:*

$$\underline{S}(\mathbf{x}, \mathbf{y}; \gamma_0) = \{S((x_i - a), ((y_j - a)/\gamma_0)): \text{ für } a \in \overline{\underline{a}}(\mathbf{x}, \mathbf{y})\}.$$

3. *Man bestimmt:*

$$\overline{\underline{\gamma}}(\mathbf{x}, \mathbf{y}) = \{\gamma_0 \colon \underline{S}(\mathbf{x}, \mathbf{y}; \gamma_0) \cap (s(\alpha''/2|m, n), s(1 - \alpha''/2|m, n)] \neq \emptyset\}. \quad (3.3.26)$$

$\overline{\underline{\gamma}}(\mathbf{x}, \mathbf{y})$ ist der gesuchte Bereichschätzer zur Sicherheit $S \leq 1 - (\alpha' + \alpha'')$.

Die in den Schritten 2 und 3 auszuführenden Rechnungen erfordern natürlich Computerunterstützung. Man erkennt sofort, daß sich an $\overline{\underline{\gamma}}(\mathbf{x}, \mathbf{y})$ nichts ändert, wenn man im Schritt 2 die Testmenge $\mathbf{S}(\mathbf{x}, \mathbf{y}; \gamma_0)$ durch ihre einfacher zu beschreibende konvexe Hülle:

$$[\underline{S}(\mathbf{x}, \mathbf{y}; \gamma_0), \overline{S}(\mathbf{x}, \mathbf{y}; \gamma_0)] = [\min\{\underline{S}(\mathbf{x}, \mathbf{y}; \gamma_0)\}, \max\{\underline{S}(\mathbf{x}, \mathbf{y}; \gamma_0)\}]. \quad (3.3.27)$$

ersetzt. Wir demonstrieren das Verfahren an einem Beispiel.

Beispiel 3.3.2 Bereichschätzung des Skalenfaktors γ. $a_x = a_y = a \ldots$ unbekannt.

Wir übernehmen die Daten von Beispiel 3.3.1. Es war $x \sim N(0, 1)$, $y \sim N(0, 4)$ und $m = n = 20$. Wir stellen uns allerdings auf den Standpunkt, daß der gemeinsame Median $a = 0$ unbekannt ist.

Wir bestimmen im ersten Schritt $\bar{\underline{a}}(\mathbf{x}, \mathbf{y})$ zur Sicherheit $S = 1 - \alpha' = 0{,}95$ und erhalten zunächst aus (3.3.25):

$$k = N/2 + 1 - u_{1-\alpha'/2} \cdot \sqrt{N/4} = 21 - 1{,}96 \cdot \sqrt{10} \approx 15$$

und damit:

$$[\underline{a}, \bar{a}] = [z_{(15)}, z_{(26)}] = [-0{,}20; 0{,}73].$$

Wir wählen zur Dualisierung die Klotz-Statistik $S_K(\mathbf{x}, \mathbf{y}) = \sum_{i=m+1}^{N} a(r_i)$ mit der Gewichtsfolge $a(i) = [\Phi^{-1}(i/(N+1))]^2$. Für $m = n = 20$ folgt aus (3.3.15):

$$E(S_K) = 16{,}9523; \quad \sqrt{V(S_K)} = 3{,}2717;$$

für $\alpha'' = 0{,}05$ erhält man:

$$\begin{aligned} S_K(0{,}975|20, 20) \\ S_K(0{,}025|20, 20) \end{aligned} \approx E(S_K) \pm u_{1-\alpha''/2} \cdot \sqrt{V(S_K)} = \begin{aligned} 23{,}36, \\ 10{,}54. \end{aligned}$$

Abbildung 3.3.11 zeigt den Verlauf der Kurven

$$\begin{aligned} \overline{S}_K \\ \underline{S}_K \end{aligned} (\mathbf{x}, \mathbf{y}; \gamma_0) = \begin{aligned} \max \\ \min \end{aligned} \{ S_K((x_i - a); ((y_j - a)/\gamma_0)) : a \in [\underline{a}, \bar{a}] \}$$

in Abhängigkeit von γ_0 und die Bestimmung des Konfidenzintervalls $[\underline{\gamma}(\mathbf{x}, \mathbf{y}), \overline{\gamma}(\mathbf{x}, \mathbf{y})]$ zur garantierten Sicherheit $S \geq 1 - (\alpha' + \alpha'') = 0{,}90$. Es ergibt sich:

$$[\underline{\gamma}, \overline{\gamma}] = [1{,}6; 4{,}7].$$

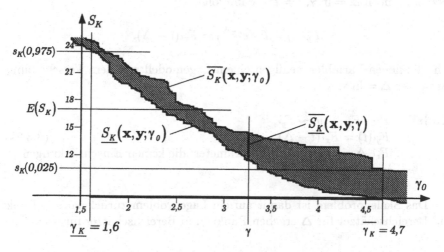

Abb. 3.3.11: Bestimmung von $[\underline{\gamma}(\mathbf{x}, \mathbf{y}), \overline{\gamma}(\mathbf{x}, \mathbf{y})]$

Skalenvergleich bei positiven Daten

In den Anwendungen hat man häufig positive Zufallsgrößen x und y, deren Verteilungen sich um einen Skalenfaktor unterscheiden, d.h., man hat das folgende

Modell: $x \sim F_x, \quad y \sim F_y$

$\qquad\qquad F_y(t) = F_x(t/\gamma)$ (3.3.28)

$\qquad\qquad F_x, \gamma$ sind Modellparameter, die den Nebenbedingungen

$\qquad\qquad F_x(t) = 0$ für $t \leq 0$ und $\gamma > 0$ unterliegen.

Abbildung 3.3.12 veranschaulicht das Modell (3.3.28).

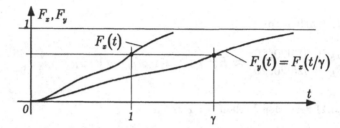

Abb. 3.3.12: Veranschaulichung des Modells (3.3.28)

Führt man die neuen Variablen $x' = \ln x$ und $y' = \ln y$ ein, dann gilt für die Verteilungsfunktionen $F_{x'}$ und $F_{y'}$:

$$F_{x'}(t) = P(x' = \ln x \leq t) = P(x \leq e^t) = F_x(e^t)$$
$$F_{y'}(t) = \qquad\qquad \cdots \qquad\qquad\qquad = F_y(e^t) = F_x(e^t/\gamma).$$

Setzt man noch $\Delta = \ln \gamma, \gamma = e^\Delta$, dann folgt:

$$F_{y'}(t) = F_x(e^{t-\Delta}) = F_{x'}(t - \Delta).$$

D.h. die neuen Variablen genügen einem Lagemodell mit dem Verschiebungsparameter $\Delta = \ln \gamma$:

Modell: $x' \sim F_{x'}, \quad y' \sim F_{y'},$

$\qquad\qquad F_{y'}(t) = F_{x'}(t - \Delta),$ (3.3.29)

$\qquad\qquad F_{x'}, \Delta$ sind freie Modellparameter, die keinen Einschränkungen unterliegen.

Das Skalenproblem ist damit auf ein Lageproblem zurückgeführt. Punkt- und Bereichschätzer für Δ ergeben Punkt- und Bereichschätzer für $\gamma = e^\Delta$:

$$\hat{\gamma} = e^{\hat{\Delta}}; \quad \underline{\gamma} = e^{\underline{\Delta}}$$ (3.3.30)

und Niveau-α-Teststrategien für die Hypothesen

$$\mathbf{H_0}:\ \Delta \begin{matrix}\le\\=\\\ge\end{matrix} \Delta_0 \quad \text{gegen} \quad \mathbf{H_1}:\ \Delta \begin{matrix}>\\\ne\\<\end{matrix} \Delta_0$$

sind ebenfalls Niveau-α-Teststrategien für die Hypothesen:

$$\mathbf{H_0}:\ \gamma \begin{matrix}\le\\=\\\ge\end{matrix} \gamma_0 = e^{\Delta_0} \quad \text{gegen} \quad \mathbf{H_1}:\ \gamma \begin{matrix}>\\\ne\\<\end{matrix} \gamma_0 = e^{\Delta_0}.$$

Die in Abschnitt 3.2. behandelten Verfahren (Wilcoxon-Test, van-der-Waerden-Test, etc. und deren Dualisierungen) sind auf die transformierten Daten $\mathbf{x} = (x'_1, \ldots, x'_m) = (\ln x_1, \ldots, \ln x_m)$ und $\mathbf{y}' = (y'_1, \ldots, y'_n) = (\ln y_1, \ldots, \ln y_n)$ unmittelbar anwendbar.

Mediane a_x und a_y beide unbekannt — der Moses-Test

Wir betrachten nunmehr die allgemeine Situation, wo beide Mediane a_x und a_y unbekannt sind:

Modell: $x \sim F_x$, $y \sim F_y$,

$\qquad F_x(t) = F\left(\frac{t-a_x}{b_x}\right), F_y(t) = F\left(\frac{t-a_y}{b_y}\right),$ \hfill (3.3.31)

$\qquad F; a_x, a_y; b_x, b_y$ sind freie Modellparameter, die den Einschränkungen $F(0) = 0{,}5$ und $b_x,\ b_y > 0$ genügen.

An Daten stehen zwei Stichproben $\mathbf{x} = (x_1, \ldots, x_m)$ und $\mathbf{y} = (y_1, \ldots, y_n)$ zur Verfügung. Gesucht sind Punkt- und Bereichschätzer für $\gamma = b_y/b_x$ sowie Teststrategien für Hypothesen über γ.

Um die beiden Nuisance-Parameter a_x, a_y zu eliminieren, verfährt man nach dem Vorschlag von MOSES (1963/64/65) folgendermaßen:

- *Man zerlegt die Stichproben $\mathbf{x} = (x_1, \ldots, x_m)$ und $\mathbf{y} = (y_1, \ldots, y_n)$ in randomisierter Weise in $m' = [m/k]$ bzw. $n' = [n/k]$ Teilstichproben vom Umfang k. Sind m bzw. n nicht durch k teilbar, dann fallen die überzähligen Beobachtungen weg. Die Teilstichproben seien:*

$$x_{i1}, \ldots, x_{ik} \qquad i = 1, \ldots, m',$$
$$y_{i1}, \ldots, y_{ik} \qquad i = 1, \ldots, n'.$$

- *Man bildet die Statistiken*

$$u_i = \frac{1}{2}\ln\sum_{j=1}^{k}(x_{ij} - \bar{x}_i)^2 \qquad i = 1, \ldots, m',$$

$$v_i = \frac{1}{2}\ln\sum_{j=1}^{k}(y_{ij} - \bar{y}_i)^2 \qquad i = 1, \ldots, n',$$

mit $\bar{x}_i = \frac{1}{k}\sum_{j=1}^{k} x_{ij}$ und $\bar{y}_i = \frac{1}{k}\sum_{j=1}^{k} y_{ij}$.

Man erkennt unmittelbar:

- Die Variablen $u_1, \ldots, u_{m'}$; $v_1, \ldots, v_{n'}$ sind stochastisch unabhängig.

- Die Variablen $u_1, \ldots, u_{m'}$ sind identisch verteilt; ebenso die Variablen $v_1, \ldots, v_{n'}$.

- Die Verteilungen von u und v sind um $\Delta = \ln b_y / b_x = \ln \gamma$ gegeneinander verschoben:

$$F_v(t) = F_u(t - \Delta), \ldots \Delta = \ln \gamma,$$

womit das Skalenproblem auf das Lageproblem zurückgeführt ist. Man kann die Daten $\mathbf{u} = (u_1, \ldots, u_{m'})$ und $\mathbf{v} = (v_1, \ldots, v_{n'})$ nunmehr etwa mit dem Wilcoxon-Test oder dem van-der-Waerden-Test und den zugehörigen Dualisierungen auswerten.

Beispiel 3.3.3   Bereichschätzung des Skalenfaktors γ bei unbekannten Medianen nach Moses.

Sei $x \sim N(2,1)$ und $y \sim N(5,4)$, d.h., $a_x = 2$, $a_y = 5$, $\gamma = \sigma_y/\sigma_x = 2$, und seien $\mathbf{x}, \mathbf{y}$ zwei Stichproben mit $m = n = 40$:

i	x_i	y_i	i	x_i	y_i	i	x_i	y_i	i	x_i	y_i
1	1,49	4,96	11	1,36	−0,21	21	1,91	5,85	31	2,90	4,77
2	1,17	1,95	12	2,13	5,98	22	1,21	2,82	32	1,45	5,30
3	0,99	6,16	13	1,81	7,00	23	3,81	6,33	33	2,03	6,84
4	1,72	5,51	14	1,98	2,55	24	2,00	1,20	34	4,41	7,52
5	0,96	5,37	15	3,08	8,37	25	1,94	1,61	35	1,29	5,59
6	0,23	2,91	16	1,07	7,53	26	1,99	9,28	36	0,99	7,14
7	1,24	7,12	17	1,99	6,45	27	1,06	5,31	37	0,47	5,83
8	1,83	6,16	18	0,96	3,15	28	2,51	1,45	38	1,58	5,66
9	2,83	7,64	19	4,50	2,98	29	1,34	3,98	39	2,92	5,48
10	3,12	2,10	20	0,11	4,92	30	1,64	5,75	40	2,22	2,47

Um den Effekt von k, des Umfanges der Teilstichproben, zu zeigen, wählen wir $k_1 = 4$ und $k_2 = 8$. Da die Daten simuliert sind, und um die Rechnung nachvollziehbar zu machen, unterlassen wir die Randomisierung und bilden die Teilstichproben in fortlaufender Sequenz.

Es ergibt sich:

		$k_1 = 4$						$k_2 = 8$	
i	u_i	v_i	i	u_i	v_i	i	u_i	v_i
1	−0,57	1,17	6	0,65	1,45	1	0,29	1,53
2	0,14	1,14	7	0,04	1,86	2	0,72	2,13
3	0,30	1,82	8	0,23	0,27	3	1,35	1,63
4	0,36	1,51	9	0,99	0,37	4	0,49	1,89
5	1,19	1,04	10	0,59	1,02	5	1,19	1,42

Abbildung 3.3.13 gibt eine Veranschaulichung dieser Daten.

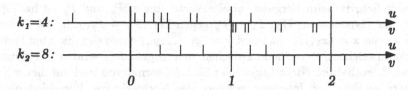

Abb. 3.3.13: Darstellung der abgeleiteten Stichproben **u** und **v** für die Gruppengrößen $k_1 = 4$ und $k_2 = 8$

Wir arbeiten mit dem Wilcoxon-Test und seiner Dualisierung zur Bestimmung eines 0,90-Konfidenzintervalls für den Skalenparameter $\gamma = e^{\Delta}$. Abbildung 3.3.14 zeigt den Verlauf der Wilcoxon-Statistik $S(\mathbf{u}, \mathbf{v} - \ln \gamma)$ als Funktion von γ. Es sind die 0,05- und 0,95-Fraktile der Wilcoxon-Statistik für $m' = n' = 10 (k_1 = 4)$ und $m' = n' = 5$ ($k_2 = 10$) eingezeichnet.

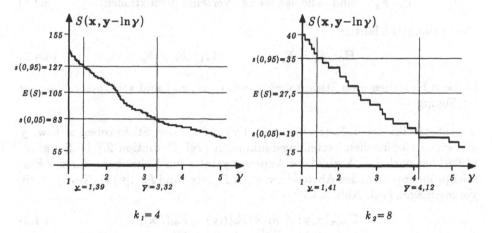

Abb. 3.3.14: Bereichschätzer für γ bei Gruppengrößen $k_1 = 4$ und $k_2 = 8$

Es ergibt sich:

$$k_1 = 4: \qquad \bar{\gamma} = [1{,}39; 3{,}32],$$
$$k_2 = 8: \qquad \bar{\gamma} = [1{,}41; 4{,}12].$$

Zum Vergleich: das klassische 0,90-Konfidenzintervall für $\gamma = \sigma_y / \sigma_x$ auf der Grundlage des F-Tests beträgt: $\underline{\bar{\gamma}} = [1{,}70; 2{,}88]$.

Wie man im vorigen Beispiel sieht, ist es besser, die Stichproben **x** und **y** in viele kleine Teilstichproben zu zerlegen, als in wenige große. Die praktische Empfehlung lautet, **x** und **y** in ca. 10 Teilstichproben zu zerlegen.

3.4 Der Allgemeinvergleich zweier Verteilungen

Der erste Schritt beim Vergleich zweier Verteilungen P_x und P_y ist häufig ein Testen der Hypothesen: $\mathbf{H_0}$: $P_x = P_y$ gegen $\mathbf{H_1}$: $P_x \neq P_y$, d.h. die Prüfung, ob die Daten $\mathbf{x} = (x_1, \ldots, x_m)$ und $\mathbf{y} = (y_1, \ldots, y_n)$ einen signifikanten Hinweis auf irgendwelche Unterschiede zwischen den zugrundeliegenden Verteilungen P_x und P_y enthalten. Nicht Lage- oder Skalenalternativen sind auf dieser Stufe der Datenanalyse von Interesse, sondern der Nachweis von Verschiedenheiten beliebiger Art.

Der Kolmogorov-Smirnov-Test

Der Kolmogorov-Smirnov-Test ist ohne Frage der bekannteste und bestuntersuchte **omnibus-Test** für den Vergleich zweier stetiger Verteilungen. Wir präzisieren zunächst das Modell.

Modell: $x \sim F_x$, $y \sim F_y$,

$\qquad\qquad F_x$, F_y sind beliebige stetige Verteilungsfunktionen. $\qquad$ (3.4.1)

Die Testaufgabe lautet:

$$\mathbf{H_0}: F_x = F_y \qquad\qquad \mathbf{H_1}: F_x \neq F_y \qquad\qquad (3.4.2)$$

Daten: Es stehen zwei Stichproben $\mathbf{x} = (x_1, \ldots, x_m)$ und $\mathbf{y} = (y_1, \ldots, y_n)$ zur Verfügung.

Teststatistik: Seien $F_m(t|\mathbf{x})$ und $F_n(t|\mathbf{y})$ die zu den Stichproben $\mathbf{x}$ bzw. $\mathbf{y}$ gehörigen empirischen Verteilungsfunktionen (vgl. Definition 2.7.1). SMIRNOV (1939) hat nach dem Vorbild des Anpassungstests von Kolmogorov für das Einstichprobenproblem den Abstand zwischen $F_m(t|\mathbf{x})$ und $F_n(t|\mathbf{y})$ als Teststatistik vorgeschlagen (vgl. Abb. 3.4.1):

$$D_{m,n}(\mathbf{x}, \mathbf{y}) = \max_{t \in \mathbf{R}} |F_n(t|\mathbf{y}) - F_m(t|\mathbf{x})|. \qquad\qquad (3.4.3)$$

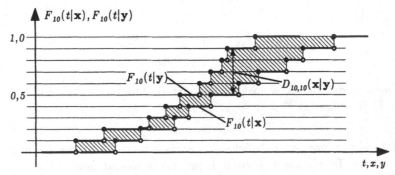

Abb. 3.4.1: Zur Definition von $D_{m,n}(\mathbf{x}, \mathbf{y})$

Die Nullverteilung von $D_{m,n}(\mathbf{x},\mathbf{y})$

Zunächst ist unmittelbar zu erkennen, daß sich $D_{m,n}(\mathbf{x},\mathbf{y})$ nicht ändert, wenn sowohl x als auch y ein und derselben streng monoton wachsenden Transformation t unterworfen wird. Das heißt, gilt:

$$u = t(x), \qquad v = t(y)$$

und

$$\mathbf{u} = (u_1,\ldots,u_m) = (t(x_1),\ldots,t(x_m)) = t(\mathbf{x}),$$
$$\mathbf{v} = (v_1,\ldots,v_n) = (t(y_1),\ldots,t(y_n)) = t(\mathbf{y}),$$

dann ist:

$$D_{m,n}(\mathbf{u},\mathbf{v}) = D_{m,n}(\mathbf{x},\mathbf{y}).$$

Daraus folgt, daß unter der Nullhypothese $\mathbf{H_0}$: $F_x = F_y = F$ — wenigstens für streng monotones F — die Verteilung von $D_{m,n}(\mathbf{x},\mathbf{y})$ nicht von F abhängt, denn unter der Transformation $u = F(x) = t(x)$ und $v = F(y) = t(y)$ sind die Variablen u und v auf $[0,1]$ gleichverteilt (vgl. Satz 2.3.6). Eine etwas genauere Betrachtung zeigt, daß diese Aussage auch für nicht streng monotones F richtig bleibt (man beachte, daß F auf dem Träger $T_F = \{x\colon f(x) = F'(x) > 0\}$ streng monoton ist). Wir formulieren dieses Ergebnis

Satz 3.4.1   *Verteilungsunabhängigkeit von $D_{m,n}$*

Unter der Nullhypothese $\mathbf{H_0}$: $F_x = F_y = F$, für stetiges F, besitzt $D_{m,n}(\mathbf{x},\mathbf{y})$ eine zwar von den Stichprobenumfängen (m,n), nicht aber von F abhängige Verteilung.

Für die Grenzverteilung von $D_{m,n}$ für $\min\{m,n\} \to \infty$ gilt der folgende Satz (für einen Beweis siehe etwa HÁJEK und ŠIDÁK 1967).

Satz 3.4.2   *Asymptotische Verteilung von $D_{m,n}$*

Unter der Nullhypothese $\mathbf{H_0}$: $F_x = F_y = F$, für stetiges F, gilt:

$$\lim_{\min\{m,n\}\to\infty} P(\sqrt{\frac{mn}{m+n}}D_{m,n}(\mathbf{x},\mathbf{y}) \le z) = K(z) =$$
$$= 1 - 2\sum_{j=1}^{\infty}(-1)^{j-1}e^{-2j^2 z^2}. \tag{3.4.4}$$

Die Grenzverteilung von $\sqrt{\frac{mn}{m+n}}D_{m,n}$ ist offenbar dieselbe wie die der Statistik $\sqrt{n}D_n(\mathbf{x}) = \sqrt{n}\cdot\sup_t |F_n(t|\mathbf{x})-F(t)|$ im Einstichprobenfall (vgl. Satz 2.7.4). Die Konvergenz gegen die Grenzverteilung ist allerdings recht langsam, so daß man für $\min\{m,n\} \le 40$ Tabellen der exakten Verteilung von $D_{m,n}$ benötigt.

Tabelle VI im Anhang enthält die Fraktilen $mn \cdot D_{m,n;1-\alpha}$ für $m, n = 10(1)20$ und ausgewählte α-Werte. Tabellen für ungleiche Stichprobenumfänge findet man in PEARSON and HARTLEY (1972: Bd. II).

Algorithmus zur Bestimmung von $D_{m,n}$: Wir betrachten die Funktion

$$d(t) = mn(F_n(t|\mathbf{y}) - F_m(t|\mathbf{x})). \tag{3.4.5}$$

Offenbar ist:

$$d(t) = m \cdot (\text{Anzahl der } y_i \leq t) - n \cdot (\text{Anzahl der } x_i \leq t).$$

Ist $\mathbf{z} = (\mathbf{x}, \mathbf{y})$ die gepoolte Stichprobe und $\mathbf{z}_{()}$ die zugehörige Ordnungsreihe, dann ist $d(t)$ auf den Intervallen $[z_{(j)}, z_{(j+1)})$ konstant. Zur Bestimmung von $mn \cdot D_{m,n} = \max_t |d(t)|$ genügt es daher, die Werte $(d(z_{(1)}), \ldots, d(z_{(m+n)}))$ zu berechnen:

$$mnD_{m,n} = \max\{d(z_{(1)}), \ldots, d(z_{(m+n)})\} \tag{3.4.6}$$

An der Stelle $z_{(j)}$ springt $d(t)$ um den Wert $+m$, falls $z_{(j)}$ ein y-Wert ist, und um den Wert $-n$, falls $z_{(j)}$ ein x-Wert ist. Bezeichnet daher $\zeta = (\zeta_1, \ldots, \zeta_{m+n})$ die Indikatorfolge:

$$\zeta_j = \begin{cases} 1 \\ 0 \end{cases} \Longleftrightarrow z_{(j)} \text{ ist ein } \begin{matrix} y\text{-} \\ x\text{-} \end{matrix} \text{ Wert,}$$

dann gilt offensichtlich (siehe Abb. 3.4.2).

$$d(z_{(j)}) = m \cdot \sum_{i=1}^{j} \zeta_i - n \cdot \sum_{i=1}^{j} (1 - \zeta_i) \qquad j = 1, \ldots, m+n. \tag{3.4.7}$$

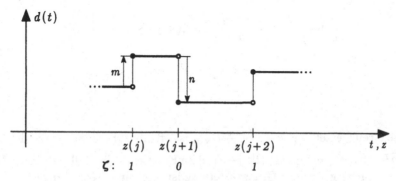

Abb. 3.4.2: Zur Berechnung von $d(z_{(j)})$

Damit ist der Algorithmus zur Bestimmung von $D_{m,n}$ evident:

- Man bestimmt die gepoolte Stichprobe $\mathbf{z} = (\mathbf{x}, \mathbf{y})$, ihre Ordnungsreihe $\mathbf{z}_{()}$ und die Indikatorfolge ζ.

- Man berechnet die Folge

$$d_j = d(z_{(j)}) = m \cdot \sum_{i=1}^{j} \zeta_i - n \cdot \sum_{i=1}^{j}(1 - \zeta_i) \quad j = 1, \ldots, m+n.$$

- Man bestimmt:

$$mn \cdot D_{m,n} = \max\{|d_1|, \ldots, |d_{m+n}|\}.$$

Beispiel 3.4.1 Praktische Bestimmung von $D_{m,n}$

Gegeben sind zwei Stichproben $\mathbf{x} = (x_1, \ldots, x_{10})$, $m = 10$, und $y = (y_1, \ldots, y_8)$, $n = 8$, die in der folgenden Arbeitstabelle in der z_j-Spalte zusammengefaßt sind.

j	z_j	$z_{(j)}$	ζ_j	$d_j = d(z_j)$		j	z_j	$z_{(j)}$	ζ_j	$d_j = d(z_j)$
1	3,8	0,7	1	10		11	5,6	6,1	0	20
2	7,0	1,3	0	2		12	3,4	6,3	1	30
3	8,7	1,7	0	−6 ... **Min**		13	7,6	7,0	0	22
4	2,7	2,3	1	4		14	4,4	7,6	1	**32** ... **Max**
5	6,1	2,7	0	−4		15	5,1	8,2	0	24
6	8,2	3,4	1	6		16	0,7	8,7	0	16
7	9,4	3,8	0	−2		17	2,3	9,1	0	8
8	1,7	4,4	1	8		18	6,3	9,4	0	0
9	1,3	5,1	1	18						
10	9,1	5,6	1	28						

Der d_j-Spalte entnimmt man:

$$mn \cdot D_{m,n} = 80 \cdot D_{10,8} = \max\{|d_j| : j = 1, \ldots, 18\} = 32,$$

$$D_{10,8} = 32/80 = 0{,}4.$$

Abbildung 3.4.3 zeigt den Verlauf von $F_{10}(t|\mathbf{x})$, $F_8(t|\mathbf{y})$ und von $d(t) = 80\cdot(F_8(t|\mathbf{y}) - F_{10}(t|\mathbf{x}))$.

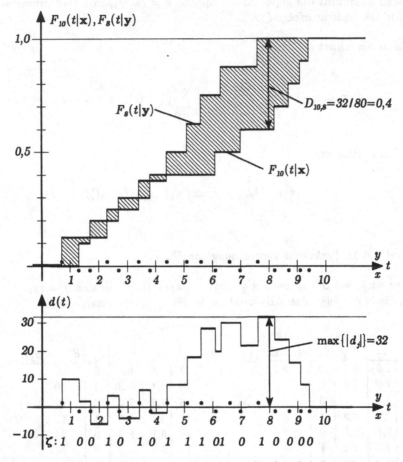

Abb. 3.4.3: Zur Berechnung von $d_j = mn \cdot (F_n(z_{(j)}|\mathbf{y}) - F_m(z_{(j)}|\mathbf{x}))$

Niveau-α-Test: Der Kolmogorov-Smirnov-Test zum Niveau α für das Testproblem

$$\mathbf{H_0}: F_x = F_y \quad \text{gegen} \quad \mathbf{H_1}: F_x \neq F_y$$

lautet nunmehr:

$$\varphi_{KS}(\mathbf{x}, \mathbf{y}) = \begin{cases} 1 \\ 0 \end{cases} \Longleftrightarrow D_{m,n}(\mathbf{x}, \mathbf{y}) \underset{\leq}{\overset{>}{}} D_{m,n;1-\alpha}. \tag{3.4.8}$$

$D_{m,n;1-\alpha}$ bezeichnet das $(1-\alpha)$-Fraktil der Nullverteilung von $D_{m,n}(\mathbf{x}, \mathbf{y})$.

Für die Anwendungen sind folgende Aspekte wichtig:

- Der Test ist konsistent gegenüber allen Alternativen $F_x \neq F_y$. Er eignet sich daher zum Aufdecken allgemeiner Unterschiede zwischen zwei Verteilungen.

- Für Lage- und Skalenalternativen sind die für diese Aufgaben besprochenen Tests effizienter.

- Asymptotische Pitman-Effizienzen können nicht angegeben werden, da die Grenzverteilung von $D_{m,n}(\mathbf{x}, \mathbf{y})$ weder für $\mathbf{H}_0$ noch für $\mathbf{H}_1$ eine Normalverteilung ist.

- Für Effizienzuntersuchungen bei kleinen Stichprobenumfängen sei auf die Arbeiten von DIXON (1954) und MILTON (1970) verwiesen.

Der Cramér-von-Mises-Zweistichprobentest

So wie der Kolmogorov-Smirnov-Test die Zweistichprobenvariante des Anpassungstests von Kolmogorov darstellt, ist der folgende Test die Zweistichprobenvariante des Anpassungstests von Cramér und von Mises. Vorgeschlagen wurde diese Zweistichprobenform jedoch weder von Cramér noch von von Mises, sondern von LEHMANN (1951). Die asymptotische Verteilung der Teststatistik wurde von ANDERSEN und DARLING (1952) und von ROSENBLATT (1952) hergeleitet und ist die gleiche wie diejenige der Teststatistik des Einstichproben-Anpassungstests von Cramér und von Mises. Dieser Umstand erklärt den Namen des Tests.

Modell: $x \sim F_x, \quad y \sim F_y,$
$F_x; F_y \quad$ sind beliebige stetige Verteilungsfunktionen.

Daten: $\mathbf{x} = (x_1, \ldots, x_m), \mathbf{y} = (y_1, \ldots, y_n) \ldots$ Stichproben aus F_x bzw. F_y.
$\mathbf{z} = (\mathbf{x}, \mathbf{y}) = (x_1, \ldots, x_m; y_1, \ldots, y_n)$ ist die gepoolte Stichprobe.

Testproblem: $\mathbf{H}_0$: $F_x = F_y \qquad \mathbf{H}_1$: $F_x \neq F_y$

Teststatistik: Sind wieder $F_m(t|\mathbf{x})$ und $F_n(t|\mathbf{y})$ die empirischen Verteilungsfunktionen zu den Stichproben $\mathbf{x}$ bzw. $\mathbf{y}$, dann lautet die Teststatistik:

$$T_{m,n} = \frac{mn}{(m+n)^2} \cdot \sum_{t \in \mathbf{z}} (F_n(t|\mathbf{y}) - F_m(t|\mathbf{x}))^2. \qquad (3.4.9)$$

Setzt man (vgl. (3.4.5)):

$$d(t) = mn(F_n(t|\mathbf{y}) - F_m(t|\mathbf{x})),$$
$$d_j = d(z_{(j)}) \ldots j = 1, \ldots, m+n,$$

dann erhält man:

$$T_{m,n} = \frac{1}{mn(m+n)^2} \sum_{j=1}^{m+n} d_j^2. \qquad (3.4.10)$$

Die praktische Berechnung der Folge $(d_1, \ldots, d_{m+n})$ erfolgt wie in Beispiel 3.4.1.

Nullverteilung von $T_{m,n}$: Da sich $T_{m,n}$ bei streng monoton wachsenden Datentransformationen nicht ändert, hängt die Verteilung von $T_{m,n}$ unter der Nullhypothese $\mathbf{H}_0$: $F_x = F_y = F$ für stetiges F nicht von F ab. Die asymptotische Verteilung ist für $\min\{m,n\} \to \infty$ die gleiche wie die der Cramér-von-Mises-Statistik W^2 (2.7.28) beim Anpassungstest.

Tafeln für die exakte Verteilung von $T_{m,n}$ für kleine Werte von m und n wurden von ANDERSON (1962) und BURR (1963, 1964) angegeben. Tabelle 3.4.1 gibt Fraktile für die asymptotische Verteilung von T. Sie stimmen mit den in Tabelle 2.7.3 angegebenen Fraktilen für die asymptotische Verteilung von W^2 überein.

p	0,85	0,90	0,95	0,975	0,99
T_p	0,284	0,347	0,461	0,581	0,743

Tabelle 3.4.1: Fraktile der asymptotischen Verteilung von $T_{m,n}$

Diese Fraktile sind auch schon für kleine Werte von m und n recht genau (BURR 1964).

Niveau-α-Test: Die Teststrategie zum Niveau α lautet:

$$\varphi_{CM}(\mathbf{x}, \mathbf{y}) = \begin{cases} 1 \\ 0 \end{cases} \Longleftrightarrow T_{m,n} \underset{\le}{\overset{>}{}} T_{m,n;1-\alpha}, \qquad (3.4.11)$$

$T_{m,n;1-\alpha}$ bezeichnet das $(1-\alpha)$-Fraktil von $T_{m,n}$.

Beispiel 3.4.2   Wir übernehmen die Daten von Beispiel 3.4.1. Es war dort $m = 10$, $n = 8$. Aus der Spalte für d_j ergibt sich:

$$T_{10,8} = \frac{1}{10 \cdot 8 \cdot 18^2}\, 5088 = 0{,}1963.$$

Ein Vergleich mit Tabelle 3.4.1 zeigt, daß $\mathbf{H}_0$: $F_m = F_y$ zu keinem Niveau $\alpha < 0{,}15$ verworfen werden kann.

Kapitel 4

Mehrstichprobenprobleme

Das im vorigen Kapitel untersuchte Zweistichproben-Lageproblem ist der einfachste Sonderfall der in der Varianzanalyse betrachteten Fragestellung. Wir behandeln in diesem Kapitel zunächst das k-Stichproben-Lageproblem (d.h. das allgemeine Modell der Varianzanalyse bei einfacher Klassifikation) unter nichtparametrischer Modellbildung und im weiteren studieren wir das k-Stichproben-Skalenproblem, ebenfalls unter nichtparametrischer Modellbildung. In beiden Fällen lassen sich verteilungsunabhängige Niveau-α-Teststrategien angeben.

4.1 Das k-Stichproben-Lageproblem

Das statistische Modell, das der sogenannten *Einfachklassifikation* der klassischen Varianzanalyse zugrunde liegt, ist das folgende:

Modell: (klassische VA-Einfachklassifikation)

$y_1, \ldots, y_k$ sind unabhängige Zufallsgrößen,   (4.1.1)

$y_j \sim \mathrm{N}(\mu_j, \sigma^2)$ für $j = 1, \ldots, k$,

die Parameter $\mu_1, \ldots, \mu_k; \sigma^2$ sind unbekannt und frei.

Aufgabe ist es, auf der Grundlage von k Stichproben $\mathbf{y}_1 = (y_{11}, \ldots, y_{1n_1}), \ldots$ $\ldots, \mathbf{y}_k = (y_{k1}, \ldots, y_{kn_k})$ zunächst die Globalhypothesen:

$$\mathbf{H_0}: \mu_1 = \ldots = \mu_k \qquad\qquad \mathbf{H_1}: \text{ nicht alle } \mu_j \text{ sind gleich} \qquad (4.1.2)$$

gegeneinander zu testen und dann, im Fall einer Entscheidung auf $\mathbf{H_1}$, Punkt- und Bereichschätzer für die Mittelwerte μ_j bzw. deren Differenzen $\mu_i - \mu_j$ zu bestimmen.

     Auf Fragestellungen dieser Art wird man geführt, wenn die Wirkung von $k \geq 2$ *Behandlungen* (Medikamente, Fütterungspläne, Unterrichtsmethoden u.a.) an einem Kollektiv von weitgehend gleichen Versuchseinheiten untersucht werden soll.

Charakteristisch für das Modell ist die Normalitätsannahme und die vorausgesetzte Varianzhomogenität, d.h., $V(y_1) = \ldots = V(y_k) = \sigma^2$. Beide Annahmen sind für die Modelle der klassischen Varianzanalyse typische Idealisierungen. Die freien Mittelwerte $\mu_1, \ldots, \mu_k$ modellieren die durchschnittlichen *Wirkungen* der einzelnen Behandlungen.

Vor dem Hintergrund des Zweistichproben-Lageproblems liegt es nahe, die Voraussetzungen des klassischen Modells folgendermaßen abzuschwächen:

Modell: (4.1.3)

• $y_1, \ldots, y_k$ sind unabhängige Zufallsgrößen,

• Die Verteilungen $P_1, \ldots, P_k$ von $y_1, \ldots, y_k$ gehören zu einer gemeinsamen, jedoch nicht näher bestimmten Lagefamilie. Das heißt, sind $F_1, \ldots, F_k$ die zugehörigen Verteilungsfunktionen, dann gilt:

$$F_j(t) = F(t - a_j) \qquad j = 1, \ldots, k.$$

• Die Lageparameter $a_1, \ldots, a_k$ und die Verteilungsfunktion F sind frei. Ohne Beschränkung der Allgemeinheit kann $F(0) = 1/2$ vorausgesetzt werden. Dann sind die Größen $a_1, \ldots, a_k$ und F identifizierbar und a_j ist der Median von F_j.

An die Stelle des Testproblems (4.1.2) tritt jetzt:

$$\mathbf{H}_0: a_1 = \ldots = a_k \qquad \mathbf{H}_1: \text{nicht alle } a_j \text{ sind gleich}, \qquad (4.1.4)$$

bei ungeänderter Datenstruktur:

$$\begin{aligned}
\mathbf{y}_1 &= (y_{11}, \ldots, y_{1n_1}) \quad \text{für } y_1, \\
\mathbf{y}_2 &= (y_{21}, \ldots, y_{2n_2}) \quad \text{für } y_2, \\
&\cdots\cdots\cdots\cdots\cdots \\
\mathbf{y}_k &= (y_{k1}, \ldots y_{kn_k}) \quad \text{für } y_k.
\end{aligned}$$

Aufgabe ist es, einen Test mit verteilungsunabhängigem Niveau α für (4.1.4) zu konstruieren.

Man erkennt: unter $\mathbf{H}_0: a_1 = \ldots = a_k$ sind die $N = n_1 + \ldots + n_k$ Stichprobenvariablen $(y_{11}, \ldots, y_{k,n_k})$ der gepoolten Stichprobe $(\mathbf{y}_1, \ldots, \mathbf{y}_k)$ unabhängig und identisch verteilt. Bildet man daher die Rangreihe $\mathbf{r} = (r_{11}, \ldots, r_{kn_k})$ der gepoolten Stichprobe, dann ist $\mathbf{r}$ gleichverteilt auf $\mathbf{S}_N$, der Menge der Permutationen von $\{1, \ldots, N\}$. Jede Rangstatistik $S(\mathbf{r})$ besitzt daher unter $\mathbf{H}_0$ eine von der Verteilungsfunktion F im Modell (4.1.3) unabhängige Nullverteilung und der Test

$$\varphi_S(\mathbf{y}_1, \ldots, \mathbf{y}_k) = \begin{cases} 1 \\ 0 \end{cases} \Longleftrightarrow S(\mathbf{r}) \begin{array}{c} > \\ \leq \end{array} S_{1-\alpha} \qquad (4.1.5)$$

besitzt das von F unabhängige Niveau α, wenn $S_{1-\alpha}$ das $(1-\alpha)$-Fraktil der Nullverteilung von $S(\mathbf{r})$ bezeichnet.

Soll der Test φ_S brauchbar sein, dann muß unter $\mathbf{H}_1$: *nicht alle* a_j *sind gleich* die Wahrscheinlichkeit $P(S(\mathbf{r}) > S_{1-\alpha})$ möglichst groß und insbesondere größer als α sein.

Eine naheliegende und bewährte Methode zur Konstruktion einer geeigneten Rangstatistik $S(\mathbf{r})$ ist die folgende:

- Man geht aus von dem klassischen F-Test für das Testproblem (4.1.2) unter dem parametrischen Modell (4.1.1) und ersetzt in der Teststatistik $T = T(y_{ij} : i = 1, \ldots, k; j = 1, \ldots, n_i)$ dieses Tests die Beobachtungen y_{ij} durch ihre Ränge r_{ij} oder allgemeiner durch gewichtete Ränge $a(r_{ij})$ für eine monoton steigende Gewichtsfolge $a(1), \ldots, a(N)$. Das heißt, man setzt:

$$S(\mathbf{r}) = T(a(r_{ij}) : i = 1, \ldots, k; j = 1, \ldots, n_i).$$

Die Teststatistik $T(y_{ij})$ für den obigen F-Test lautet:

$$T(y_{ij}) = \frac{\sum_{i=1}^{k} n_i (\bar{y}_i - \bar{\bar{y}})^2 / (k-1)}{\sum_{i=1}^{k} \sum_{j=1}^{n_i} (y_{ij} - \bar{y}_i)^2 / (N-k)} \tag{4.1.6}$$

mit den Abkürzungen $\bar{y}_i = \frac{1}{n_i} \sum_{j=1}^{n_i} y_{ij}$ und $\bar{\bar{y}} = \frac{1}{N} \sum_{i=1}^{k} \sum_{j=1}^{n_i} y_{ij}$. Dabei ist $T(y_{ij})$ unter $\mathbf{H}_0$: $\mu_1 = \ldots = \mu_k$ nach $\mathbf{F}(k-1, N-k)$ verteilt.

Ersetzt man in dieser Statistik die Größen y_{ij} durch ihre Ränge r_{ij} in der gepoolten Stichprobe $(\mathbf{y}_1, \ldots, \mathbf{y}_k)$, dann erhält man:

$$S(\mathbf{r}) = T(r_{ij}) = \frac{\sum_{i=1}^{k} n_i (\bar{r}_i - \bar{\bar{r}})^2 / (k-1)}{\sum_{i=1}^{k} \sum_{j=1}^{n_i} (r_{ij} - \bar{r}_i)^2 / (N-k)} \tag{4.1.7}$$

mit $\bar{r}_i = \frac{1}{n_i} \sum_{j=1}^{n_i} r_{ij}$ und $\bar{\bar{r}} = \frac{1}{N} \sum_{i=1}^{k} \sum_{j=1}^{n_i} r_{ij}$.

Etwas einfacher und für große Stichprobenumfänge äquivalent ist die von KRUSKAL und WALLIS (1952) vorgeschlagene Rangstatistik:

$$
\begin{aligned}
S_K(\mathbf{r}) &= \frac{\sum_{i=1}^{k} n_i (\bar{r}_i - \bar{\bar{r}})^2}{\sum_{i=1}^{k} \sum_{j=1}^{n_i} (r_{ij} - \bar{\bar{r}})^2 / (N-1)} \\
&= \frac{12}{N(N+1)} \sum_{i=1}^{k} n_i (\bar{r}_i - \frac{N+1}{2})^2
\end{aligned} \tag{4.1.8}
$$

Die letzte Gleichung gilt wegen $\bar{\bar{r}} = \frac{N+1}{2}$ und

$$\sum_{i=1}^{k} \sum_{j=1}^{n_i} (r_{ij} - \bar{\bar{r}})^2 = \sum_{r=1}^{N} (r - \frac{N+1}{2})^2 = N \cdot \frac{N^2 - 1}{12}.$$

Es gilt der folgende Satz über die asymptotische Verteilung von $S_K(\mathbf{r})$, den wir ohne Beweis anführen:

Satz 4.1.1   *Asymptotische Verteilung von $S_K(\mathbf{r})$*

Ist $\mathbf{r}$ auf $\mathbf{S}_N$ gleichverteilt, dann ist

$$S_K(\mathbf{r}) = \frac{12}{N(N+1)} \sum_{i=1}^{k} n_i (\bar{r}_i - \frac{N+1}{2})^2$$

für $\min\{n_1, \ldots, n_k\} \to \infty$ nach χ^2_{k-1} verteilt.

Wir erhalten damit den

Kruskal-Wallis-Test

für das Testproblem (4.1.4) zum asymptotischen Niveau α

$$\varphi_K(\mathbf{y}_1, \ldots, \mathbf{y}_k) = \begin{cases} 1 \\ 0 \end{cases} \Longleftrightarrow S_K(\mathbf{r}) = \frac{12}{N(N+1)} \sum_{i=1}^{k} n_i (\bar{r}_i - \frac{N+1}{2})^2 \begin{matrix} > \\ \le \end{matrix} \chi^2_{k-1,1-\alpha}$$

$$(4.1.9)$$

Bemerkung: Wie Simulationsstudien von GABRIEL und LACHENBRUCH (1969) gezeigt haben, ist die Approximation der Nullverteilung von S_K durch die χ^2_{k-1}-Verteilung schon für kleine Stichprobenumfänge ($\min\{n_1, \ldots, n_k\} > 5$) für praktische Zwecke vollkommen ausreichend.

4.2 Das k-Stichproben-Skalenproblem

Es soll geprüft werden, ob sich $k \ge 2$ Verteilungen hinsichtlich ihrer Streuung (deutlich) unterscheiden. Dabei wird unterstellt, daß diese Verteilungen aus einer gemeinsamen Lage- und Skalenfamilie stammen. Wir betrachten daher das

Modell:

- $y_1, \ldots, y_k$ sind unabhängige Zufallsvariablen,

- Die Verteilungen $P_1, \ldots, P_k$ von $y_1, \ldots, y_k$ gehören zu einer gemeinsamen Lage- und Skalenfamilie. Das heißt, sind $F_1, \ldots, F_k$ die zugehörigen Verteilungsfunktionen, dann gilt:

$$F_j(t) = F(\frac{t - a_j}{b_j}) \qquad \text{für } j = 1, \ldots, k$$

- Freie Modellparameter sind: $a_1, \ldots, a_k \in \mathbf{R}; b_1, \ldots, b_k \in \mathbf{R}_+$ und F. Ohne Beschränkung der Allgemeinheit kann $F(0) = 0,5$ vorausgesetzt werden, so daß $a_1, \ldots, a_k$ die Mediane von $F_1, \ldots, F_k$ sind.

Daten: Es sind k Stichproben gegeben:

$$\mathbf{y}_1 = (y_{11}, \ldots, y_{1n_1}) \quad \text{für } y_1,$$
$$\mathbf{y}_2 = (y_{21}, \ldots, y_{2n_2}) \quad \text{für } y_2,$$
$$\ldots\ldots\ldots\ldots\ldots\ldots\ldots\ldots\ldots$$
$$\mathbf{y}_k = (y_{k1}, \ldots y_{kn_k}) \quad \text{für } y_k.$$

Zu prüfen ist das globale

Testproblem

$$H_0:\ b_1 = \ldots = b_k \qquad H_1: \text{ nicht alle } b_j \text{ sind gleich.} \qquad (4.2.1)$$

Um die Nuisance-Parameter $a_1, \ldots, a_k$ zu eliminieren, gehen wir wie beim Moses-Test im Zweistichproben-Fall vor:

- *Wir zerlegen die Stichproben* $\mathbf{y}_1, \ldots, \mathbf{y}_k$ *randomisiert in* $m_1, \ldots, m_k$ *Teilstichproben vom Umfang* r. *Dabei ist* $m_j = [n_j/r]$. *Ist* n_j *nicht durch* r *teilbar, dann fallen die überzähligen Beobachtungen aus* $\mathbf{y}_j$ *weg. Wir erhalten:*

$$\mathbf{y}_1:\ ((y_{111}, \ldots, y_{11r}), \ldots, (y_{1m_11}, \ldots, y_{1m_1r}))$$
$$\mathbf{y}_2:\ ((y_{211}, \ldots, y_{21r}), \ldots, (y_{2m_21}, \ldots, y_{2m_2r}))$$
$$\ldots\ldots\ldots\ldots\ldots\ldots\ldots\ldots\ldots\ldots\ldots\ldots$$
$$\mathbf{y}_k:\ ((y_{k11}, \ldots, y_{k1r}), \ldots, (y_{km_k1}, \ldots, y_{km_kr}))$$

- *Im nächsten Schritt bilden wir die Größen:*

$$u_{ij} = \frac{1}{2} \ln \sum_{l=1}^{r} (y_{ijl} - \bar{y}_{ij+})^2 \quad i = 1, \ldots, k; j = 1, \ldots, m_i.$$

Offensichtlich sind die Variablen $(u_{i1}, \ldots, u_{im_i})$ unabhängig und identisch verteilt, und ihre Verteilung G_i hängt nicht mehr von dem Lageparameter a_i ab. Außerdem gilt:

Satz 4.2.1

Bezeichnet G die Verteilungsfunktion von

$$u = \frac{1}{2} \ln \sum_{l=1}^{r} (v_l - \bar{v})^2,$$

soferne $(v_1, \ldots, v_r)$ u.a. nach F verteilt sind, dann gilt für die Verteilungsfunktion G_i der Variablen $(u_{i1}, \ldots, u_{im_i})$:

$$G_i(t) = G(t - \ln b_i) \qquad i = 1, \ldots, k.$$

Beweis: Ist v_l nach F verteilt, dann besitzt $y_{ijl} = a_i + b_i v_l$ die Verteilungsfunktion $F_i(t) = F(t - a_i/b_i)$. Somit gilt:

$$u_{ij} = \frac{1}{2} \ln \sum_{l=1}^{r} (y_{ijl} - \bar{y}_{ij+})^2 =$$

$$= \frac{1}{2} \ln \sum_{l=1}^{r} (a_i + b_i v_l - (a_i + b_i \bar{v}))^2 =$$

$$= \frac{1}{2} \ln \sum_{l=1}^{r} (v_l - \bar{v})^2 + \ln b_i.$$

Die Größen u_{ij} besitzen daher wie behauptet die Verteilungsfunktion $G_i(t) = G(t - \ln b_i)$. ♠

Damit ist aber das k-Stichproben-Skalenproblem auf das k-Stichproben-Lageproblem zurückgeführt, und wir können etwa mit dem Kruskal-Wallis-Test auf der Basis der Stichproben

$$\mathbf{u}_1 = (u_{11}, \ldots, u_{1m_1}), \ldots, u_{1j} \sim G(t - \ln b_1),$$

$$\ldots\ldots\ldots\ldots\ldots\ldots\ldots\ldots\ldots\ldots\ldots\ldots\ldots\ldots\ldots\ldots\ldots$$

$$\mathbf{u}_k = (u_{k1}, \ldots, u_{km_k}), \ldots, u_{kj} \sim G(t - \ln b_k),$$

das zu (4.2.1) äquivalente Testproblem

$$\mathbf{H}_0: \ln b_1 = \ldots = \ln b_k \quad \text{gegen} \quad \mathbf{H}_1: \text{nicht alle } \ln b_i \text{ sind gleich}$$

prüfen.

Abschließend sei bemerkt, daß die gemeinsame Prüfung von Lage- bzw. Skalenverschiedenheit bei k Stichproben immer nur einen ersten groben Vergleich der diesen Stichproben zugrundeliegenden Verteilungen darstellt, auf dem langen Weg der Aufhellung der jeweils interessanten Zusammenhänge.

Beispiel 4.2.1   Gegeben seien 3 Stichproben mit den Umfängen $n_1 = n_2 = n_3 = 20$ aus den Verteilungen $P_1 = \mathbf{N}(0; 1^2), P_2 = \mathbf{N}(2; 1{,}5^2), P_3 = \mathbf{N}(4; 2^2)$.

j	y_{1j}	y_{2j}	y_{3j}	j	y_{1j}	y_{2j}	y_{3j}
1	−1,14	4,01	3,81	11	1,02	1,55	4,55
2	1,38	−1,44	5,43	12	0,48	3,66	2,02
3	0,39	0,83	2,53	13	−0,67	3,03	6,73
4	−0,51	0,53	2,48	14	−0,86	1,54	6,48
5	−0,42	0,83	4,38	15	0,03	2,70	3,20
6	0,82	−0,46	3,86	16	−0,45	3,96	7,22
7	0,49	3,36	4,84	17	−0,33	2,34	3,86
8	−0,18	−0,10	5,71	18	−1,55	0,57	5,90
9	−1,82	2,46	6,69	19	0,11	2,71	3,78
10	0,36	1,53	3,11	20	0,53	−0,12	4,48

Abbildung 4.2.1 zeigt die relative Lage der Datenpunkte.

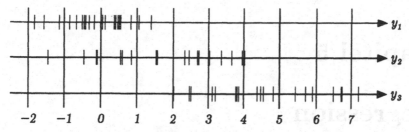

Abb. 4.2.1: Relative Lage der Datenpunkte y_{ij}

Wir bilden Teilgruppen vom Umfang $l = 4$, wobei wir, um die Rechnung nachvollziehbar zu machen und da die Daten simuliert sind, die Randomisierung unterlassen. Wir erhalten die abgeleiteten Daten u_{ij} und ihre Ränge r_{ij} innerhalb der gepoolten Stichprobe ($u_{ij}: i = 1, 2, 3; j = 1, \ldots, 5$):

j	u_{1j}	u_{2j}	u_{3j}	r_{nj}	r_{2j}	r_{3j}
1	0,64	1,36	0,88	8	15	11
2	$-0,01$	1,09	0,31	2	12	3
3	0,78	0,56	1,25	9	7	14
4	$-0,42$	0,55	1,15	1	6	13
5	0,44	0,86	0,53	4	10	5
			$\bar{r}_i =$	4,8	10	9,2

Der Wert der Kruskal-Wallis-Statistik S_K ist mit $n_i = 5$, $N = 15$, $k = 3$:

$$S_K = \frac{12}{N(N+1)} \cdot \sum_{i=1}^{k} n_i (\bar{r}_i - \frac{N+1}{2})^2 = 3{,}92 = \chi^2_{2;1-0,14},$$

d.h., die Nullhypothese auf Gleichheit der Streuungen von P_1, P_2, P_3 ist zum Grenzniveau

$$\alpha_g = 0{,}14$$

zu verwerfen.

Kapitel 5

Regression

Wir betrachten in diesem Kapitel das lineare Modell $\mathbf{y} = X \cdot \boldsymbol{\beta} + \boldsymbol{\epsilon}$ unter nichtparametrischer Modellbildung hinsichtlich der Verteilung der Residuen $\boldsymbol{\epsilon}' = (\epsilon_1, \ldots, \epsilon_n)$. Insbesondere beschäftigen wir uns mit dem Testen von Hypothesen über die Regressionsparameter $\boldsymbol{\beta}' = (\beta_1, \ldots, \beta_k)$ und mit dem Problem der Bereichschätzung von $\boldsymbol{\beta}$.

5.1 Einfache lineare Regression

Wir beginnen mit dem einfachsten Fall der linearen Regression mit einer erklärenden Variablen x. Das klassische Modell dafür kann auf verschiedene Weise formuliert werden. Eine Möglichkeit ist:

- $y_i = \beta_0 + \beta_1 x_i + \epsilon_i \qquad i = 1, \ldots, n$ \hfill (5.1.1)

    $\epsilon_1, \ldots, \epsilon_n$ sind unabhängig nach $N(0, \sigma^2)$ verteilt.
    Die Werte $x_1, \ldots, x_n$ der Regressionsvariablen x sind bekannt.
    Freie Modellparameter sind $\beta_0, \beta_1, \sigma^2$.

Statistische Aufgaben sind: Punkt- und Bereichschätzung der Modellparameter $\beta_0, \beta_1, \sigma^2$ und das Testen von Hypothesen über sie.

Läßt man die Normalitätsannahme über die Verteilung der Residuen ϵ_i fallen und verlangt man naheliegenderweise, daß die Residuen den Median null besitzen sollen, dann gewinnt man das wesentlich allgemeinere

Modell: $y_i = \beta_0 + \beta_1 x_i + \epsilon_i \quad i = 1, \ldots, n$
$\epsilon_1, \ldots \epsilon_n$ sind unabhängig und identisch verteilt
mit der Verteilungsfunktion F.
Die Größen $x_1, \ldots x_n$ sind bekannt. \hfill (5.1.2)
Freie Modellparameter sind: $\beta_0, \beta_1; F$ mit $F(0) = 1/2$.

Läßt man die Bedingung $F(0) = 1/2$ fallen, dann hat es keinen Sinn, den Parameter β_0 in die Modellbeschreibung aufzunehmen, und man kann das Modell (5.1.2) folgendermaßen formulieren:

Modell: $y_i = \beta_1 x_i + \epsilon_i \quad i = 1, \dots, n.$

$\epsilon_1, \dots, \epsilon_n$ sind unabhängig und identisch nach F verteilt.

Die Größen $x_1, \dots, x_n$ sind bekannt.   (5.1.3)

Freie Modellparameter sind β_1, F.

Der Parameter β_0 im Modell (5.1.2) tritt im Modell (5.1.3) nicht explizit auf. Man kann aber setzen:

$$F^{-1}(0{,}5) = \beta_0 \tag{5.1.4}$$

Es stellt sich die Frage, ob es möglich ist, einen Bereichschätzer $\underline{\bar{\beta}}_1$ für die Regressionskonstante β_1 mit von F unabhängiger Überdeckungswahrscheinlichkeit $S = 1 - \alpha$ zu finden.

Testen von Hypothesen über β_1

Wir betrachten die Schar der Testprobleme

$$\mathbf{H_0}: \beta_1 = \overset{\circ}{\beta}_1 \quad \text{gegen} \quad \mathbf{H_1}: \beta_1 \neq \overset{\circ}{\beta}_1 \quad \text{für} \quad \overset{\circ}{\beta}_1 \in \mathbf{R}. \tag{5.1.5}$$

Unter $\mathbf{H_0}$ sind die Variablen $y_i - \overset{\circ}{\beta}_1 x_i = \epsilon_i$ unabhängig und identisch verteilt. Bezeichnet daher $\mathbf{s} = \mathbf{s}(\mathbf{y} - \overset{\circ}{\beta}_1\mathbf{x}) = (s_1, \dots, s_n)$ die Rangreihe der Folge $(y_1 - \overset{\circ}{\beta}_1 x_1, \dots, y_n - \overset{\circ}{\beta}_1 x_n)$, dann ist $\mathbf{s}$ unter $\mathbf{H_0}$ auf der Menge $\mathbf{S}_n$ der Permutationen von $(1, \dots, n)$ gleichverteilt (siehe Satz 3.1.1).

Ist hingegen unter $\mathbf{H_1}$: $\beta_1 > \overset{\circ}{\beta}_1$, gilt also $d_i = y_i - \overset{\circ}{\beta}_1 x_i = (\beta_1 - \overset{\circ}{\beta}_1)x_i + \epsilon_i$, mit $\beta_1 - \overset{\circ}{\beta}_1 > 0$, dann tendieren die Differenzen d_i für große x_i zu großen und für kleine x_i zu kleinen Werten. Analog verhalten sich die Ränge s_i: die Ränge der zu den großen x_i gehörenden Differenzen d_i tendieren zu den großen Werten aus $(1, \dots, n)$. Für $\beta_1 < \overset{\circ}{\beta}_1$ ist es gerade umgekehrt.

Es liegt daher nahe, Teststatistiken der Form

$$T = \sum_{i=1}^{n} c(x_i) a(s_i) \quad \text{für} \quad \mathbf{s} = \mathbf{s}(\mathbf{y} - \overset{\circ}{\beta}_1\mathbf{x}), \tag{5.1.6}$$

mit monoton wachsenden Funktionen $c(x)$ und $a(i)$ zu betrachten, denn diese tendieren unter $\mathbf{H_1}$: $\beta_1 \neq \overset{\circ}{\beta}_1$ für $\beta_1 > \overset{\circ}{\beta}_1$ zu großen und für $\beta_1 < \overset{\circ}{\beta}_1$ zu kleinen Werten und besitzen unter $\mathbf{H_0}$: $\beta_1 = \overset{\circ}{\beta}_1$, wegen der Gleichverteilung der Rangreihe $\mathbf{s}$, eine feste, von F unabhängige Nullverteilung.

Diese Nullverteilung hängt allerdings, bei fest gewählter Funktion $c(x)$, von den konkreten Werten $x_1, \ldots, x_n$ ab und müßte für jeden Wertesatz $(x_1, \ldots, x_n)$ aufs neue bestimmt werden. Wesentlich einfacher ist es daher, die Folge $(x_1, \ldots, x_n)$ durch ihre Rangreihe $(r_1, \ldots, r_n)$ zu ersetzen und Teststatistiken der Form:

$$T = \sum_{i=1}^{n} c(r_i)a(s_i), \qquad (5.1.7)$$

mit monoton wachsenden Folgen $\mathbf{c} = (c(1), \ldots, c(n))$ und $\mathbf{a} = (a(1), \ldots, a(n))$ zu betrachten, denn deren Nullverteilung ist, wie wir zeigen werden, von $\mathbf{r}$ und von F unabhängig und kann für kleine n tabelliert und für große n unter sehr allgemeinen Bedingungen durch eine Normalverteilung approximiert werden. Wir fassen die für uns wichtigen Tatsachen über die Nullverteilung von T zusammen.

Satz 5.1.1   *Nullverteilung von T*

A. *Ist $\mathbf{r} = (r_1, \ldots, r_n)$ fest und $\mathbf{s} = (s_1, \ldots, s_n)$ auf $\mathbf{S}_n$ gleichverteilt, dann besitzt $T = T(\mathbf{r}, \mathbf{s}) = \sum_{i=1}^{n} c(r_i)a(s_i)$ eine von $\mathbf{r} = (r_1, \ldots, r_n)$ unabhängige Nullverteilung.*

B. *Unter den obigen Voraussetzungen gilt:*

$$E(T) = \frac{1}{n} \sum_{i=1}^{n} c(i) \sum_{j=1}^{n} a(j) = n\bar{c}\bar{a},$$

$$V(T) = \frac{1}{n-1} \sum_{i=1}^{n}(c(i) - \bar{c})^2 \sum_{j=1}^{n}(a(j) - \bar{a})^2 = (n-1)s_c^2 s_a^2,$$

mit den Abkürzungen:

$$\bar{c} = \frac{1}{n} \sum_{i=1}^{n} c(i), \quad \bar{a} = \frac{1}{n} \sum_{i=1}^{n} a(i),$$

$$s_c^2 = \frac{1}{n-1} \sum_{i=1}^{n}(c(i) - \bar{c})^2, \quad s_a^2 = \frac{1}{n-1} \sum_{i=1}^{n}(a(i) - \bar{a})^2.$$

C. *Unter den Voraussetzungen von A und unter den Voraussetzungen des Satzes 3.1.6 über die Folgen $\mathbf{c}$ und $\mathbf{a}$ ist T asymptotisch nach $N(n\bar{c}\bar{a}, (n-1)s_c^2 s_a^2)$ verteilt.*

Beweis: Für A siehe den Beweis von Satz 3.1.4, für B den von Satz 3.1.3 und für C Satz 3.1.6. ♠

Wir erhalten damit für das Testproblem (5.1.5) einen **Niveau-α-Test**:

$$\varphi(\mathbf{y}|\overset{\circ}{\beta}_1) = \begin{cases} 1 \\ 0 \end{cases} \Longleftrightarrow T(\mathbf{r}, \mathbf{s}(\mathbf{y} - \overset{\circ}{\beta}_1 \mathbf{x})) \overset{\notin}{\in} (T_{\alpha/2}, T_{1-\alpha/2}], \qquad (5.1.8)$$

wobei $T_p = T_p(\mathbf{a}, \mathbf{c}; n)$ das von den Folgen $\mathbf{a}, \mathbf{c}$ und vom Stichprobenumfang n abhängige p-Fraktil der Nullverteilung von T bezeichnet. Wegen Satz 5.1.1 gilt für große n (u_p bezeichnet wie immer das p-Fraktil der $N(0,1)$-Verteilung):

$$T_p(\mathbf{a}, \mathbf{c}; n) \approx n\bar{c}\bar{a} + u_p \sqrt{(n-1)s_c^2 s_a^2}, \qquad (5.1.9)$$

soferne die Bedingungen für asymptotische Normalität von T erfüllt sind.

Bereichschätzer für β_1

Dualisiert man die Testfamilie $(\varphi(.|\overset{\circ}{\beta}_1) : \overset{\circ}{\beta}_1 \in \mathbf{R})$, dann erhält man einen Bereichschätzer für β_1 zur Sicherheit $S = 1 - \alpha$:

$$\overline{\beta_1}(\mathbf{x}, \mathbf{y}) = \{\overset{\circ}{\beta}_1 : T_{\alpha/2} < T(\mathbf{r}, \mathbf{s}(\mathbf{y} - \overset{\circ}{\beta}_1 \mathbf{x})) \leq T_{1-\alpha/2}\} \qquad (5.1.10)$$

d.h., man hat die Menge aller $\overset{\circ}{\beta}_1$-Werte zu bestimmen, für die der Test $\varphi(.|\overset{\circ}{\beta}_1)$ auf $\mathbf{H_0}$: $\beta_1 = \overset{\circ}{\beta}_1$ entscheidet. Diese Menge ist ein Intervall, denn es gilt:

Satz 5.1.2   *Monotonie von $T(\mathbf{r}, \mathbf{s}(\mathbf{y} - \overset{\circ}{\beta}_1 \mathbf{x}))$*

Die Funktion $T(\mathbf{r}, \mathbf{s}(\mathbf{y} - \overset{\circ}{\beta}_1 \mathbf{x}))$ ist bei festem $\mathbf{x}, \mathbf{y}$ und monoton steigenden Folgen $\mathbf{a}$ und $\mathbf{c}$ in $\overset{\circ}{\beta}_1$ monoton fallend.

Beweis: Zunächst erkennt man leicht, daß sich die Statistik $T(\mathbf{r}, \mathbf{s}(\mathbf{y} - \overset{\circ}{\beta}_1 \mathbf{x}))$ nicht ändert, wenn man die Reihenfolge der Daten $((x_1, y_1), \ldots, (x_n, y_n))$ ändert. Wir setzen daher zur besseren Übersichtlichkeit der Diskussion voraus, daß die x_i-Werte steigend geordnet sind. Es ist dann $\mathbf{r} = (1, \ldots, n)$. (Bindungen sollen sowohl bei den x- als auch bei den y-Werten ausgeschlossen werden.)

Sei weiters $(\gamma_{ij} = \frac{y_j - y_i}{x_j - x_i} : 1 \leq i < j \leq n)$ die Familie der $\binom{n}{2}$ Anstiege der Verbindungsgeraden der Punkte (x_i, y_i) und (x_j, y_j), und $(\gamma_{(1)}, \ldots, \gamma_{(\binom{n}{2})})$ ihre Ordnungsreihe.

Betrachten wir nun die Rangreihe $\mathbf{s} = \mathbf{s}(\mathbf{y} - \overset{\circ}{\beta}_1 \mathbf{x})$ und für ein k mit $1 \leq$ $\leq k < \binom{n}{2}$ das Intervall $(\gamma_{(k)}, \gamma_{(k+1)})$. Man überlegt zunächst, daß $\mathbf{s}$ für $\overset{\circ}{\beta}_1 \in$ $\in (\gamma_{(k)}, \gamma_{(k+1)})$ konstant bleibt. Sei nämlich $\overset{\circ}{\beta}_1 \in (\gamma_{(k)}, \gamma_{(k+1)})$ gewählt, dann gilt für jedes Paar $i < j$ (d.h., $x_i < x_j$):

$$\frac{(y_j - \overset{\circ}{\beta}_1 x_j) - (y_i - \overset{\circ}{\beta}_1 x_i)}{x_j - x_i} = \frac{y_j - y_i}{x_j - x_i} - \overset{\circ}{\beta}_1 \overset{>}{\underset{<}{}} 0 \Longleftrightarrow \frac{y_j - y_i}{x_j - x_i} \overset{\geq \gamma_{(k+1)}}{\underset{\leq \gamma_{(k)}}{}}$$

d.h., die Ordnungsverhältnisse in der Folge $(y_i - \overset{\circ}{\beta}_1 x_i : i = 1, \ldots, n)$ bleiben für $\overset{\circ}{\beta}_1 \in (\gamma_{(k)}, \gamma_{(k+1)})$ ungeändert und damit bleibt auch $\mathbf{s}(\mathbf{y} - \overset{\circ}{\beta}_1 \mathbf{x})$ konstant.

Beim Durchgang von $\overset{\circ}{\beta}_1$ durch $\gamma_{(k)}$ aber erfährt $\mathbf{s}$ eine Veränderung. Ist nämlich für das Paar $i < j : (y_j - y_i)/(x_j - x_i) = \gamma_{(k)}$ und für $\overset{\circ}{\beta}'_1 \in (\gamma_{(k-1)}, \gamma_{(k)})$ etwa $\mathbf{s}(\mathbf{y} - \overset{\circ}{\beta}'_1 \mathbf{x}) = (s'_1, \ldots, s'_n)$ und für $\overset{\circ}{\beta}''_1 \in (\gamma_{(k)}, \gamma_{(k+1)})$ dann $\mathbf{s}(\mathbf{y} - \overset{\circ}{\beta}''_1 \mathbf{x}) = = (s''_1, \ldots, s''_n)$, dann überlegt man sofort, daß gilt:

$$s'_l = s''_l \quad \forall l \neq i, j,$$
$$s'_i = s'_j - 1 = s''_j = s''_i - 1 = t \quad \text{für ein} \quad t \in \{0, \ldots, n\}.$$

Aus diesen Ergebnissen folgt aber:

- $T(\mathbf{r}, \mathbf{s}(\mathbf{y} - \overset{\circ}{\beta}_1 \mathbf{x}))$ ist für $\overset{\circ}{\beta}_1 \in (\gamma_{(k)}, \gamma_{(k+1)})$ konstant,

- $T(\mathbf{r}, \mathbf{s}(\mathbf{y} - \overset{\circ}{\beta}_1 \mathbf{x}))$ springt beim Durchgang durch $\gamma_{(k)}$ um den Wert

$$T(\mathbf{r}, \mathbf{s}(\mathbf{y} - (\gamma_{(k)} - 0) \cdot \mathbf{x})) - T(\mathbf{r}, \mathbf{s}(\mathbf{y} - (\gamma_{(k)} + 0) \cdot \mathbf{x})) =$$
$$= (c(i)a(t) + c(j)a(t+1)) - (c(i)a(t+1) + c(j)a(t)) =$$
$$= \underbrace{(c(j) - c(i))}_{\geq 0}\underbrace{(a(t+1) - a(t))}_{\geq 0} \geq 0.$$

Das heißt, $T(\mathbf{r}, \mathbf{s}(\mathbf{y} - \overset{\circ}{\beta}_1 \mathbf{x}))$ ist in der Tat eine in $\overset{\circ}{\beta}_1$ monoton fallende Treppenfunktion mit den Sprungstellen $(\gamma_{(1)}, \ldots, \gamma_{\binom{n}{2}})$. ♠

Wir illustrieren diese Zusammenhänge an einem Beispiel.

Beispiel 5.1.1   Tabelle 5.1.1 zeigt $n = 5$ Datenpaare (x_i, y_i), wobei die x_i-Werte bereits steigend geordnet sind. Abbildung 5.1.1 zeigt das zugehörige Streudiagramm.

i	x_i	y_i
1	1	1
2	2	4
3	3	2
4	4	9
5	5	5

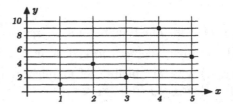

Tabelle 5.1.1   **Abb. 5.1.1:** Streudiagramm der Daten
aus Tabelle 5.1.1

Tabelle 5.1.2 gibt die Ordnungsreihe $(\gamma_{(1)}, \ldots, \gamma_{(10)})$ der $\binom{5}{2} = 10$ Anstiege $\gamma_{ij} = (y_j - y_i)/(x_j - x_i)$ und die zugehörigen Indexpaare (i, j), für die $\gamma_{(k)} = \gamma_{ij}$ gilt. Abbildung 5.1.2 zeigt diese Ordnungsreihe graphisch.

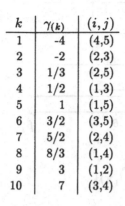

k	$\gamma_{(k)}$	(i,j)
1	-4	(4,5)
2	-2	(2,3)
3	1/3	(2,5)
4	1/2	(1,3)
5	1	(1,5)
6	3/2	(3,5)
7	5/2	(2,4)
8	8/3	(1,4)
9	3	(1,2)
10	7	(3,4)

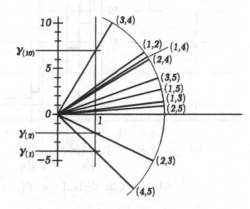

Tabelle 5.1.2   **Abb. 5.1.2:** Rosette der Anstiege $\gamma_{(k)}$

Tabelle 5.1.3 gibt die Rangreihen $\mathbf{s}(\overset{\circ}{\beta}_1) = (s_1(\overset{\circ}{\beta}_1), \ldots, s_5(\overset{\circ}{\beta}_1))$ von $\mathbf{y} - \overset{\circ}{\beta}_1\mathbf{x}$ in Abhängigkeit von $\overset{\circ}{\beta}_1$. Die letzte Spalte gibt schließlich den Wert der Statistik $T(\mathbf{r}, \mathbf{s}(\mathbf{y} - \overset{\circ}{\beta}_1\mathbf{x})) = \sum_{i=1}^{5} r_i \cdot s_i(\overset{\circ}{\beta}_1)$ in Abhängigkeit von $\overset{\circ}{\beta}_1$. Wir haben hier für die Folgen $c(i)$ und $a(i)$ die Wilcoxon-Scores $a(i) = c(i) = i$ gewählt. Abbildung 5.1.3 zeigt den Verlauf von $T(\mathbf{r}, \mathbf{s}(\mathbf{y} - \overset{\circ}{\beta}_1\mathbf{x}))$ graphisch. Man beachte, daß wegen $c(i) = a(i) = i$ folgt: $E(T|\mathbf{H}_0) = n \cdot \bar{a} \cdot \bar{c} = 5 \cdot 3 \cdot 3 = 45$ (vgl. Satz 5.1.1).

	$s_1(\overset{\circ}{\beta}_1)$	$s_2(\overset{\circ}{\beta}_1)$	$s_3(\overset{\circ}{\beta}_1)$	$s_4(\overset{\circ}{\beta}_1)$	$s_5(\overset{\circ}{\beta}_1)$	$T(\mathbf{r}, \mathbf{s}(\mathbf{y} - \overset{\circ}{\beta}_1\mathbf{x}))$
$\overset{\circ}{\beta}_1 < -4$	1	2	3	4	5	55
$-4 < \overset{\circ}{\beta}_1 < -2$	1	2	3	5	4	54
$-2 < \overset{\circ}{\beta}_1 < 1/3$	1	3	2	5	4	53
$1/3 < \overset{\circ}{\beta}_1 < 1/2$	1	4	2	5	3	50
$1/2 < \overset{\circ}{\beta}_1 < 1$	2	4	1	5	3	48
$1 < \overset{\circ}{\beta}_1 < 3/2$	3	4	1	5	2	44
$3/2 < \overset{\circ}{\beta}_1 < 5/2$	3	4	2	5	1	42
$5/2 < \overset{\circ}{\beta}_1 < 8/3$	3	5	2	4	1	40
$8/3 < \overset{\circ}{\beta}_1 < 3$	4	5	2	3	1	37
$3 < \overset{\circ}{\beta}_1 < 7$	5	4	2	3	1	36
$7 < \overset{\circ}{\beta}_1$	5	4	3	2	1	35

Tabelle 5.1.3: Rangreihe $\mathbf{s}(\overset{\circ}{\beta}_1) = \mathbf{s}(\mathbf{y} - \overset{\circ}{\beta}_1\mathbf{x})$ und Statistik
$$T(\mathbf{r}, \mathbf{s}(\mathbf{y} - \overset{\circ}{\beta}_1\mathbf{x})) = \sum_{i=1}^{5} r_i s_i(\overset{\circ}{\beta}_1).$$

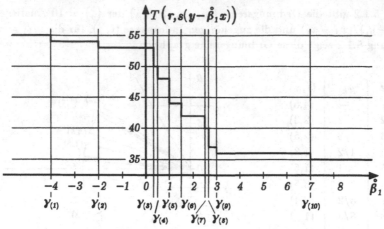

Abb. 5.1.3: Verlauf von $T(\mathbf{r}, \mathbf{s}(\mathbf{y} - \overset{\circ}{\beta}_1\mathbf{x}))$

Die Spearman-Statistik

Für $a(i) = c(i) = i$, die Wilcoxon-Gewichte, erhalten wir die sogenannte Spearman-Statistik (SPEARMAN 1904):

$$T_S(\mathbf{r}, \mathbf{s}) = \sum_{i=1}^{n} r(i)s(i) \qquad (5.1.11)$$

Satz 5.1.3   *Eigenschaften der Spearman-Statistik* T_S

Für festes $\mathbf{r}$ *und auf* $\mathbf{S}_n$ *gleichverteiltes* $\mathbf{s}$ *gelten folgende Aussagen:*

A. $E(T_S) = n \cdot (\frac{n+1}{2})^2$,

B. $V(T_S) = \frac{1}{144}(n-1)n^2(n+1)^2$,

C. $\min(T_S) = \frac{n(n+1)(n+2)}{6}, \quad \max(T_S) = \frac{n(n+1)(2n+1)}{6}$,

D. T_S *ist um* $E(T_S)$ *symmetrisch verteilt,*

E. T_S *ist asymptotisch normal verteilt.*

Beweis: A und B folgen sofort aus Satz 5.1.1 und aus $\bar{a} = \bar{c} = \frac{1}{n}\sum_{i=1}^{n} i = (n+1)/2$, sowie $s_a^2 = s_c^2 = \frac{1}{n-1}\sum_{i=1}^{n}(i - \frac{n+1}{2})^2 = n(n+1)/12$.

Man benötigt dazu die Summenformeln:

$$\sum_{i=1}^{n} i = n(n+1)/2,$$

$$\sum_{i=1}^{n} i^2 = n(n+1)(2n+1)/6. \qquad (5.1.12)$$

C folgt aus $\min(T_S) = \sum_{i=1}^{n} i(n + 1 - i)$ und $\max(T_S) = \sum_{i=1}^{n} i^2$ und den Formeln (5.1.12).

Die in D behauptete Symmetrie der Verteilung von T_S folgt aus Satz 3.1.5 wegen $c(i) + c(n + 1 - i) = i + (n + 1 - i) = n + 1$. Die in E behauptete asymptotische Normalität ergibt sich sofort aus Satz 3.1.6. ♠

Bemerkungen:

1. Die Approximation für das p-Fraktil von T_S:

$$T_p \approx E(T_S) + u_p \sqrt{V(T_S)} = n(\frac{n+1}{2})^2 + u_p \cdot \frac{n(n+1)}{12} \cdot \sqrt{n-1}, \quad (5.1.13)$$

   bzw. gleichwertig die Approximation für $p = P(T \leq T_o)$:

$$p \approx \Phi((T_0 - n(\frac{n+1}{2})^2)/(\frac{n(n+1)}{12}\sqrt{n-1})) \quad (5.1.14)$$

   ist schon ab $n \geq 10$ für praktische Zwecke vollkommen ausreichend.

2. Die linear transformierte Größe

$$r_s = 2 \cdot \frac{T_S - E(T_S)}{\max(T_S) - \min(T_S)}$$
$$= \frac{12}{n^2 - 1} \cdot \frac{1}{n} \cdot (\sum_{j=1}^{n} r_i s_i - n \cdot (\frac{n+1}{2})^2) \quad (5.1.15)$$

   wird als **Korrelationskoeffizient von Spearman** bezeichnet. r_s nimmt offenbar Werte zwischen -1 und $+1$ an.

Punktschätzer für β_1 – Residualanalyse

Betrachten wir noch einmal die Statistik:

$$T(\mathbf{r}, \mathbf{s}(\mathbf{y} - \beta_1 \mathbf{x})) = \sum_{i=1}^{n} c(r_i)a(s_i(\mathbf{y} - \beta_1 \mathbf{x})),$$

und die Beziehung (5.1.10) für $\overline{\beta_1}(\mathbf{x}, \mathbf{y})$. Bezeichnet $T_{0,5}$ den Median der Nullverteilung von T, dann erhält man aus der Bedingung

$$T(\mathbf{r}, \mathbf{s}(\mathbf{y} - \hat{\beta}_1 \cdot \mathbf{x})) = T_{0,5} \quad (5.1.16)$$

eine Gleichung zur (numerischen) Bestimmung eines Punktschätzers für β_1. Ist die Nullverteilung von T symmetrisch, dann gilt natürlich $T_{0,5} = E(T)$ und man kann schreiben:

$$T(\mathbf{r}, \mathbf{s}(\mathbf{y} - \hat{\beta}_1 \cdot \mathbf{x})) = E(T) = n \cdot \bar{c}\bar{a}. \quad (5.1.17)$$

In den Anwendungen ist es immer wichtig, eine Analyse der Residuen durch-
zuführen. Man erhält die geschätzten Residuen $\hat{\epsilon}_i$ nach der Formel:

$$\hat{\epsilon}_i = y_i - \hat{\beta}_1 \cdot x_i \qquad i = 1, \dots, n. \tag{5.1.18}$$

Man wird:

- die Residuen $\hat{\epsilon}_i$ über x_i graphisch darstellen,

- die Residualverteilung F mittels der empirischen Verteilungsfunktion der
Folge $(\hat{\epsilon}_1, \dots, \hat{\epsilon}_n)$ schätzen,

- den Median β_0 der Residualverteilung durch den Median der Folge
$(\hat{\epsilon}_1, \dots, \hat{\epsilon}_n)$ schätzen.

Beispiel 5.1.2   Einfache lineare Regression

Gegeben seien $n = 20$ Datenpaare (y_i, x_i). Die Daten sind simuliert gemäß: $y_i =$
$= \beta_0 + \beta_1 x_i + \epsilon_i = 2{,}0 + 1{,}5 x_i + \epsilon_i$ mit $\epsilon_i \sim N(0; 1{,}5^2)$.

i	y_i	x_i	i	y_i	x_i
1	6,19	3,60	11	16,41	9,35
2	17,99	9,44	12	4,48	1,64
3	10,97	5,54	13	16,99	9,20
4	10,42	6,21	14	4,91	2,84
5	10,85	5,58	15	17,39	7,60
6	14,43	9,48	16	10,38	5,90
7	7,00	3,35	17	4,21	0,27
8	17,03	9,73	18	9,46	4,36
9	14,34	9,58	19	6,78	1,62
10	16,71	8,71	20	6,97	5,07

Abbildung 5.1.4 zeigt das Streudiagramm dieser Datenpaare und die bei der Simulation benützte Regressionsgerade $y = 2{,}0 + 1{,}5 \cdot x$.

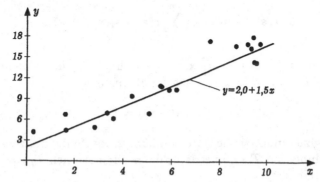

Abb. 5.1.4: Streudiagramm der Daten (y_i, x_i) mit der bei der Simulation
benützten Regressionsgeraden $y = 2{,}0 + 1{,}5 \cdot x$

A. Klassische Auswertung:

Mit den Matrizen:

$$\mathbf{y} = \begin{pmatrix} y_1 \\ \vdots \\ y_n \end{pmatrix}, \quad X = \begin{pmatrix} 1 & x_1 \\ \vdots & \vdots \\ 1 & x_n \end{pmatrix}, \quad \boldsymbol{\epsilon} = \begin{pmatrix} \epsilon_1 \\ \vdots \\ \epsilon_n \end{pmatrix}, \quad \boldsymbol{\beta} = \begin{pmatrix} \beta_0 \\ \beta_1 \end{pmatrix},$$

gilt:

$$\hat{\boldsymbol{\beta}} = (X'X)^{-1}X'\mathbf{y}, \quad \hat{\boldsymbol{\epsilon}} = \mathbf{y} - X\hat{\boldsymbol{\beta}}, \quad \hat{\sigma}^2 = \frac{1}{n-2}\sum_{i=1}^{n}\hat{\epsilon}_i^2.$$

Mit $C = (c_{ij} : ij = 0, 1) = (X'X)^{-1}$ erhält man für β_0 und β_1 Konfidenzintervalle zur Sicherheit $S = 1 - \alpha$ nach den Formeln:

$$\overline{\underline{\beta_0}} = \hat{\beta}_0 \pm \hat{\sigma} \cdot \sqrt{c_{00}} \cdot t_{n-2;1-\alpha/2},$$
$$\overline{\underline{\beta_1}} = \hat{\beta}_1 \pm \hat{\sigma} \cdot \sqrt{c_{11}} \cdot t_{n-2;1-\alpha/2}.$$

Es ergeben sich folgende Werte:

$$\hat{\sigma} = 1{,}68 \quad C = \begin{pmatrix} 0{,}24714 & -0{,}03311 \\ -0{,}03311 & 0{,}00556 \end{pmatrix}$$

$$\hat{\beta}_0 = 2{,}35; \quad \overline{\underline{\beta_0}} = [0{,}59; 4{,}11] \quad \text{für } S = 0{,}95$$

$$\hat{\beta}_1 = 1{,}49; \quad \overline{\underline{\beta_1}} = [1{,}22; 1{,}75] \quad \text{für } S = 0{,}95$$

B. Nichtparametrische Auswertung:

Mit $\mathbf{r} = \mathbf{r}(\mathbf{x})$, der Rangreihe von $\mathbf{x} = (x_1, \dots, x_n)'$ und $\mathbf{s}(\beta_1) = \mathbf{s}(\mathbf{y} - \beta_1\mathbf{x})$, der Rangreihe von $\mathbf{y} - \beta_1\mathbf{x}$ bilden wir die Spearman-Statistik:

$$T_S(\beta_1) = \sum_{i=1}^{n} r_i s_i(\beta_1).$$

Punkt- und Bereichschätzer für β_1 folgen aus:

$$T_S(\hat{\beta}_1) = E(T_S|\mathbf{H}_0) = n \cdot \left(\frac{n+1}{2}\right)^2 = 2205,$$
$$\overline{\underline{\beta_1}} = \{\beta_1 : T_{S,\alpha/2} < T_S(\beta_1) \leq T_{S;1-\alpha/2}\},$$

mit:

$$\begin{matrix} T_{S,1-\alpha/2} \\ T_{S,\alpha/2} \end{matrix} = E(T_S) \pm u_{1-\alpha/2}\sqrt{V(T_S)} = 2205 \pm 1{,}96 \cdot 152{,}56 = \begin{matrix} 2504 \\ 1906 \end{matrix}$$

Abbildung 5.1.5 zeigt den Verlauf von $T_S(\beta_1)$ in Abhängigkeit von β_1 mit den Werten $\hat{\beta}_1, \underline{\beta}_1$ und $\overline{\beta}_1$.

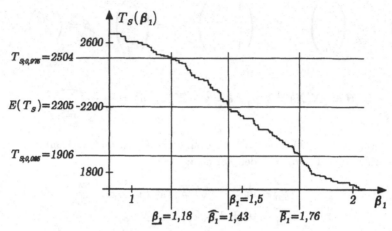

Abb. 5.1.5: Bestimmung von $\hat{\beta}_1$ und $[\underline{\beta}_1, \overline{\beta}_1]$

Man erhält:

$$\hat{\beta}_1 = 1{,}43; \quad \overline{\underline{\beta}_1} = [1{,}18; 1{,}76] \quad \text{für } S = 0{,}95.$$

Die Darstellung der Residuen $\hat{\epsilon}_i = y_i - \hat{\beta}_1 x_i$ über x_i zeigt Abb. 5.1.6. Die empirische Verteilungsfunktion der Residuen $\hat{\epsilon}_i$ und die Punktschätzung von β_0 schließlich veranschaulicht Abb. 5.1.7.

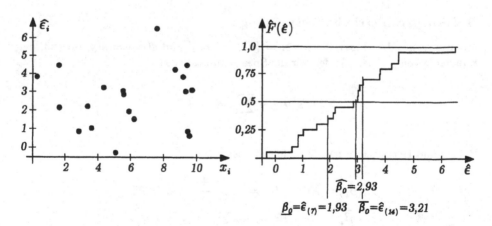

Abb. 5.1.6: Darstellung der   **Abb. 5.1.7:** Empirische Verteilungsfunktion
Residuen $\hat{\epsilon}_1$ über x_i der Residuen $\hat{\epsilon}_i$ mit $\hat{\beta}_0, [\underline{\beta}_0, \overline{\beta}_0]$

Man erhält: $\hat{\beta}_0 = 2{,}93.$

Wären die Residuen $\hat{\epsilon}_i$ stochastisch unabhängig, was sie zwar nicht ganz, aber doch in guter Näherung sind, dann wäre bei $n = 20$ ein 0,95-Konfidenzintervall für β_0, den Median der Residualverteilung, gegeben durch (vgl. Formel (2.4.9)):

$$\overline{\beta}_0 = [\hat{\epsilon}_{(k)}; \hat{\epsilon}_{(n+1-k)}]$$

mit

$$k = \frac{n}{2} + 1 - u_{1-\alpha/2}\sqrt{\frac{n}{4}} \approx 7$$

Man erhält:

$$\overline{\beta} = [\hat{\epsilon}_{(7)}, \hat{\epsilon}_{(14)}] = [1{,}93; 3{,}21].$$

Zusammenstellung der Ergebnisse:

	klassisch	nichtparametrisch
$\hat{\beta}_0$	2,35	2,93
$\underline{\overline{\beta}}_0$	[0,59; 4,11]	[1,93; 3,21]
$\hat{\beta}_1$	1,49	1,43
$\underline{\overline{\beta}}_1$	[1,22; 1,75]	[1,18; 1,76]

Effizienzvergleich:

Bei $N = 1000$ Simulationsläufen ergab sich folgende geschätzte Effizienz bei der Bereichs-Schätzung von β_1:

$$\widehat{\text{Eff}} \text{ (nichtparametrisch:klassisch)} = [\frac{\overline{(\overline{\beta}_1 - \underline{\beta}_1)}_{kl.}}{(\overline{\beta}_1 - \underline{\beta}_1)_{np.}}]^2 = 0{,}84.$$

5.2 Multiple lineare Regression

Wir betrachten in diesem Abschnitt das lineare Modell mit k Regressoren $x_1, \ldots, x_k$. Das Residuum ϵ besitzt eine allgemeine, nicht spezifizierte, stetige Verteilung.

Modell: $y_i = \beta_1 x_{i1} + \ldots + \beta_k x_{ik} + \epsilon_i \quad \ldots i = 1, \ldots, n$.
Die Residuen $\epsilon_1, \ldots, \epsilon_n$ sind unabhängig und identisch
nach F verteilt. $\qquad\qquad\qquad\qquad\qquad\qquad\qquad$ (5.2.1)
Die Regressoren $(x_{ij}: i = 1, \ldots, n; j = 1, \ldots, k) = X$ sind bekannt.
Freie Modellparameter sind: $\boldsymbol{\beta} = (\beta_1, \ldots, \beta_k)'$, F.

Wir behandeln die folgenden statistischen Aufgabestellungen:

- Testen der Hypothese $\mathbf{H}_0$: $\boldsymbol{\beta} = \overset{\circ}{\boldsymbol{\beta}}$ gegen $\mathbf{H}_1$: $\boldsymbol{\beta} \neq \overset{\circ}{\boldsymbol{\beta}}$.

- Bereichschätzung von $\boldsymbol{\beta}$ mit von F unabhängiger Sicherheit $S = 1 - \alpha$.

- Punktschätzung von $\boldsymbol{\beta}$ und dem Median β_0 von F.

- Punktschätzung der Verteilungsfunktion F.

Die Bestimmung von individuellen, verteilungsunabhängigen Konfidenzin-tervallen für die einzelnen Regressionsparameter $\beta_1, \ldots, \beta_k$ ist im allgemeinen nicht möglich. Sie gelingt allerdings, wenn die Punkte $(\mathbf{x}_i = (x_{i1}, \ldots, x_{ik}): i = 1, \ldots, n)$ ein rechteckiges Gitter im $\mathbf{R}^k$ bilden.

Testen von Hypothesen über β

Wir lassen uns von den Betrachtungen im univariaten Fall leiten:

- Wir wählen zwei monoton wachsende Zahlenfolgen $\mathbf{c} = (c(1), \ldots, c(n))$ und $\mathbf{a} = (a(1), \ldots, a(n))$. Es ist zweckmäßig, bedeutet aber keine Ein-schränkung der Allgemeinheit, wenn man $\bar{c} = \bar{a} = 0$ voraussetzt.

- Wir führen die Rangreihen $\mathbf{r}_j = (r_{1j}, \ldots, r_{nj})$ von $(x_{1j}, \ldots, x_{nj})$ für $j = 1, \ldots, k$ ein.

- Wir führen die Rangreihe $\mathbf{s} = \mathbf{s}(\boldsymbol{\beta}) = (s_1(\boldsymbol{\beta}), \ldots, s_n(\boldsymbol{\beta}))$ von $(y_i - \beta_1 x_{i1} - \ldots - \beta_k x_{ik}: i = 1, \ldots, n)$ ein.

- Wir bilden die Statistiken $T_1, \ldots, T_k$ gemäß:

$$T_j = T_j(\boldsymbol{\beta}) = \sum_{i=1}^{n} c(r_{ij}) a(s_i(\boldsymbol{\beta})) \qquad j = 1, \ldots, k \qquad (5.2.2)$$

und setzen: $\mathbf{T}(\boldsymbol{\beta}) = (T_1(\boldsymbol{\beta}), \ldots, T_k(\boldsymbol{\beta}))'$.

Betrachten wir jetzt das Testproblem:

$$\mathbf{H}_0: \boldsymbol{\beta} = \overset{\circ}{\boldsymbol{\beta}} \qquad \mathbf{H}_1: \boldsymbol{\beta} \neq \overset{\circ}{\boldsymbol{\beta}}. \qquad (5.2.3)$$

Unter $\mathbf{H}_0$ besitzt $\mathbf{T}(\overset{\circ}{\boldsymbol{\beta}})$ offenbar eine von F unabhängige Nullverteilung. Im einzelnen gilt der folgende Satz, dessen Beweis ganz der Linie der Beweise der Sätze 3.1.3, 3.1.4, 3.1.6 und 5.1.1 folgt und der dem Leser überlassen sei:

Satz 5.2.1   *Nullverteilung von* $\mathbf{T} = (T_1, \ldots, T_k)$

A. Unter $\mathbf{H}_0$: $\beta = \overset{\circ}{\beta}$ besitzt $\mathbf{T}(\overset{\circ}{\beta})$ eine von F unabhängige Nullverteilung.

B. Unter $\mathbf{H}_0$: $\beta = \overset{\circ}{\beta}$ und wegen $\bar{c} = \bar{a} = 0$ gilt:

$$E(T_j(\overset{\circ}{\beta})) = n \cdot \bar{c}\bar{a} = 0,$$
$$V(T_j(\overset{\circ}{\beta})) = (n-1)s_c^2 s_a^2,$$
$$KOV(T_j(\overset{\circ}{\beta}), T_l(\overset{\circ}{\beta})) = \sum_{i=1}^{n} c(r_{ij})c(r_{il}) \cdot s_a^2.$$

Die Kovarianzmatrix von $\mathbf{T}$ ist somit unter $\mathbf{H}_0$: $\beta = \overset{\circ}{\beta}$ gegeben durch:

$$\mathbf{\Sigma_T} = s_a^2 \cdot C'C,$$

mit der Bezeichnung: $C = (c(r_{ij}): i = 1 \ldots n, j = 1 \ldots k)$.

C. Unter den Voraussetzungen von Satz 3.1.6 über die Folgen **c** und **a** ist $\mathbf{T}(\overset{\circ}{\beta})$ unter $\mathbf{H}_0$: $\beta = \overset{\circ}{\beta}$ asymptotisch nach $\mathbf{N}(0, \mathbf{\Sigma_T})$ verteilt.

Es liegt jetzt nahe, die Statistik

$$S(\overset{\circ}{\beta}) = \mathbf{T}'(\overset{\circ}{\beta})\mathbf{\Sigma_T}^{-1}\mathbf{T}(\overset{\circ}{\beta}) \tag{5.2.4}$$

zum Testen von (5.2.3) zu benützen. $S(\overset{\circ}{\beta})$ besitzt natürlich ebenfalls unter $\mathbf{H}_0$: $\beta = \overset{\circ}{\beta}$ eine feste Nullverteilung und ist wegen Satz 5.2.1 C asymptotisch nach χ_k^2 verteilt. Wir erhalten somit einen

Niveau-α-Test

für das Testproblem (5.2.3) in der Gestalt:

$$\varphi(\mathbf{y}, X|\overset{\circ}{\beta}) = \begin{cases} 1 \\ 0 \end{cases} \Longleftrightarrow S(\overset{\circ}{\beta}) \overset{>}{\underset{\le}{}} S_{1-\alpha} \overset{as.}{=} \chi_{k;1-\alpha}^2 \tag{5.2.5}$$

wobei $S_{1-\alpha}$ das $(1-\alpha)$-Fraktil der Nullverteilung von S bezeichnet.

Bereichschätzung von β

Dualisiert man die Testfamilie $(\varphi(\mathbf{y}, X | \overset{\circ}{\beta}) : \overset{\circ}{\beta} \in \mathbf{R}^k)$, dann erhält man den einen Bereichschätzer $\overline{\underline{\beta}}$ für β zur Sicherheit $1 - \alpha$:

$$\overline{\underline{\beta}}(\mathbf{y}, X) = \{\overset{\circ}{\beta} : S(\beta_o) = \mathbf{T}'(\overset{\circ}{\beta})\mathbf{\Sigma}_{\mathbf{T}}^{-1}\mathbf{T}(\overset{\circ}{\beta}) \leq S_{1-\alpha} \overset{as.}{=} \chi^2_{k;1-\alpha}\} \qquad (5.2.6)$$

Punktschätzung von β – Residualanalyse

Einen naheliegenden Punktschätzer $\hat{\beta}$ für β gewinnt man aus der Bedingung:

$$S(\hat{\beta}) = \mathbf{T}'(\hat{\beta})\mathbf{\Sigma}_{\mathbf{T}}^{-1}\mathbf{T}(\hat{\beta}) = 0. \qquad (5.2.7)$$

Die geschätzten Residuen ergeben sich dann aus:

$$\hat{\epsilon}_1 = y_i - \hat{\beta}_1 x_{i1} - \ldots - \hat{\beta}_k x_{ik} \qquad i = 1, \ldots, n. \qquad (5.2.8)$$

Die Analyse dieser Residuen erfolgt dann in der üblichen Weise. Insbesondere ist der Median der Residuen der naheliegende Schätzer $\hat{\beta}_o$ für den im Modell nicht explizit auftretenden Lageparameter β_0.

Beispiel 5.2.1   Gegeben seien die Daten:

i	y_i	x_{i1}	x_{i2}	i	y_i	x_{i1}	x_{i2}
1	4,27	5,61	3,84	11	6,14	4,42	3,58
2	3,76	1,59	1,48	12	4,04	6,29	1,98
3	4,11	2,37	8,15	13	5,83	0,15	8,15
4	8,93	6,60	7,02	14	11,40	7,84	8,87
5	9,09	7,86	8,22	15	6,96	9,20	9,16
6	8,68	8,13	9,89	16	5,09	4,32	5,69
7	4,18	2,20	5,78	17	5,35	6,11	8,01
8	4,31	8,45	0,42	18	4,46	5,92	1,03
9	2,71	2,21	0,37	19	10,49	9,66	9,96
10	2,70	2,9	1,76	20	7,58	5,44	1,37

Die Daten sind nach dem Modell $y_i = \beta_0 + \beta_1 x_{i1} + \beta_2 x_{i2} + \epsilon_i$ mit $\beta_0 = 2$; $\beta_1 = 0{,}3$; $\beta_2 = 0{,}5$; $\epsilon_i \sim \mathrm{N}(0, \sigma^2)$ mit $\sigma = 1{,}5$ simuliert.

Wir bestimmen Bereichschätzer für $\overset{1}{\beta} = (\beta_1, \beta_2)'$:

A. Auf klassischem Wege unter dem obigen Modell.

B. Auf nichtparametrischem Wege unter Zugrundelegung des Modells:

$$y_i = \beta_1 x_{i1} + \beta_2 x_{i2} + \epsilon_i \quad \text{mit } \epsilon_i \sim F.$$

ad A: Mit den Bezeichnungen

$$\mathbf{y} = \begin{pmatrix} y_1 \\ \vdots \\ y_n \end{pmatrix}, \quad X = \begin{pmatrix} 1 & x_{11} & x_{12} \\ \vdots & \vdots & \vdots \\ 1 & x_{n1} & x_{n2} \end{pmatrix}, \quad \boldsymbol{\beta} = \begin{pmatrix} \beta_0 \\ \beta_1 \\ \beta_2 \end{pmatrix}, \quad \boldsymbol{\epsilon} = \begin{pmatrix} \epsilon_1 \\ \vdots \\ \epsilon_n \end{pmatrix}$$

haben wir das lineare Modell $\mathbf{y} = X\boldsymbol{\beta} + \boldsymbol{\epsilon}$, mit $\boldsymbol{\epsilon} \sim \mathbf{N}(0, \sigma^2 I)$. Die Punktschätzer für $\boldsymbol{\beta}$ und σ^2 sind:

$$\left. \begin{aligned} \hat{\boldsymbol{\beta}} &= (X'X)^{-1}X'\mathbf{y} \sim \mathbf{N}(\boldsymbol{\beta}, \sigma^2(X'X)^{-1}) \\ \hat{\sigma}^2 &= \|\mathbf{y} - X\hat{\boldsymbol{\beta}}\|^2/(n-3) \quad \text{mit} \quad \frac{(n-3)\hat{\sigma}^2}{\sigma^2} \sim \chi^2_{n-3} \end{aligned} \right\} \quad \dots \text{u.a.}$$

Setzt man $(X'X)^{-1} = C$ und zerlegt man C in Blöcke:

$$C = \begin{pmatrix} C_{11} & C_{12} \\ C_{21} & C_{22} \end{pmatrix},$$

wo C_{22} eine $(2,2)$-Matrix ist, dann ist $\overset{1}{\boldsymbol{\beta}} := (\hat{\beta}_1, \hat{\beta}_2)'$ nach $\mathbf{N}(\overset{1}{\boldsymbol{\beta}} := (\beta_1, \beta_2)', \sigma^2 C_{22})$ verteilt. Folglich gilt:

$$F = \frac{(\widehat{\overset{1}{\boldsymbol{\beta}}} - \overset{1}{\boldsymbol{\beta}})' \frac{1}{\sigma^2} C_{22}^{-1} (\widehat{\overset{1}{\boldsymbol{\beta}}} - \overset{1}{\boldsymbol{\beta}})/2}{((n-3)\hat{\sigma}^2/\sigma^2)/(n-3)} =$$

$$= (\widehat{\overset{1}{\boldsymbol{\beta}}} - \overset{1}{\boldsymbol{\beta}})' C_{22}^{-1} (\widehat{\overset{1}{\boldsymbol{\beta}}} - \overset{1}{\boldsymbol{\beta}})/2\hat{\sigma}^2 \sim \mathbf{F}(2, n-3).$$

Man erhält daraus den Konfidenzbereich:

$$\mathbf{B}_1 = \underline{\overset{1}{\boldsymbol{\beta}}}(\mathbf{y}, X) = \{\overset{1}{\boldsymbol{\beta}} : (\widehat{\overset{1}{\boldsymbol{\beta}}} - \overset{1}{\boldsymbol{\beta}})' C_{22}^{-1} (\widehat{\overset{1}{\boldsymbol{\beta}}} - \overset{1}{\boldsymbol{\beta}})/2\hat{\sigma}^2 < F_{1-\alpha}(2, n-3)\}$$

zur Sicherheit $S = 1 - \alpha$. Dieser Bereich ist eine Ellipse mit Mittelpunkt $\widehat{\overset{1}{\boldsymbol{\beta}}}$. Sind $\mathbf{a}_1$ und $\mathbf{a}_2$ die normierten und orthogonalen Eigenvektoren von C_{22}^{-1} zu den Eigenwerten $\lambda_1 \geq \lambda_2$, dann besitzt diese Ellipse die Hauptachsenrichtungen $\mathbf{a}_1$ und $\mathbf{a}_2$ mit den Halbachsenlängen $\sqrt{2\hat{\sigma}^2 F_{1-\alpha}(2, n-3)/\lambda_i}$, $i = 1, 2$. Die numerischen Ergebnisse sind:

$$\hat{\boldsymbol{\beta}} = \begin{pmatrix} \hat{\beta}_0 \\ \hat{\beta}_1 \\ \hat{\beta}_2 \end{pmatrix} = \begin{pmatrix} 1{,}64 \\ 0{,}44 \\ 0{,}38 \end{pmatrix} \qquad \hat{\sigma}^2 = 2{,}53;$$

$$C_{22}^{-1} = \begin{pmatrix} 144{,}338 & 61{,}591 \\ 61{,}591 & 230{,}865 \end{pmatrix} \qquad \begin{aligned} \lambda_1 &= 262{,}87 & \underline{a}_1' &= (0{,}46; 0{,}89) \\ \lambda_2 &= 112{,}34 & \underline{a}_2' &= (-0{,}89; 0{,}46) \end{aligned}$$

Abbildung 5.2.1 zeigt den Konfidenzbereich $\mathbf{B}_1$ zur Sicherheit $S = 0{,}95$.

ad B: Wir wählen für $\mathbf{c} = (c(1); \ldots, c(n))$ und $\mathbf{a} = (a(1), \ldots, a(n))$ die zentrierten Wilcoxon-Gewichte:

$$c(i) = a(i) = i - \frac{n+1}{2}$$

Anschließend bilden wir die $(n,2)$-Matrix $R = (r_{ij}: i = 1, \ldots, n; j = 1, 2)$ der spaltenweisen Ränge der Datenmatrix $(x_{ij} : i = 1, \ldots, n; j = 1, 2)$, damit die Matrix $C = (c(r_{ij}): i = 1, \ldots, n; j = 1, 2)$ und schließlich die Kovarianzmatrix

$$\boldsymbol{\Sigma_T} = s_a^2 \cdot C'C \quad \text{mit} \quad s_a^2 = \frac{n(n+1)}{12}.$$

Es ergibt sich:

$$\boldsymbol{\Sigma_T} = \begin{pmatrix} 23275 & 9905 \\ 9905 & 23275 \end{pmatrix}.$$

Anschließend bilden wir die Rechenprogramme für:

- $s(\overset{1}{\boldsymbol{\beta}}) = s(\mathbf{y} - \beta_1 \mathbf{x}_1 - \beta_2 \mathbf{x}_2)$,

- $T_j(\overset{1}{\boldsymbol{\beta}}) = \sum_{i=1}^{n} c(r_{ij})a(s_i(\overset{1}{\boldsymbol{\beta}})) \quad j = 1, 2$,

- $\mathbf{T}(\overset{1}{\boldsymbol{\beta}}) = (T_1(\overset{1}{\boldsymbol{\beta}}), T_2(\overset{1}{\boldsymbol{\beta}}))'$,

- $S(\overset{1}{\boldsymbol{\beta}}) = \mathbf{T}'(\overset{1}{\boldsymbol{\beta}})\boldsymbol{\Sigma_T^{-1}}\mathbf{T}(\overset{1}{\boldsymbol{\beta}})$

und damit den Konfidenzbereich zur Sicherheit $S = 1 - \alpha$:

$$\mathbf{B}_2 = \overline{\underline{\boldsymbol{\beta}}}(\mathbf{y}, X) = \{\overset{1}{\boldsymbol{\beta}} : S(\overset{1}{\boldsymbol{\beta}}) \leq \chi^2_{2,1-\alpha}\}$$

Abbildung 5.2.1 zeigt die Konfidenzbereiche $\mathbf{B}_1$ und $\mathbf{B}_2$ im Vergleich. Einen nicht-parametrischen Punktschätzer für $\overset{1}{\boldsymbol{\beta}}' = (\beta_1, \beta_2)$ erhalten wir aus der Bedingung $S(\widehat{\overset{1}{\boldsymbol{\beta}}}) = 0$. Es ergibt sich:

$$\widehat{\overset{1}{\boldsymbol{\beta}}}' = (0{,}385; 0{,}405)$$

Abbildung 5.2.2 zeigt die empirische Verteilungsfunktion der Residuen $\hat{\epsilon}_i = y_i - \hat{\beta}_1 x_{i1} - \hat{\beta}_2 x_{i2}$. Der Median der Residuen ist:

$$\hat{\beta}_0 = 1{,}60$$

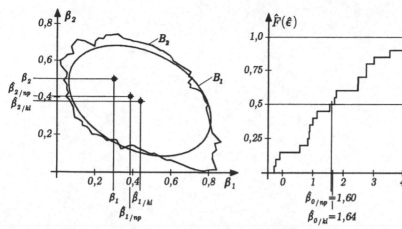

Abb. 5.2.1: Vergleich der Punktschätzer $\hat{\vec{\beta}}_{kl}$ und $\hat{\vec{\beta}}_{np}$ sowie der Konfidenzbereiche $\mathbf{B}_1$ und $\mathbf{B}_2$ zur Sicherheit $S = 0{,}95$

Abb. 5.2.2: Empirische Verteilungsfunktion der Residuen $\hat{\epsilon} = y_i - \hat{\beta}_1 x_{i1} - \hat{\beta}_2 x_{i2}$ mit Punktschätzer $\hat{\beta}_0/_{kl}$ und $\hat{\beta}_0/_{np}$.

Tabellenanhang

Tabelle I: Verteilungsfunktion der Standard-Normalverteilung

$$\Phi(u) = \frac{1}{\sqrt{2\pi}} \int_{-\infty}^{u} e^{-x^2/2} \mathrm{d}x; \quad \Phi(-u) = 1 - \Phi(u)$$

u	0,00	0,01	0,02	0,03	0,04	0,05	0,06	0,07	0,08	0,09
0,0	0,50000	0,50399	0,50798	0,51197	0,51595	0,51994	0,52392	0,52790	0,53188	0,53586
0,1	0,53983	0,54380	0,54776	0,55172	0,55567	0,55962	0,56356	0,56749	0,57142	0,57535
0,2	0,57926	0,58317	0,58706	0,59095	0,59483	0,59871	0,60257	0,60642	0,61026	0,61409
0,3	0,61791	0,62172	0,62552	0,62930	0,63307	0,63683	0,64058	0,64431	0,64803	0,65173
0,4	0,65542	0,65910	0,66276	0,66640	0,67003	0,67364	0,67724	0,68082	0,68439	0,68793
0,5	0,69146	0,69497	0,69847	0,70194	0,70540	0,70884	0,71226	0,71566	0,71904	0,72240
0,6	0,72575	0,72907	0,73237	0,73565	0,73891	0,74215	0,74537	0,74857	0,75175	0,75490
0,7	0,75804	0,76115	0,76424	0,76730	0,77035	0,77337	0,77637	0,77935	0,78230	0,78524
0,8	0,78814	0,79103	0,79389	0,79673	0,79955	0,80234	0,80511	0,80785	0,81057	0,81327
0,9	0,81594	0,81859	0,82121	0,82381	0,82639	0,82894	0,83147	0,83398	0,83646	0,83891
1,0	0,84134	0,84375	0,84614	0,84849	0,85083	0,85314	0,85543	0,85769	0,85993	0,86214
1,1	0,86433	0,86650	0,86864	0,87076	0,87286	0,87493	0,87698	0,87900	0,88100	0,88298
1,2	0,88493	0,88686	0,88877	0,89065	0,89251	0,89435	0,89617	0,89796	0,89973	0,90147
1,3	0,90320	0,90490	0,90658	0,90824	0,90988	0,91149	0,91309	0,91466	0,91621	0,91774
1,4	0,91924	0,92073	0,92220	0,92364	0,92507	0,92647	0,92785	0,92922	0,93056	0,93189
1,5	0,93319	0,93448	0,93574	0,93699	0,93822	0,93943	0,94062	0,94179	0,94295	0,94408
1,6	0,94520	0,94630	0,94738	0,94845	0,94950	0,95053	0,95154	0,95254	0,95352	0,95449
1,7	0,95543	0,95637	0,95728	0,95818	0,95907	0,95994	0,96080	0,96164	0,96246	0,96327
1,8	0,96407	0,96485	0,96562	0,96638	0,96712	0,96784	0,96856	0,96926	0,96995	0,97062
1,9	0,97128	0,97193	0,97257	0,97320	0,97381	0,97441	0,97500	0,97558	0,97615	0,97670
2,0	0,97725	0,97778	0,97831	0,97882	0,97932	0,97982	0,98030	0,98077	0,98124	0,98169
2,1	0,98214	0,98257	0,98300	0,98341	0,98382	0,98422	0,98461	0,98500	0,98537	0,98574
2,2	0,98610	0,98645	0,98679	0,98713	0,98745	0,98778	0,98809	0,98840	0,98870	0,98899
2,3	0,98928	0,98956	0,98983	0,99010	0,99036	0,99061	0,99086	0,99111	0,99134	0,99158
2,4	0,99180	0,99202	0,99224	0,99245	0,99266	0,99286	0,99305	0,99324	0,99343	0,99361
2,5	0,99379	0,99396	0,99413	0,99430	0,99446	0,99461	0,99477	0,99492	0,99506	0,99520
2,6	0,99534	0,99547	0,99560	0,99573	0,99585	0,99598	0,99609	0,99621	0,99632	0,99643
2,7	0,99653	0,99664	0,99674	0,99683	0,99693	0,99702	0,99711	0,99720	0,99728	0,99736
2,8	0,99744	0,99752	0,99760	0,99767	0,99774	0,99781	0,99788	0,99795	0,99801	0,99807
2,9	0,99813	0,99819	0,99825	0,99831	0,99836	0,99841	0,99846	0,99851	0,99856	0,99861

Tabelle II: Verteilungsfunktion der Binomialverteilung

$$F(r|\mathbf{B}_{n,p}) = \sum_{i=0}^{r} \binom{n}{i} p^i (1-p)^{n-i}$$

n	r \ P	0,1	0,2	0,3	0,4	0,5	n	r \ P	0,1	0,2	0,3	0,4	0,5
5	0	0,5905	0,3277	0,1681	0,0778	0,0312		0	0,0718	0,0038	0,0001	0,0000	0,0000
	1	0,9185	0,7373	0,5282	0,3370	0,1875		1	0,2712	0,0274	0,0016	0,0001	0,0000
	2	0,9914	0,9421	0,8369	0,6826	0,5000		2	0,5371	0,0982	0,0090	0,0004	0,0000
	3	0,9995	0,9933	0,9692	0,9130	0,8125		3	0,7636	0,2340	0,0332	0,0024	0,0001
	4	1,0000	0,9997	0,9976	0,9898	0,9688		4	0,9020	0,4207	0,0905	0,0095	0,0005
	5	1,0000	1,0000	1,0000	1,0000	1,0000		5	0,9666	0,6167	0,1935	0,0294	0,0020
								6	0,9905	0,7800	0,3407	0,0736	0,0073
	0	0,3487	0,1074	0,0282	0,0060	0,0010		7	0,9977	0,8909	0,5118	0,1536	0,0216
	1	0,7361	0,3758	0,1493	0,0464	0,0107		8	0,9995	0,9532	0,6769	0,2735	0,0539
	2	0,9298	0,6778	0,3828	0,1673	0,0547		9	0,9999	0,9827	0,8106	0,4246	0,1148
	3	0,9872	0,8791	0,6496	0,3823	0,1719		10	1,0000	0,9944	0,9022	0,5858	0,2122
	4	0,9984	0,9672	0,8497	0,6331	0,3770		11	1,0000	0,9985	0,9558	0,7323	0,3450
10	5	0,9999	0,9936	0,9527	0,8338	0,6230	25	12	1,0000	0,9996	0,9825	0,8462	0,5000
	6	1,0000	0,9991	0,9894	0,9452	0,8281		13	1,0000	0,9999	0,9940	0,9222	0,6550
	7	1,0000	0,9999	0,9984	0,9877	0,9453		14	1,0000	1,0000	0,9982	0,9656	0,7878
	8	1,0000	1,0000	0,9999	0,9983	0,9893		15	1,0000	1,0000	0,9995	0,9868	0,8852
	9	1,0000	1,0000	1,0000	0,9999	0,9990		16	1,0000	1,0000	0,9999	0,9957	0,9461
	10	1,0000	1,0000	1,0000	1,0000	1,0000		17	1,0000	1,0000	1,0000	0,9988	0,9784
								18	1,0000	1,0000	1,0000	0,9997	0,9927
	0	0,2059	0,0352	0,0047	0,0005	0,0000		19	1,0000	1,0000	1,0000	0,9999	0,9980
	1	0,5490	0,1671	0,0353	0,0052	0,0005		20	1,0000	1,0000	1,0000	1,0000	0,9995
	2	0,8159	0,3980	0,1268	0,0271	0,0037		21	1,0000	1,0000	1,0000	1,0000	0,9999
	3	0,9444	0,6482	0,2969	0,0905	0,0176		22	1,0000	1,0000	1,0000	1,0000	1,0000
	4	0,9873	0,8358	0,5155	0,2173	0,0592		23	1,0000	1,0000	1,0000	1,0000	1,0000
	5	0,9978	0,9389	0,7216	0,4032	0,1509		24	1,0000	1,0000	1,0000	1,0000	1,0000
	6	0,9997	0,9819	0,8689	0,6098	0,3036		25	1,0000	1,0000	1,0000	1,0000	1,0000
15	7	1,0000	0,9958	0,9500	0,7869	0,5000							
	8	1,0000	0,9992	0,9848	0,9050	0,6964		0	0,0424	0,0012	0,0000	0,0000	0,0000
	9	1,0000	0,9999	0,9963	0,9662	0,8491		1	0,1837	0,0105	0,0003	0,0000	0,0000
	10	1,0000	1,0000	0,9993	0,9907	0,9408		2	0,4114	0,0442	0,0021	0,0000	0,0000
	11	1,0000	1,0000	0,9999	0,9981	0,9824		3	0,6474	0,1227	0,0093	0,0003	0,0000
	12	1,0000	1,0000	1,0000	0,9997	0,9963		4	0,8245	0,2552	0,0302	0,0015	0,0000
	13	1,0000	1,0000	1,0000	1,0000	0,9995		5	0,9268	0,4275	0,0766	0,0057	0,0002
	14	1,0000	1,0000	1,0000	1,0000	1,0000		6	0,9742	0,6070	0,1595	0,0172	0,0007
	15	1,0000	1,0000	1,0000	1,0000	1,0000		7	0,9922	0,7608	0,2814	0,0435	0,0026
								8	0,9980	0,8713	0,4315	0,0940	0,0081
	0	0,1216	0,0115	0,0008	0,0000	0,0000		9	0,9995	0,9389	0,5888	0,1763	0,0214
	1	0,3917	0,0692	0,0076	0,0005	0,0000		10	0,9999	0,9744	0,7304	0,2915	0,0494
	2	0,6769	0,2061	0,0355	0,0036	0,0002		11	1,0000	0,9905	0,8407	0,4311	0,1002
	3	0,8670	0,4114	0,1071	0,0160	0,0013		12	1,0000	0,9969	0,9155	0,5785	0,1808
	4	0,9568	0,6296	0,2375	0,0510	0,0059		13	1,0000	0,9991	0,9599	0,7145	0,2923
	5	0,9887	0,8042	0,4164	0,1256	0,0207		14	1,0000	0,9998	0,9831	0,8246	0,4278
	6	0,9976	0,9133	0,6080	0,2500	0,0577	30	15	1,0000	0,9999	0,9936	0,9029	0,5722
	7	0,9996	0,9679	0,7723	0,4159	0,1316		16	1,0000	1,0000	0,9979	0,9519	0,7077
	8	0,9999	0,9900	0,8867	0,5956	0,2517		17	1,0000	1,0000	0,9994	0,9788	0,8192
	9	1,0000	0,9974	0,9520	0,7553	0,4119		18	1,0000	1,0000	0,9998	0,9917	0,8998
20	10	1,0000	0,9994	0,9829	0,8725	0,5881		19	1,0000	1,0000	1,0000	0,9971	0,9506
	11	1,0000	0,9999	0,9949	0,9435	0,7483		20	1,0000	1,0000	1,0000	0,9991	0,9786
	12	1,0000	1,0000	0,9987	0,9790	0,8684		21	1,0000	1,0000	1,0000	0,9998	0,9919
	13	1,0000	1,0000	0,9997	0,9935	0,9423		22	1,0000	1,0000	1,0000	1,0000	0,9974
	14	1,0000	1,0000	1,0000	0,9984	0,9793		23	1,0000	1,0000	1,0000	1,0000	0,9993
	15	1,0000	1,0000	1,0000	0,9997	0,9941		24	1,0000	1,0000	1,0000	1,0000	0,9998
	16	1,0000	1,0000	1,0000	1,0000	0,9987		25	1,0000	1,0000	1,0000	1,0000	1,0000
	17	1,0000	1,0000	1,0000	1,0000	0,9998		26	1,0000	1,0000	1,0000	1,0000	1,0000
	18	1,0000	1,0000	1,0000	1,0000	1,0000		27	1,0000	1,0000	1,0000	1,0000	1,0000
	19	1,0000	1,0000	1,0000	1,0000	1,0000		28	1,0000	1,0000	1,0000	1,0000	1,0000
	20	1,0000	1,0000	1,0000	1,0000	1,0000		29	1,0000	1,0000	1,0000	1,0000	1,0000
								30	1,0000	1,0000	1,0000	1,0000	1,0000

Tabelle III: α-Fraktile der Mann-Whitney-U-Statistik

$$U = \sum_{i=1}^{m} \sum_{j=1}^{n} u(y_j - x_i)$$

m \ n	10	11	12	13	14	15	16	17	18	19	20
$\alpha = 0{,}025$											
10	23,7										
11	26,8	30,3									
12	29,9	33,8	37,7								
13	33,0	37,3	41,6	45,9							
14	36,2	40,8	45,5	50,2	55,0						
15	39,3	44,4	49,5	54,6	59,7	64,9					
16	42,5	47,9	53,4	59,0	64,5	70,0	75,6				
17	45,6	51,5	57,4	63,3	69,3	75,2	81,2	87,2			
18	48,8	55,1	61,3	67,7	74,1	80,4	86,8	93,3	99,7		
19	52,0	58,6	65,3	72,1	78,8	85,6	92,5	99,3	106,1	113,0	
20	55,1	62,2	69,3	76,5	83,6	90,9	98,1	105,3	112,6	119,9	127,2
$\alpha = 0{,}05$											
10	27,6										
11	31,0	34,8									
12	34,4	38,6	42,9								
13	37,9	42,5	47,1	51,8							
14	41,3	46,3	51,4	56,5	61,5						
15	44,7	50,2	55,7	61,2	66,7	72,2					
16	48,2	54,0	60,0	65,9	71,7	77,7	83,7				
17	51,6	57,9	64,2	70,6	76,9	83,3	89,7	96,1			
18	55,1	61,8	68,5	75,3	82,1	88,9	95,7	102,5	109,3		
19	58,5	65,6	72,8	80,0	87,2	94,4	101,7	108,9	116,2	123,5	
20	62,0	69,5	77,1	84,7	92,3	100,0	107,7	115,4	123,1	130,8	138,5
$\alpha = 0{,}10$											
10	32,3										
11	36,0	40,2									
12	39,8	44,4	49,0								
13	43,6	48,6	53,6	58,7							
14	47,3	52,8	58,3	63,8	69,3						
15	51,1	57,0	62,9	68,9	74,8	80,8					
16	54,9	61,2	67,6	74,0	80,3	86,7	93,1				
17	58,7	65,5	72,3	79,1	85,9	92,7	99,6	106,4			
18	62,5	69,7	76,9	84,2	91,4	98,7	106,0	113,3	120,6		
19	66,3	73,9	81,6	89,3	97,0	104,7	112,4	120,2	127,9	135,7	
20	70,1	78,2	86,3	94,4	102,5	110,7	118,9	127,1	135,3	143,5	151,7

$u(0{,}025|17, 12) = 57{,}4$ bedeutet: $P(U_{17,12} \leq 57) + 0{,}4 \cdot P(U_{17,12} = 58) = 0{,}025$

Tabelle IV: Van-der-Waerden-Gewichte

$$a(i) = \Phi^{-1}\left(\tfrac{i}{N+1}\right)$$

i \ N	14	15	16	17	18	19	20	21	22	23	24
1	−1,50	−1,53	−1,56	−1,59	−1,62	−1,64	−1,67	−1,69	−1,71	−1,73	−1,75
2	−1,11	−1,15	−1,19	−1,22	−1,25	−1,28	−1,31	−1,34	−1,36	−1,38	−1,41
3	−0,84	−0,89	−0,93	−0,97	−1,00	−1,04	−1,07	−1,10	−1,12	−1,15	−1,17
4	−0,62	−0,67	−0,72	−0,76	−0,80	−0,84	−0,88	−0,91	−0,94	−0,97	−0,99
5	−0,43	−0,49	−0,54	−0,59	−0,63	−0,67	−0,71	−0,75	−0,78	−0,81	−0,84
6	−0,25	−0,32	−0,38	−0,43	−0,48	−0,52	−0,57	−0,60	−0,64	−0,67	−0,71
7	−0,08	−0,16	−0,22	−0,28	−0,34	−0,39	−0,43	−0,47	−0,51	−0,55	−0,58
8	0,08	0,00	−0,07	−0,14	−0,20	−0,25	−0,30	−0,35	−0,39	−0,43	−0,47
9	0,25	0,16	0,07	0,00	−0,07	−0,13	−0,18	−0,23	−0,28	−0,32	−0,36
10	0,43	0,32	0,22	0,14	0,07	0,00	−0,06	−0,11	−0,16	−0,21	−0,25
11	0,62	0,49	0,38	0,28	0,20	0,13	0,06	0,00	−0,05	−0,10	−0,15
12	0,84	0,67	0,54	0,43	0,34	0,25	0,18	0,11	0,05	0,00	−0,05
13	1,11	0,89	0,72	0,59	0,48	0,39	0,30	0,23	0,16	0,10	0,05
14	1,50	1,15	0,93	0,76	0,63	0,52	0,43	0,35	0,28	0,21	0,15
15		1,53	1,19	0,97	0,80	0,67	0,57	0,47	0,39	0,32	0,25
16			1,56	1,22	1,00	0,84	0,71	0,60	0,51	0,43	0,36
17				1,59	1,25	1,04	0,88	0,75	0,64	0,55	0,47
18					1,62	1,28	1,07	0,91	0,78	0,67	0,58
19						1,64	1,31	1,10	0,94	0,81	0,71
20							1,67	1,34	1,12	0,97	0,84
21								1,69	1,36	1,15	0,99
22									1,71	1,38	1,17
23										1,73	1,41
24											1,75
$\frac{1}{N-1}\sum_{i=1}^{N} a^2(i)$	0,74	0,75	0,76	0,77	0,78	0,79	0,79	0,80	0,81	0,81	0,82

Tabelle V: $(1-\alpha)$-Fraktile der van-der-Waerden-Statistik S

$$S = \sum_{i=m+1}^{m+n} \Phi^{-1}\left(\tfrac{r_i}{N+1}\right)$$

m \ n	7	8	9	10	11	12
$1-\alpha=0,975$						
7	3,11					
8	3,24	3,39				
9	3,36	3,50	3,63			
10	3,46	3,61	3,75	3,87		
11	3,54	3,71	3,85	3,98	4,09	
12	3,62	3,79	3,94	4,07	4,20	4,30
$1-\alpha=0,95$						
7	2,67					
8	2,76	2,90				
9	2,86	2,99	3,09			
10	2,95	3,07	3,19	3,29		
11	3,02	3,15	3,27	3,38	3,47	
12	3,08	3,22	3,35	3,46	3,56	3,65
$1-\alpha=0,90$						
7	2,11					
8	2,20	2,28				
9	2,27	2,36	2,44			
10	2,33	2,42	2,51	2,59		
11	2,38	2,49	2,58	2,66	2,73	
12	2,43	2,54	2,64	2,72	2,80	2,87

Tabelle VI: Fraktile der Kolmogorov-Smirnov-Statistik

$$mn \cdot D_{m,n;1-\alpha}$$

m \ n	10	11	12	13	14	15	16	17	18	19	20
$1-\alpha = 0{,}975$											
10	70										
11	68	77									
12	72	76	96								
13	77	84	84	104							
14	82	87	94	100	112						
15	90	94	99	104	110	135					
16	90	96	104	111	116	119	144				
17	96	102	108	114	122	129	136	153			
18	100	107	120	120	126	135	140	148	162		
19	103	111	120	126	133	141	145	151	159	190	
20	120	116	124	130	138	150	156	160	166	169	200
$1-\alpha = 0{,}95$											
10	70										
11	60	77									
12	66	72	84								
13	70	75	81	91							
14	74	82	86	89	112						
15	80	84	93	96	98	120					
16	84	89	96	101	106	114	128				
17	89	93	100	105	111	116	124	136			
18	92	97	108	110	116	123	128	133	162		
19	94	102	108	114	121	127	133	141	142	171	
20	110	107	116	120	126	135	140	146	152	160	180
$1-\alpha = 0{,}90$											
10	60										
11	57	66									
12	60	64	72								
13	64	67	71	91							
14	68	73	78	78	98						
15	75	76	84	87	92	105					
16	76	80	88	91	96	101	112				
17	79	85	90	96	100	105	109	136			
18	82	88	96	99	104	111	116	118	144		
19	85	92	99	104	110	114	120	126	133	152	
20	100	96	104	108	114	125	128	132	136	144	160

Literatur

AALEN, O. O. (1978). Nonparametric inference for a family of counting processes. *Ann. Stat.*, **6**, 701–726.

ADICHIE, J. N. (1967). Asymptotic efficiency of a class of nonparametric tests for regression parameters. *Ann. Math. Stat.*, **38**, 884–893.

AITCHISON, J., AITKEN, C. G. G. (1976). Multivariate binary discrimination by the kernel method. *Biometrika*, **63**, 413–420.

ANDERSON, T. W. (1962). On the distribution of the two-sample Cramér-von Mises criterion. *Ann. Math. Stat.*, **33**, 1148–1159.

ANDERSON, T. W., DARLING, D. A. (1952). Asymptotic theory of certain „goodness-of-fit" criteria based on stochastic processes. *Ann. Math. Stat.*, **23**, 193–212.

ANSARI, A. R., BRADLEY, R. A. (1960). Rank-sum tests for dispersion. *Ann. Math. Stat.*, **31**, 1174–1189.

ARMITAGE, P. (1971). *Statistical Methods in Medical Research*. Blackwell, London.

BAHADUR, R. R. (1960a). On the asymptotic efficiency of tests and estimates. *Sankhyā*, **22**, 229–252.

BAHADUR, R. R. (1960b). Stochastic comparison of tests. *Ann. Math. Stat.*, **31**, 276–295.

BAHADUR, R. R. (1967). Rates of convergence of estimates and test statistics. *Ann. Math. Stat.*, **38**, 303–324.

BAHADUR, R. R. (1971). *Some Limit Theorems in Statistics*. SIAM, Philadelphia.

BICKEL, P. J., ROSENBLATT, M. (1973). On some global measures of the deviation of density function estimates. *Ann. Stat.*, **1**, 1071–1095.

BOWMAN, A. W. (1984). An alternative method of cross-validation for the smoothing of density estimates. *Biometrika*, **71**, 353–360.

BOWMAN, A. W., HALL, P., TITTERINGTON, D. M. (1984). Cross-validation in non-parametric estimation of probabilities and probability densities. *Biometrika*, **71**, 341–351.

BRESLOW, N., CROWLEY, J. (1974). A large sample study of the life table and product limit estimates under random censorship. *Ann. Stat.*, **2**, 437–453.

BÜNING, H., TRENKLER, G. (1978). *Nichtparametrische statistische Methoden*. Walter de Gruyter, Berlin – New York.

BURR, E. J. (1963). Distribution of the two-sample Cramér-von Mises criterion for small equal samples. *Ann. Math. Stat.*, **34**, 95–101.

BURR, E. J. (1964). Small sample distributions of the two-sample Cramér-von Mises W^2 and Watson's U^2. *Ann. Math. Stat.*, **35**, 1091-1098.

CACOULLOS, T. (1966). Estimation of a multivariate density. *Ann. Inst. Stat. Math.*, **18**, 179–189.

CHAPMAN, D. (1958). A comparative study of several one-sided goodness-of-fit tests. *Ann. Math. Stat.*, **29**, 655–674.

CHERNOFF, H., LEHMANN, E. L. (1954). The use of maximum likelihood estimates in χ^2-tests for goodness-of-fit. *Ann. Math. Stat.*, **25**, 579–586.

CONOVER, W. J. (1971). *Practical Nonparametric Statistics*. Wiley: New York.

CRAMÉR, H. (1928). On the composition of elementary errors. *Skand. Aktuarietidskr.*, **11**, 13–74.

CRAMÉR, H. (1963). *Mathematical Methods of Statistics*. Princeton University Press, Princeton – New York.

D'AGOSTINO, R. B., STEPHENS, M. A. (Hrsg.) (1986). *Goodness-of-Fit Techniques*. M. Dekker, New York – Basel.

DARLING, D. (1957). The Kolmogorov-Smirnov, Cramér-von Mises tests. *Ann. Math. Stat.*, **28**, 823–838.

DARLING, D. (1983). On the asymptotic distribution of Watson's statistic. *Ann. Stat.*, **11**, 1263–1266.

DAVID, F. N., BARTON, D. E. (1958). A test for birth-order effects. *Ann. Hum. Eugen.*, **22**, 250–257.

DENKER, M. (1985). *Asymptotic Distribution Theory of Nonparametric Statistics*. Vieweg, Braunschweig.

DEVROYE, L., GIÖRFI, L. (1985). *Nonparametric Density Estimation: The L_1 View*. Wiley, New York.

DIXON, W. J. (1954). Power under normality for several nonparametric tests. *Ann. Math. Stat.*, **25**, 610–614.

DOOB, J. L. (1949). Heuristic approach to the Kolmogorov-Smirnov theorems. *Ann. Math. Stat.*, **20**, 393–403.

EFRON, B. (1982). *The Jackknife, the Bootstrap and Other Resampling Plans*. SIAM, Philadelphia.

EPANECHNIKOV, V. A. (1969). Nonparametric estimation of a multidimensional probability density. *Theory Probab. Its Appl.*, **14**, 153–158.

FIX, E., HODGES, J. L. (1951). Discriminatory analysis, nonparametric estimation: consistency properties. Report no. 4, Project no. 21-49-004. USAF School of Aviation Medicine, Randolph Field, Texas.

FREUND, J. E., ANSARI, A. R. (1957). Two-way rank sum tests for variance. Va. *Polytech. Inst. Tech. Rep. Office Ordonance Res. Natl. Sci. Found.*, **34**.

FRYER, M. J. (1977). A review of some nonparametric methods of density estimation. *J. Inst. Math. Its Appl.*, **20**, 335-354.

GABRIEL, K. R., LACHENBRUCH, P. A. (1969). Nonparametric ANOVA in small samples: A monte carlo study of the adequacy of the asymptotic approximation. *Biometrics*, **25**, 593-596.

GIBBONS, J. D. (1971). *Nonparametric Statistical Inference.* McGraw-Hill, New York.

GORDON, A. D. (1999). *Classification.* Chapman and Hall, London.

GREENWOOD, M. (1926). The natural duration of cancer. *Rep. Public Health Med. Subj.*, **33**, 1-26.

HAFNER, R. (1975). Kolmogorov-Smirnov statistics under the alternative. *Math. Operationsforsch. Stat., Ser. Stat.*, **6**, 787-796.

HAFNER, R. (1982a). Simple construction of least favourable pairs of distributions and of robust tests for Prokhorov-neighbourhoods. *Math. Operationsforsch. Stat., Ser. Stat.*, **13**, 33-46.

HAFNER, R. (1982b). Construction of least favourable pairs of distributions and of robust tests for contamination neighbourhoods. *Math. Operationsforsch. Stat., Ser. Stat.*, **13**, 47-56.

HAFNER, R. (1987). Constuction of minimax-tests for bounded families of distribution functions. In: Sendler, W. (Hrsg.) *Contributions to Stochastics.* Physica, Heidelberg, S. 145-152.

HAFNER, R. (1989). *Wahrscheinlichkeitsrechnung und Statistik.* Springer, Wien – New York.

HAFNER, R. (1993). Construction of minimax-tests for bounded families of probability densities. *Metrika*, **40**, 1-23.

HÁJEK, J. (1969). *A Course in Nonparametric Statistics.* Holden-Day, San Francisco.

HÁJEK, J., ŠIDÁK, Z. (1967). *Theory of Rank Tests.* Academic Press, New York.

HALL, W. J., WELLNER, J. A. (1980). Confidence bands for a survival curve from censored data. *Biometrika*, **67**, 133-143.

HAND, D. J. (1982). *Kernel Discriminant Analysis.* Research Studies Press, Chichester:

HAYNAM, G. E., GOVINDARAJULU, Z. (1966). Exact power of the Mann-Whitney test for exponential and rectangular alternatives. *Ann. Math. Stat.*, **37**, 945-953.

HETTMANNSPERGER, T. P. (1984). *Statistical Inference Based on Ranks*. Wiley, New York.

HODGES, J. L., Jr., LEHMANN, E. L. (1956). The efficiency of some nonparametric competitors of the *t*-test. *Ann. Math. Stat.*, **27**, 324–335.

HOEFFDING, W. (1948). A class of statistics with asymptotically normal distribution. *Ann. Math. Stat.*, **19**, 293–325.

HOLLANDER, M., WOLFE, D. A. (1999). *Nonparametric Statistical Methods*. Wiley, New York.

HUBER, P. J. (1972). Robust statistics: A review. *Ann. Math. Stat.*, **43**, 1041–1067.

KAPLAN, E. L., MEIER, P. (1958). Nonparametric estimation from incomplete observations. *J. Am. Stat. Assoc.*, **53**, 457–481.

KENDALL, M. G. (1955). *Rank Correlation Methods*. Hafner, New York.

KENDALL, M. G., STUART, A. (1973). *The Advanced Theory of Statistics*, 2. Bd., *Inference and Relationship*, 3. Aufl. C. Griffin, London.

KLOTZ, J. H. (1962). Nonparametric tests for scale. *Ann. Math. Stat.*, **33**, 495–512.

KLOTZ, J. H. (1964). On the normal scores two-sample rank test. *J. Am. Stat. Assoc.*, **59**, 652–664.

KOLMOGOROV, A. N. (1933). Sulla determinazione empirica di una legge di distribuzione. *G. Ist. Ital. Attuari*, **4**, 83–91.

KOUROUKLIS, S. (1989). On the relation between Hodges-Lehmann efficiency and Pitman efficiency. *Can. J. Stat.*, **17**, 311–318.

KREMER, E. (1983). Bahadur efficiency of linear rank tests – a survey. *Acta Univ. Carol. Math. Phys.*, **24**, 61–76.

KRUSKAL, W. H. (1957). Historical notes on the Wilcoxon unpaired two-sample test. *J. Am. Stat. Assoc.*, **52**, 356–360.

KRUSKAL, W. H., WALLIS, W. A. (1952). Use of ranks on one-criterion variance analysis. *J. Am. Stat. Assoc.*, **47**, 583–621. Addendum, 907–911, 1953.

LEHMANN, E. L. (1951). Consistency and unbiasedness of certain nonparametric tests. *Ann. Math. Stat.*, **22**, 165–179.

LEHMANN, E. L. (1953). The power of rank tests. *Ann. Math. Stat.*, **24**, 23–43.

LEHMANN, E. L. (1959). *Testing Statistical Hypotheses*. Wiley, New York.

LEHMANN, E. L. (1975): *Nonparametrics: Statistical Methods Based on Ranks*. Holden-Day, San Francisco.

LIEBERMANN, G. J., OWEN, D. B. (1961). *Tables of the Hypergeometric Probability Distribution*. Stanford University Press, Stanford, Kalif.

LILLIEFORS, H. W. (1967). On the Kolmogorov-Smirnov test for normality with mean and variance unknown. *J. Am. Stat. Assoc.*, **62**, 399–402.

LILLIEFORS, H. W. (1969). On the Kolmogorov-Smirnov test for exponential distribution with mean unknown. *J. Am. Stat. Assoc.*, **64**, 387–389.

LOÈVE, M. (1977). *Probability Theory.* Springer, Berlin.

MANN, H. B., WHITNEY, D. R. (1947). On a test whether one of two random variables is stochastically larger. *Ann. Math. Stat.*, **18**, 50–60.

MARITZ, J. S. (1995). *Distribution-free Statistical Methods.* Chapman and Hall, London.

MILTON, R. C. (1964). An extended table of critical values for the Mann-Whitney (Wilcoxon) two-sample statistic. *J. Am. Stat. Assoc.*, **59**, 925–934.

MILTON, R. C. (1970). *Rank Order Probabilities.* Wiley, New York.

MOOD, A. M. (1954). On the asymptotic efficiency of certain nonparametric two-sample tests. *Ann. Math. Stat.*, **25**, 514–522.

MOSES, L. E. (1963). Rank tests of dispersion. *Ann. Math. Stat.* **34**, 973–983.

MOSES, L. E. (1964). One sample limits of some two-sample rank tests. *J. Am. Stat. Assoc.*, **59**, 645–651.

MOSES, L.E. (1965). Query: Confidence limits from rank tests. *Technometrics*, **7**, 257–260.

NELSON, W. (1972). Theory and applications of hazard plotting for censured failure data. *Technometrics*, **14**, 945–965.

NELSON, W. (1982). *Applied Life Data Analysis.* Wiley, New York.

NIKITIN, Ya. Yu. (1985). Hodges-Lehmann asymptotic efficiency of the Kolmogorov and Smirnov goodness-of-fit tests. *Zap. Nauchn. Semin. Leningr. Otd. Mat. Inst. Steklova*, **142**, 119–123; übersetzt: *J. Sov. Math.*, **36**, 517–520.

NIKITIN, Ya. Yu. (1986). Hodges-Lehmann efficiency of nonparametric tests. In: *Proceedings of the 4th Vilnius Conference on Probability Theory and Mathematical Statistics*, Bd. 2, 391–408.

NIKITIN, Ya. Yu. (1995). *Asymptotic Efficiency of Nonparametric Tests.* Cambridge University Press, Cambridge.

OWEN, D. B. (1962). *Handbook of Statistical Tables.* Addison-Wesley, Reading, Mass.

PARZEN, E. (1962). On estimation of a probability density function and mode. *Ann. Math. Stat.*, **33**, 1065–1076.

PEARSON, K. (1900). On a criterion that a given system of deviations from the probable in the case of a correlated system of variables is such that it can be reasonably supposed to have arisen in random sampling. *Philos. Mag.* Ser. 5, **50**, 157–175.

PEARSON, E. S., HARTLEY, H. O. (1972). *Biometrika Tables for Statisticians, I u. II.* Cambridge University Press, Cambridge.

PETTITT, A. N. (1979). Two-sample Cramér-von Mises type rank statistics. *J. R. Stat. Soc. Ser. B*, **41**, 46–53.

PITMAN, E. J. G. (1949). *Lecture Notes on Nonparametric Statistical Inference.* Columbia University, New York.

PRAKASA RAO, B. L. S. (1983). *Nonparametric Functional Estimation.* Academic Press, New York.

PRATT, J. W., GIBBONS, J. D. (1981). *Concepts of Nonparametric Theory.* Springer, New York – Berlin – Heidelberg

PURI, M. L., SEN, P. K. (1971). *Nonparametric Methods in Multivariate Analysis.* Wiley, New York.

PURI, M. L., SEN, P. K. (1985). *Nonparametric Methods in General Linear Models.* Wiley, New York.

RAMSEY, F. L. (1971). Small sample power functions for nonparametric tests of location in the double exponential family. *J. Am. Stat. Assoc.*, **66**, 149–151.

RÉNYI, A. (1966). *Wahrscheinlichkeitsrechnung.* VEB Deutscher Verlag der Wissenschaften: Berlin.

ROSENBLATT, M. (1952). Limit theorems associated with variants of the von Mises statistic. *Ann. Math. Stat.*, **23**, 617–623.

ROSENBLATT, M. (1956). Remarks on some nonparametric estimates of a density function. *Ann. Math. Stat.*, **27**, 832–837.

ROSENBLATT, M. (1971). Curve estimation. *Ann. Math. Stat.*, **42**, 1815–1842.

RUDEMO, M. (1982). Empirical choice of histograms and kernel density estimators. *Scand. J. Stat.*, **9**, 65–78.

SAVAGE, I. R. (1969). Nonparametric Statistics: a Personal Review. *Sankhyā Ser. A*, **31**, 107–144.

SEN, P. K. (1981). *Sequential Nonparametric Statistics.* Wiley, New York.

SHORAK, G. R., WELLNER, J. A. (1986). *Empirical Process with Applications to Statistics.* Wiley, New York.

SIEGEL, S., TUKEY, J. W. (1960). A nonparametric sum of ranks procedure for relative spread in unpaired samples. *J. Am. Stat. Assoc.*, **55**, 429–445; Korrektur, **56**, 1005.

SILVERMAN, B. W. (1986). *Density Estimation for Statistics and Data Analysis.* Chapman and Hall, London.

SMIRNOV, N. V. (1939). On the estimation of the discrepancy between empirical curves of distribution for two independent samples. *Bull. Moscow Univ.*, **2**, 3–16 (in Russisch).

SPEARMAN, C. (1904). The proof and measurement of association between two things. *Am. J. Psychol.*, **15**, 72–101.

STEPHENS, M. A. (1970). Use of the Kolmogorov-Smirnov, Cramér-von Mises and related statistics without extensive tables. *J. R. Stat. Soc.* Ser. B, **32**, 115–122.

TERRY, M. E. (1952). Some rank order tests which are most powerful against specific parametric alternatives. *Ann. Math. Stat.*, **23**, 346–366.

THEIL, H. (1950). A rank-invariant method of linear polynomial regression analysis. *Proc. K. Ned. Akad. Wet.* Ser. A, **53**, 386–392.

THOMPSON, J. R., TAPIA, R. A. (1990). *Nonparametric Function Estimation, Modeling and Simulation*. SIAM, Philadelphia.

VAN DANTZIG, D. (1951). On the consistency and the power of Wilcoxon's two-sample test. *Indag. Math.*, **13**, 1–8.

VAN DER WAERDEN, B. L. (1952/53). Order tests for the two-sample problem and their power. *Proc. K. Ned. Akad. Wet.* Ser. A, **55**, 453–458, und **56**, 303–316.

VAN DER WAERDEN, B. L., NIEVERGELT, E. (1956). *Tafeln zum Vergleich zweier Stichproben mittels X-Test und Zeichentest*. Springer, Berlin – Göttingen – Heidelberg.

VON MISES, R. (1931). *Wahrscheinlichkeitsrechnung*. F. Deuticke, Leipzig.

WALSH, J. E. (1962–1968). *Handbook of Nonparametric Statistics*, 3 Bände. Van Nostrand, Princeton, N.J.

WEIBULL, W. (1951). A statistical distribution function of wide applicability. *J. Appl. Mech.*, **18**, 293–297.

WERTZ, W. (1978). *Statistical Density Estimation: A Survey*. Vandenhoeck und Ruprecht, Göttingen.

WERTZ, W., SCHNEIDER, B. (1979). Statistical density estimation: a bibliography. *Int. Stat. Rev.*, **47**, 155–175.

WIEAND, H. S. (1976). A condition under which the Pitman and Bahadur approaches of efficiency coincide. *Ann. Stat.*, **4**, 1003–1011.

WILCOXON, F. (1945). Individual comparisons by ranking methods. *Biometrics*, **1**, 80–83.

YU, C. S. (1971). Pitman-efficiencies of Kolmogorov-Smirnov tests. *Ann. Math. Stat.*, **42**, 1595–1605.

Sachverzeichnis

SpringerWirtschaftswissenschaften

Robert Hafner

Statistik für Sozial- und Wirtschaftswissenschaftler Band 1

Lehrbuch

Zweite, verbesserte Auflage
2000. X, 201 Seiten. 58 Abbildungen.
Brosch. DM 42,–, öS 295,–. ISBN 3-211-83455-9
Springers Kurzlehrbücher
der Wirtschaftswissenschaften

Rezensionen zur Vorauflage
„... Viel Sorgfalt wurde auf die Formulierungen und Erklärungen gelegt; dies macht, zusammen mit den sehr geschickt ausgewählten Beispielen aus dem ‚täglichen Leben', das Buch überraschend leicht lesbar."

Internationale Mathematische Nachrichten

„... Was an dem Buch besonders positiv hervorzuheben ist, ist die klare sprachliche Formulierung, sodaß auch Nicht-Statistiker und mathematisch nur durchschnittlich ‚Vorbelastete' die wichtigsten Begriffe und Gesetze der deskriptiven Statistik, der mathematischen Statistik sowie der Wahrscheinlichkeitsrechnung verstehen und lernen können."

Österreichische Sparkassenzeitung

Robert Hafner, Helmut Waldl

Statistik für Sozial- und Wirtschaftswissenschaftler Band 2

Arbeitsbuch für
SPSS und Microsoft Excel

2001. XII, 244 Seiten. 221 Abbildungen.
Brosch. DM 49,–, öS 345,–. ISBN 3-211-83511-3
Springers Kurzlehrbücher
der Wirtschaftswissenschaften

Diese Einführung in die Anwendung der Statistik-Programmsysteme SPSS und Excel ist der Begleitband zu „Statistik für Sozial- und Wirtschaftswissenschaftler, Band 1".

Die klare und knappe Darstellung eignet sich ideal zum Selbststudium. Beide Bücher ergänzen einander und decken sowohl den theoretischen als auch den praktischen Aspekt der Statistik ab.

 SpringerWienNewYork

A-1201 Wien, Sachsenplatz 4–6, P.O. Box 89, Fax +43.1.330 24 26, e-mail: books@springer.at, Internet: www.springer.at
D-69126 Heidelberg, Haberstraße 7, Fax +49.6221.345-229, e-mail: orders@springer.de
USA, Secaucus, NJ 07096-2485, P.O. Box 2485, Fax +1.201.348-4505, e-mail: orders@springer-ny.com
Eastern Book Service, Japan, Tokyo 113, 3–13, Hongo 3-chome, Bunkyo-ku, Fax +81.3.38 18 08 64, e-mail: orders@svt-ebs.co.jp

SpringerMathematik

Reinhard K. W. Viertl

Einführung in die Stochastik

mit Elementen der Bayes-Statistik
und Ansätzen für die Analyse unscharfer Daten

Zweite, überarbeitete Auflage
1997. XII, 198 Seiten. 37 Abbildungen.
Broschiert DM 60,–, öS 420,–
ISBN 3-211-83027-8

Das bewährte Lehrbuch bietet eine Einführung in die Wahrscheinlichkeitsrechnung und schließende Statistik. Es werden die verschiedenen Wahrscheinlichkeitsbegriffe dargestellt, gefolgt von einer detaillierten Ausführung von stochastischen Größen und Grundkonzepten sowie den zugehörigen mathematischen Sätzen.

Der zweite Teil ist der klassischen schätzenden Statistik gewidmet und bringt Schätzfunktionen, Bereichsschätzungen, statistische Tests und Regressionsrechnung. Daran schließt sich die im deutschen Sprachraum stiefmütterlich behandelte Bayes-Statistik an. Das letzte Kapitel ist der formalen Beschreibung unscharfer Daten (fuzzy data) und deren statistischer Analyse gewidmet. Dieser Teil ist völlig neu und wurde vom Autor entwickelt. Zum besseren Verständnis wurde in der zweiten Auflage eine Reihe zusätzlicher Übungen eingebaut.

Besuchen Sie unsere neue Website: **www.springer.at**

SpringerWienNewYork

A-1201 Wien, Sachsenplatz 4–6, P.O. Box 89, Fax +43.1.330 24 26, e-mail: books@springer.at, Internet: www.springer.at
D-69126 Heidelberg, Haberstraße 7, Fax +49.6221.345-229, e-mail: orders@springer.de
USA, Secaucus, NJ 07096-2485, P.O. Box 2485, Fax +1.201.348-4505, e-mail: orders@springer-ny.com
Eastern Book Service, Japan, Tokyo 113, 3–13, Hongo 3-chome, Bunkyo-ku, Fax +81.3.38 18 08 64, e-mail: orders@svt-ebs.co.jp

Springer-Verlag
und Umwelt